Sous la direction de
Annette CIATTONI
Yvette VEYRET

Les fondamentaux de la géographie

ARMAND COLIN

Les auteurs

Guy Baudelle, professeur à l'université Rennes-II

Laurent Carroué, professeur à l'université Paris-VIII

Robert Chapuis, professeur à l'université de Bourgogne

Annette Ciattoni, professeur de chaire supérieure au lycée Louis-le-Grand

Olivier David, maître de conférences à l'université Rennes-II

Guy Di Méo, professeur à l'université Bordeaux-III

Jean-Pierre Marchand, professeur à l'université Rennes-II

Alain Metton, professeur à l'université Paris-XII

Daniel Oster, professeur en classes préparatoires au lycée Henri-IV

Thérèse Saint-Julien, professeur à l'université Paris-I

Yvette Veyret, professeur à l'université Paris-X

ISBN 2-200-26264-7

TABLE DES MATIÈRES

INTRODUCTION

Cet ouvrage est essentiellement didactique. Son but est de fournir les éléments de base de l'analyse géographique, de présenter le « socle » de la géographie d'aujourd'hui. Ce socle demeure cependant incomplet : dans le volume imparti nous avons dû faire des choix et sacrifier certains aspects que nous aurions pourtant souhaité présenter.

Le premier chapitre (T. Saint-Julien), qui envisage les grands concepts de l'**analyse spatiale**, rappelle que les sociétés produisent de l'espace organisé, de l'espace géographique. Travailler sur un tel objet nécessite d'analyser les distances, les espacements, de souligner la mise en relation des lieux, le développement des réseaux, l'accessibilité, l'importance des flux, expression des échanges entre les lieux. L'espace doit être étudié en terme d'homogénéité, de discontinuités, de spécialisation et de ségrégation.

Le second chapitre (G. Baudelle, O. David) traite de **la population et du peuplement**. Le texte rend compte de l'inégale répartition des hommes, des dynamiques de la population et des mobilités.

Le chapitre suivant, qui porte sur **les milieux, l'environnement et les risques** (Y. Veyret), permet de réfléchir aux rapports nature/société et d'analyser le géosystème sous l'angle des ressources, des risques et des paysages.

Les notions de **territoire, d'aménagement et d'acteurs** viennent ensuite (G. Di Méo). L'État, la nation, les frontières constituent avec le territoire les « quatre pierres angulaires » de l'analyse, complétée par l'étude de l'aménagement et des acteurs.

Le chapitre cinq traite **des villes** (A. Ciattoni) dont la place et l'importance ne cessent de grandir sur l'ensemble de la planète. Les termes de conurbation, mégapole, métropole sont définis, l'importance des réseaux est envisagée. Une place est accordée à l'environnement urbain.

Le chapitre suivant s'intéresse à **la mondialisation** (L. Carroué), fondée sur un certain nombre de critères qui sont rappelés. La mondialisation témoigne de l'organisation d'un monde hiérarchisé et polarisé.

Vient ensuite l'étude des **activités des hommes** (R. Chapuis, L. Carroué, A. Metton). Ce chapitre ne pouvait être exhaustif, nous avons donc privilégié quelques aspects concernant l'agriculture dans le monde, l'industrie dont la définition n'est pas toujours aisée et le commerce. On pourra regretter que l'on n'ait pas présenté l'ensemble des activités tertiaires et que l'on ait sacrifié le tourisme.

Le dernier chapitre s'intéresse aux **outils en géographie** (J.-P. Marchand), des plus traditionnels, les cartes, aux plus modernes tels que la modélisation.

Comme toujours dans la collection Campus et pour satisfaire aux objectifs didactiques, divers documents, cartes, textes, éclairent la présentation initiale et fournissent des indications méthodologiques (partie « Documents et méthodes »). Ils insistent sur la nécessité de replacer les thèmes proposés dans des problématiques plus vastes, en montrant ce qu'un document peut apporter comme informations qui doivent s'inscrire dans un plan clairement conçu et bien lisible. Les différentes étapes de la construction d'une carte (D. Oster) sont présentées concrètement et illustrées par un exemple.

La dernière partie de l'ouvrage, « Repères et outils », fournit avec le lexique les principales définitions utiles et permet avec l'index de naviguer dans l'ouvrage.

Ce livre ouvre de nombreuses pistes. Chaque thème évoqué, chaque concept souligné demande à être approfondi, précisé, développé, les éléments bibliographiques cités permettent au lecteur cet élargissement.

ANALYSE
ET
SYNTHÈSE

1

L'APPROCHE SPATIALE

Une compréhension de la géographie du monde implique que soient mobilisés différents angles d'approche. Dans ce chapitre le parti adopté est celui de prendre les « lunettes de l'espace », tout en veillant à ne pas se laisser aveugler par elles. Ce point de vue considère que l'espace géographique est une création continue des sociétés humaines et qu'il est, à ce titre, partie intégrante de tout projet social. Le concept d'interaction spatiale occupe une position centrale. C'est à la fois une expression majeure de l'emprise sociale sur l'étendue terrestre et un des objectifs clefs de tout projet associé au territoire.

Lieux, liens et mouvement

L'espace géographique, création continue des sociétés

Pour exister et pour durer, toute personne doit disposer d'espace, d'un espace. Ce qui est vrai pour chacun d'entre nous l'est a fortiori pour chaque société qui se développe dans un espace qui lui préexiste et qu'elle transforme. Sa survie dépend de ses capacités à s'approprier celui-ci, à y vivre, à agir sur lui, isolément ou avec d'autres. Toutes les sociétés produisent de l'espace organisé, que nous nommons espace géographique, dimension intrinsèque de chacune et non pas seulement cadre ou ressource externe, à la fois produit des pratiques sociales et composante de ces pratiques. En mobilisant des démarches aussi fondamentales que, l'appropriation, l'exploitation, la communication, l'habitation, l'œuvre humaine de spatialisation ou de mise en espace de l'étendue terrestre, est partie intégrante de tout projet social. Elle représente pour chacune des sociétés une composante incontournable de son fonctionnement et de son œuvre.

Un ensemble de lieux interdépendants

Dans l'acception la plus concrète, l'espace géographique est l'espace de l'ensemble de la surface de la Terre, ou celui d'espaces particuliers correspondant à une portion de cette surface, l'Europe, l'Australie, l'Asie du Sud-Est, l'Ukraine, la Californie, la région parisienne, l'Alsace, etc. On le définit par une étendue et par des attributs localisés en son sein. Il est considéré dans son ensemble et dans ses lieux : l'espace de la Californie est un tout qui se démarque de son environnement (les autres régions des États-Unis, le reste de l'Amérique du Nord, le Mexique, etc.), et qui entretient avec ce dernier des relations singulières. Il est en même temps un ensemble de lieux (par exemple l'ensemble des noyaux de peuplement rural et des villes de la Californie) lesquels sont en relation les uns avec les autres (flux de personnes, flux d'information, de marchandises, etc..), du fait des échanges entre acteurs localisés (relations entre entreprises, relations entre habitants, etc..). Un espace géographique concret est toujours appréhendé à un niveau ou échelon géographique donné, par exemple celui du continent dans le cas de l'Europe, celui régional dans le cas de la Californie ou de l'Alsace, et par un ensemble de lieux espacés et mis en relation, du fait des interactions entre acteurs sociaux localisés.

L'espace géographique et la continuité

L'espace géographique n'est pas nécessairement continu. Les diasporas engendrent des espaces géographiques discontinus. L'organisation en réseau peut transcender la proximité physique. Les organisations régionales construites dans les régions d'archipel sont des exemples remarquables de tels dépassements, car les représentations que les différents acteurs de ces régions ont acquis de l'espace, et les pratiques qu'ils y ont élaborées, souvent sur le temps long, confortent la cohésion de l'ensemble. Plus près de nous et de manière plus métaphorique, l'archipel a été retenu pour évoquer ce qui serait le réseau mondial des grandes métropoles, objet qui souscrit bien aux catégories précédemment invoquées pour définir l'espace géographique.

L'espace géographique et le milieu

Ainsi défini, l'espace géographique n'est pas ce décor physique de l'action humaine que les géographes devraient planter, à la manière dont pendant très longtemps la demande leur en était formulée, par les historiens en particulier. Il ne se confond ni avec cet espace physique du temps long qui servait de cadre au déroulement des grandes étapes de la formation et de l'expansion des sociétés dotées de temporalités beaucoup plus courtes. Tel ce milieu, méditerranéen par exemple, que les géographes se devaient de camper pour que puisse y être joué le théâtre de l'Antiquité. Le milieu, qui ne se réduit pas à des caractéristiques physiques, n'est pas pour autant rejeté ou mis à part, ou placé en premier, comme pour s'en « s'en débarrasser ». On propose de retenir que tout lieu est dans un milieu et que ce milieu doit être intégré, avec toutes ses propriétés écologiques et humaines, comme une propriété du lieu. La notion d'espace géographique inclut celle de milieu, alors que la réciproque n'est pas vraie. Dans cette acception beaucoup plus intégratrice, dimension physique comprise, la fécondité de l'idée de milieu n'a pas été complètement exploitée.

Le paysage, une expression de l'espace géographique

La notion de paysage entretient des relations directes avec celle d'espace géographique. Le paysage a été pendant longtemps réduit à l'ensemble des formes spatiales perçues en tant qu'objets. On cherchait ainsi à caractériser les paysages d'un certain nombre de domaines, de milieux, pour trouver dans ces formes visibles des indices susceptibles d'améliorer la connaissance de ces derniers. On étudiait ainsi par exemple les paysages glaciaires, ou les paysages de moyenne montagne, les paysages agraires et les paysages urbains, les paysages d'openfield et ceux de bocage, etc. Plus récemment, une démarche très différente, voire opposée, s'est superposée à la précédente. Les formes paysagères sont désormais conçues comme des construits, analysées en tant qu'ils sont représentation des rapports des hommes aux lieux, de l'Homme à l'œcoumène.

Les nécessités de l'espacement : distance et situation

À la suite de R. Brunet, on pourrait dire que le lieu est à l'espace ce que le moment est au temps ou ce que l'individu est à la société. Le lieu, affecté de caractéristiques particulières (dimension et contenu) déchiffrées à un échelon géographique donné, est toujours associé à une position absolue, à des coordonnées géographiques uniques. Deux lieux ne peuvent avoir la même position, ils sont espacés, distants l'un de l'autre. Localiser, revient à distinguer et à désigner en repérant quelque part à la surface de la terre, à reconnaître la singularité d'un lieu ou bien à produire cette singularité en implantant un objet nouveau (un équipement, une usine, une ville, etc.), en faisant l'hypothèse que le lieu de l'objet repéré ou implanté n'est pas indifférent, qu'il a un sens, qu'il est porteur de particularités. La position d'un lieu, est définie dans un espace absolu. Elle ne dit donc rien de sa position par rapport à d'autres lieux, ce qu'introduit la notion de situation.

Estimer la situation géographique d'un lieu

À l'inverse, la situation géographique, ou localisation relative, se décline relativement aux positions d'autres lieux, semblables ou complémentaires, dont les propriétés physiques ou humaines sont de nature à influencer ses propres caractéristiques. La situation intègre donc les relations du lieu avec son environnement proche et lointain. Elle correspond à sa position relative dans les différents réseaux qui le mettent en relation avec les autres lieux qui comptent pour lui.

La situation n'est jamais définie une fois pour toutes. Elle varie en premier lieu en fonction de l'espace géographique de référence, un même lieu pouvant relever simultanément d'espaces géographiques différents. Ainsi, la situation géographique de Lille au début du XXIe siècle peut être définie à l'échelon régional, à l'échelon national par rapport à la position des autres grandes villes françaises, à l'échelon de l'Europe occidentale. Dans cet espace relatif, les situations géographiques varient aussi au cours du temps. D'une part, ces variations sont liées à l'évolution des propriétés des autres lieux avec lesquels s'effectuent ou sont susceptibles de s'effectuer les relations. Elles sont d'autre part tributaires de l'élargissement de la portée géographique des relations entre les lieux. Depuis la révolution des transports du XIXe siècle, on a assisté à une contraction très systématique de l'espace temps, c'est-à-dire à un effet apparent de rapprochement des lieux lié à l'accroissement des vitesses de circulation. Diminuant les temps de parcours, cet accroissement engendre une véritable modification des propriétés de l'espace géographique. En effet, même si tous les lieux se sont en moyenne rapprochés, les rapprochements ne sont les mêmes ni selon les espaces, ni selon les directions, ni selon les modes de communication.

Mesurer distances et espacements

Inséparable de l'idée de situation, la notion de distance, correspond à une mesure de l'écart spatial, de l'éloignement entre les lieux. Centrale en géographie, cette notion interfère dans tous les déplacements à la surface de la terre, et dans la localisation de toutes les activités humaines. La distance, mesurée par rapport à un repère, concerne des couples de lieux. Ainsi en va t-il, pour l'habitant par exemple, de la distance au lieu de travail, au centre ville, au lieu habituel de vacances, pour le chef d'entreprise de la distance entre ses établissements et ses fournisseurs ou ses clients et, plus généralement, dans l'organisation de l'espace, de la distance entre une ville et la capitale de sa région, celle du pays, la ville de même taille la plus proche, etc.

L'appréciation empirique des situations géographiques conduit à évaluer concrètement les distances entre lieux suivant des mesures variées. Les plus usuelles sont les mesures de la distance à vol d'oiseau et celles de la distance sur réseau, ces dernières comptabilisant la longueur effectivement parcourue. Pourtant, dans un nombre croissant de cas, on évalue non plus la distance parcourue, mais le temps du déplacement, en particulier quand l'information donnée pour l'une informe peu sur l'autre. On peut en une heure, par exemple, à partir de la gare Montparnasse à Paris rejoindre Tours, distante de 200 km, ou se rendre par RER au parc d'attraction de Disneyland à Marne-la-Vallée, qui se trouve à moins de 30 km. À son tour, le coût du déplacement est privilégié quand le choix du mode de transport vise davantage à optimiser le coût du transport que le temps qui lui est consacré. On entrevoit ainsi que la distance entre deux lieux pourra ne pas être évaluée de la même manière selon le type de transaction qui justifie le déplacement.

Sur ces mesures pratiques, peuvent interférer celles de distances perçues, tributaires des représentations individuelles et collectives que l'on se fait de l'espace. Ces distances sont parfois relativement éloignées des distances mesurées sur le terrain. Ainsi par exemple, un lieu où l'on ne s'est jamais rendu ou bien, où on ne se rend que rarement, peut apparaître plus éloigné que de raison. À l'inverse, un lieu familier est subjectivement rapproché. Le simple agrément du déplacement peut introduire une dissymétrie dans les perceptions des trajets aller et retour qui empruntent pourtant le même chemin.

En mathématiques, une mesure d'écart entre des objets est une distance si elle est positive, si elle est nulle seulement quand les deux objets sont confondus, si elle est symétrique et si elle vérifie enfin l'inégalité triangulaire. Les différentes mesures mathématiques de la distance correspondent à différentes métriques. Il y a parfois loin entre les propriétés que ces mesures supposent et les évaluations de distances parcourues. Celles-ci sont cependant de précieux outils d'estimation des distances concrètes quand les mesures portent sur un très grand nombre de couples de lieux et qu'il serait fastidieux ou trop dispendieux, ou impossible, d'effectuer des mesures sur le terrain. Les estimations obtenues sont satisfaisantes pour résoudre un grand nombre de problèmes, au moins à moyenne et à petite échelle.

Les réseaux et la mise en relation des lieux

Le mot réseau semble s'être glissé partout. La vie quotidienne est tributaire de l'accès aux réseaux de transport, aux réseaux d'alimentation en eau ou en énergie, aux réseaux de télécommunication, aux réseaux bancaires, etc. Chacun tisse et retisse sans cesse ses réseaux individuels. On évoque les réseaux de pouvoir, d'influence. Les entreprises ont leurs réseaux. Les États ont à se préoccuper de réseaux d'infrastructures mais aussi de réseaux de services. Et que dire des réseaux hydrographiques qui ont de tout temps retenu l'attention de toute la chaîne des aménageurs. Tous ces usages ont un dénominateur commun : ils désignent le réseau comme un mode de mise en relation. Ils sont donc constitutifs de l'organisation de l'espace géographique.

Les réseaux, une manière de surmonter l'obstacle de l'espacement

Le réseau territorial constitué d'un ensemble de lieux et de lignes les mettant en relation est constitutif de l'espace géographique. Il est une condition nécessaire à l'existence et à l'expérience de tout territoire. La mise en place de liens permanents entre les lieux, la gestion de la mobilité, les nécessités de l'intégration territoriale, posent immanquablement des questions de mise en réseau. Les réseaux naissent de l'existence de lieux qui jouent le rôle de véritables nœuds. Les individus ou les groupes qui les ont investis sont dotés d'une volonté et d'un projet de transaction, donc d'un besoin de relation. Pour satisfaire ce dernier, ils recourent à un réseau territorial. Tous les noyaux de peuplement, du plus petit au plus grand, tous les lieux de production de biens ou de services, tous les lieux d'un pouvoir, aussi petit soit-il, apparaissent comme de tels nœuds. Le réseau est la construction matérielle ou immatérielle qui permet, en reliant ces nœuds, de rendre concrètement possibles les transactions souhaitées.

Les réseaux qui façonnent les territoires

Parmi les réseaux qui modèlent en permanence les territoires, quelques grandes familles peuvent cependant être discernées. De tout temps, les réseaux hydrographiques ont été considérés comme des principes directeurs majeurs de l'organisation de l'espace. Très tôt, à cause des facilités de déplacement qu'elles offraient, les vallées ont été des axes privilégiés de peuplement, particulièrement attractifs pour la localisation des villes, et les lieux de confluence des sites particulièrement privilégiés pour le développement urbain. Les nécessités d'une gestion de l'eau ont toujours justifié la grande attention portée au fonctionnement des bassins fluviaux et à leur aménagement. Les réseaux techniques sont une deuxième famille de réseaux, celle sans doute qui renvoie à la définition à la fois la plus étroite et la plus immédiate de la notion. Leurs infrastructures sont localisables, qu'il s'agisse des infrastructures de lignes (routes, rails, câbles, conduits, etc) ou de celles des nœuds (points d'accès, gares, centrales, stations, émetteurs, relais, etc.). Leur développement alliant diversification et densification des dessertes s'est beaucoup accéléré au cours du dernier siècle. La géographie attire enfin l'attention sur les réseaux d'échange, ou réseaux de flux. L'expression désigne l'ensemble des trafics qui se développent entre différents lieux, empruntent un ou plusieurs supports techniques. La notion de réseau urbain renvoie à cette acception : dans ce réseau, défini pour un territoire donné, les villes sont les nœuds, et les relations entre les villes correspondent à l'ensemble des mouvements et des échanges réalisés entre ces dernières. Reste un dernier ensemble constitué par le large éventail des réseaux sociaux. À quelle condition ces derniers interpellent-ils l'analyse géographique ? Contrairement aux précédents, les lieux et le territoire ne sont pas au départ de leur constitution. Leur inscription dans l'espace n'en est pas moins réelle dans la mesure où leurs acteurs sont localisés et où, pour exister et pour durer, ils ont dû saisir les opportunités de communication et de transport entre différents lieux. De plus, de la convergence des chemins empruntés, de la durée des relations par eux engendrées, dépend aussi la formation des territoires.

Comment caractériser un réseau territorial

Peut-on associer à certaines formes de réseau une plus grande efficacité potentielle de mise en relation ? Pour caractériser la forme d'un réseau, les mesures utilisées empruntent à la théorie des graphes. Elles considèrent chaque nœud du réseau comme un sommet et chaque ligne ou chaque lien comme une arête reliant deux sommets. Les mesures les plus usuelles s'attachent à caractériser quelques propriétés fondamentales des réseaux. La dimension du réseau, (nombre de sommets et nombre d'arêtes) est une première appréciation de sa complexité. On peut aussi évaluer sa connexité c'est-à-dire, son aptitude à mettre en relation tous les nœuds du territoire qu'il est censé desservir. On caractérise aussi, souvent en vue d'une comparaison, la situation de chacun des nœuds du réseau, son accessibilité, c'est-à-dire la distance ou le temps d'accès nécessaires pour le rejoindre à partir des autres nœuds du réseau. Les différents nœuds d'un réseau, en position plus ou moins centrale ou plus ou moins périphérique, bénéficient d'une accessibilité plus ou moins grande. Le réseau est enfin apprécié par rapport au territoire dont il assure la desserte ou l'encadrement. Les mesures utilisées, souvent de l'ordre des mesures de densité, peuvent prendre la forme du rapport entre d'une part, la longueur du réseau et d'autre part, la surface du territoire desservi ou couvert ou encore la population potentielle à desservir. On peut aussi considérer le rapport entre le nombre de nœuds du réseau et la surface desservie.

Les mouvements et les échanges qui font l'espace géographique

En définissant l'espace géographique comme un ensemble de lieux et de relations qui s'établissent entre ces lieux, on place au centre la notion d'interaction spatiale. Celle-ci repose sur l'hypothèse que ce qui se passe en un lieu n'est pas indépendant ce qui est, ou qui se produit en d'autres lieux. Mouvements, échanges, ou influences, entre les lieux résultent des identités et des rôles des acteurs qui, occupant une position dans l'espace géographique, vivent sous la contrainte expresse de l'échange avec d'autres acteurs localisés ailleurs. L'ensemble de ces déplacements, massifs et en croissance continue, donne forme et mouvement à l'espace géographique. En effet, les différents mouvements créent selon les lieux de l'accumulation ou des prélèvements, des appartenances à des champs de forces différents, des lignes de partage, des barrières, de la différenciation spatiale.

La mobilité ou la pratique des échanges et des déplacements par les personnes

La mobilité, ou pratique des échanges et des déplacements par les personnes, est une des bases de l'interaction spatiale. Elle concerne l'ensemble des déplacements qui, pour chaque individu, dessine l'espace temps d'une vie. Cette mobilité s'inscrit simultanément dans l'espace, par des lieux concernés et des portées des déplacements et, dans le temps, par des moments de ces déplacements et donc par des périodicités. Certains de ces déplacements prennent sens à l'échelon de la journée, d'autres à celui de la semaine ou du mois, d'autres encore à celui de l'année, et d'autres enfin à celui d'une vie. Sur le long terme, les manifestations de la mobilité se sont démultipliées, diversifiées, et leur portée géographique a crû en relation avec les évolutions technologiques des moyens de déplacement et de mise en relation à distance. La mobilité des personnes correspond, pour chacune d'entre elles, à une mise en relation de lieux dont l'ensemble constitue son espace de vie. À un moment donné d'un parcours de vie, l'espace de vie avait traditionnellement tendance à s'inscrire dans un espace relativement continu. Grâce aux réseaux et aux potentiels de mobilité que ceux-ci offrent, l'espace de vie peut aujourd'hui s'accommoder de schémas plus connexes. Encore ne faut-il pas perdre de vue que, pour le plus grand nombre de personnes, y compris dans les pays dits « riches », les espaces de vie restent fortement modelés par une contrainte forte des frictions de la distance.

Les flux, expression des échanges entre les lieux

Pour un couple de lieux, l'agrégation des déplacements, des relations ou des échanges réalisés à l'échelon individuel, correspond à un flux qui les relie. Cette opération d'agrégation n'est pas neutre dans la mesure où le volume du flux dépend de la délimitation donnée à chacun des deux lieux d'émission et de réception. Ainsi par exemple, si l'unité de base du comptage des migrations résidentielles est la commune, tous les déplacements liés à un changement de commune de résidence seront recensés. Si l'unité de lieu est le canton, les migrations intercommunales opérées à l'intérieur du canton seront ignorées, etc.

Le flux correspond à une quantité échangée entre deux lieux (par exemple : un nombre de personnes migrantes, un nombre de tonnes transportées, un nombre de relations téléphoniques, un nombre de messages ou de signaux, etc.). On peut aussi s'intéresser à la direction des flux, au sens de la relation. Par rapport au lieu de départ, au pôle émetteur, on mesure un flux émis (flux d'émigration pour les échanges migratoires, flux d'expédition pour les échanges de marchandises, flux de vente, flux d'exportation pour les échanges commerciaux, etc.). Par rapport au lieu d'arrivée, au pôle récepteur, on évalue un flux reçu (flux d'immigration, de réception, d'achat, d'importation, etc.). On peut, par ailleurs, considérer le solde des échanges réalisés en mesurant les écarts entre les deux flux de sens contraire, ce qui est une façon d'apprécier la partie non symétrique de l'échange entre deux lieux. On peut enfin adopter le point de vue du lieu. On caractérise alors ses capacités d'attraction ou d'émission dans une zone donnée. Celles-ci peuvent être exprimées dans l'absolu. L'attraction d'un lieu désigne les quantités qu'il attire, quels que soient les lieux d'origine des flux qu'il reçoit ; ses capacités d'émission correspondent au total des flux qu'il émet, quels que soient les lieux des destinations. L'ensemble de ces capacités peut être exprimé de manière relative. L'attractivité d'un lieu est définie comme le rapport entre la somme des flux qu'il reçoit et la somme des flux reçus par l'ensemble des lieux de la zone. De manière symétrique, son émissivité est traduite par le rapport entre le total des flux qu'il émet et le total des flux émis par l'ensemble des lieux de la région étudiée.

Le principe gravitaire et l'évaluation des flux

Très tôt, des observations ont attiré l'attention sur certaines régularités de la géométrie des flux, qui semblaient suivre assez généralement deux principes relativement simples. Toutes choses égales quant à la distance qui sépare deux lieux, les quantités que ces derniers échangent sont d'autant plus grandes que sont importantes les masses des deux foyers émetteur et récepteur (par exemple : masse de population, masse de pouvoir d'achat, masse de production etc.). De plus, toutes choses égales quant aux masses de ces deux lieux, le flux a tendance à diminuer quand augmente la distance qui sépare ces derniers. Vers le milieu du XXe siècle, plusieurs auteurs ont suggéré, par analogie avec la loi de gravitation de Newton, un rapprochement entre la notion de force d'attraction et celle d'intensité d'interaction engendrant un échange entre deux zones géographiques. Ainsi, selon ce modèle, la quantité échangée entre deux zones i et j (F_{ij}) est proportionnelle au produit des masses de chaque zone (M_i et M_j) et inversement proportionnelle à la distance qui les sépare, soit $F_{ij} = k\, M_i\, M_j\, d_{ij}^{-a}$, avec k : paramètre caractérisant la mobilité du phénomène dont on décrit le déplacement, et a : paramètre exprimant le frein exercé par la distance dans le cas étudié. On considère en général que la part des échanges décrite par un modèle de ce type représente la partie banale des échanges c'est-à-dire, celle qui relève de règles communes à l'ensemble de l'espace étudié. Les écarts entre les échanges observés et les échanges ainsi estimés correspondent à des échanges plus spécifiques, qui dépendent en général de facteurs entrant en jeu à des échelons plus locaux. Les modélisations de type gravitaire ont par ailleurs été utilisées pour définir par exemple des zones d'influence autour de centres ou des potentiels en différents lieux. Elles ont aussi été très utilisées dans les modèles de prévision des flux de transport.

Humanisation et différenciation

Concentrations et centralités

Parmi les processus concourant à la différenciation de l'espace géographique, les processus d'accumulation dont bénéficient certains lieux, sur une durée suffisante pour que s'y érigent de véritables concentrations, figurent en très bonne place. Les concentrations sont de nature très variée, concentration de population, concentration d'activités, de capitaux, de richesse, ou de pauvreté, de savoirs, concentration d'équipements, concentration de pouvoirs, etc. Depuis longtemps, on a été fasciné, par exemple, par les très fortes concentrations de population agricole dans les grands deltas de l'Asie ; on a aussi été parfois stupéfait par la très rapide croissance des grandes villes du tiers monde laquelle, en une cinquantaine d'années, a placé ces dernières au rang des plus grandes concentrations urbaines de la Terre. On a pu aussi, souvent, se reconnaître impuissant devant l'effondrement de certaines des grandes concentrations industrielles apparues avec la première révolution industrielle. Les concentrations repérées dans l'espace correspondent à des objets différents, qui renvoient chacun à des niveaux d'observation particuliers. On peut évoquer par exemple les disparités de concentration de main d'œuvre, de capital ou d'information que représentent différents établissements économiques. On peut aussi penser aux inégalités des concentrations de population ou de richesse des différents pays du monde, ou des différentes régions ou encore, des différentes villes.

Concentration, taille et hiérarchie

Les inégalités de masse de ces concentrations s'inscrivent en général dans un continuum. Il n'existe pas, le plus souvent, de seuil significatif justifiant, par une rupture de taille, un changement dans la nature de l'objet. On retrouve dans chaque catégorie, États, villes, ou entreprises par exemple, une relation inverse entre le nombre des objets et la masse que chacun concentre : plus on s'élève dans cette dernière, plus diminue le nombre des objets concernés, au point que se dessine dans chacun des cas une véritable hiérarchie des tailles des objets. L'attention des géographes a été particulièrement retenue par les régularités assez remarquables des hiérarchies de taille des villes. Si, à l'échelon d'un État par exemple, on range les villes suivant des classes de taille de population telles que, au passage d'une classe à l'autre, l'intervalle de la classe soit multiplié par 2, alors le nombre des villes de la classe a tendance à être lui divisé par deux, ce qui rapproche la distribution de ces nombres de villes d'une progression géométrique inverse. La connaissance de cette régularité a été diffusée sous le nom de loi rang taille. On remarque que les hiérarchies de taille d'objets observées (villes, mais aussi entreprises, ou États par exemple) ne sont pas nécessairement engendrées par une structure organisationnelle de pouvoir qui en aurait guidé la formation et qui en sous tendrait la durée. Il est néanmoins concevable que des mécanismes de pouvoir aient contribué ou contribuent encore à ces hiérarchisations. Il y aurait un véritable abus de langage à dire que Paris commande Lyon sous le prétexte que le rapport de taille entre les deux agglomérations varie de 1 à 7. Cela n'empêche pas de reconnaître que des mécanismes de pouvoir ont pu favoriser l'émergence d'une telle inégalité. La formation d'un grand État fortement centralisé a soutenu la formation d'une sur concentration parisienne. Avec la départementalisation et la forte individualisation des tailles des villes chefs lieux de département et plus récemment, avec la régionalisation et la montée en puissance des villes capitales de région, on peut identifier d'autres traces des interférences entre formes d'exercice du pouvoir et forme des concentrations urbaines.

Centres et périphéries

Une concentration s'apparente à un centre quand le potentiel concentré polarise l'espace environnant, exerçant sur lui une attraction et le faisant en retour bénéficier d'un certain rayonnement. Repérer un centre revient donc à repérer une concentration qui a atteint un niveau suffisant de complexité pour qu'elle se différencie de son espace environnant non seulement quantitativement mais aussi qualitativement. Ce faisant, on définit aussi une périphérie, conçue comme un espace dont la structure et les dynamiques sont largement prises dans la mouvance du centre, dans sa dépendance. Centres et périphéries sont repérables à différents échelons géographiques. À l'échelon mondial, on évoquera par exemple les « pays du centre » et les « pays de la périphérie », sous entendu les pays riches et les autres, ceux qui en dépendent. Cela se traduira parfois par les expressions « pays du nord » et « pays du sud ». Toujours à cet échelon mondial, on rappellera la dualité centre-périphérie à propos des régions métropolitaines et des autres régions. À l'échelon du continent européen, on repérera aussi une région centrale et des régions périphériques. À l'échelon plus local, le modèle centre-périphérie réapparaît dans la prise en considération de la ville et de l'ensemble régional qui est sous son influence directe. On le retrouve enfin dans la structuration de la ville elle même, avec un centre et un espace périurbain qui en dépend, dans le cas d'une ville monocentrique en particulier.

Centralité

Dès le milieu du XIXe siècle, le géographe J. Reynaud a attiré l'attention sur une apparente liaison entre la taille et l'espacement des centres urbains. En effet, quelle que soit la région du monde ou encore, l'échelon géographique que l'on considère, ces deux indicateurs révèlent un principe fondamental de l'articulation entre une ville et son espace environnant, que définit la notion de centralité. On entend par centralité le degré de complexité fonctionnelle acquis par un centre et qui lui donne une puissance d'attraction sur une périphérie, sur une région. L'attraction d'une ville se manifeste dans un environnement de centres concurrents pour cette maîtrise du territoire, et donc de centres interdépendants. Par les personnes et les entreprises que les centres rassemblent, la centralité est une expression des capacités de ces derniers à attirer, à accumuler, à valoriser, à redistribuer. Les manifestations de la centralité sont repérables dans de multiples registres, économique certes mais aussi, politique et administratif, culturel et symbolique. Elles impriment leur marque sur le territoire que ces centres desservent et, de manière plus générale, qu'ils encadrent. On appelle réseau urbain l'ensemble des villes qui assurent cet encadrement.

Par la théorie des lieux centraux, le géographe allemand W. Christaller (voir schéma p. 91) a cherché d'une part, à expliquer le nombre, la taille, et les espacements des villes. Il a d'une part défini ces dernières comme des centres dispensateurs de biens et de services. Il a d'autre part tenté de déterminer les expressions territoriales de ces régularités, en proposant une géométrie des espacements. La force et l'universalité du principe de centralité comme dimension de l'organisation des territoires n'ont échappé ni aux marchands, ni aux aménageurs, ni aux politiques, tous soucieux d'efficacité de la couverture territoriale. Le modèle des lieux centraux a été considéré moins comme une « norme », que pour ce qu'il est, à savoir une représentation pouvant servir de référence dans des opérations d'aménagement qui, en dépit de présupposés très variés, considèrent que la régularisation des réseaux urbains est un passage souhaitable, sinon obligé.

Ressemblances et discontinuités

L'intégration de l'espace dans une dynamique sociale s'opère au prix de mouvements contradictoires. Les uns tendent, en homogénéisant l'espace, à réduire les inégalités des potentiels des lieux. Les autres produisent des différences, en renouvelant les formes de la diversité. Les efforts faits par toutes les sociétés, pour surmonter les rugosités de l'espace, témoignent des avantages que celles-ci tirent d'une certaine homogénéité. Dans le même temps, elles n'en sont pas moins amenées à exploiter ou à construire des différences, à rechercher des complémentarités géographiques, à tirer parti des zones de contact, de la proximité des centres et de celle des marges, à mettre à profit des gradients. L'hétér ogénéité de l'espace géographique résulte de l'imbrication de ces mouvements apparemment contradictoires.

Ressemblances et homogénéité

L'homogénéité désigne l'état particulier d'une zone géographique dans laquelle, quelle que soit la direction, les unités spatiales élémentaires présentent des similitudes de structure, de fonction, ou de répartition ; elles se ressemblent plus entre elles qu'elles ne ressemblent à des unités appartenant à d'autres zones. On dira qu'une zone est homogène par le climat par exemple, si ses lieux relèvent des mêmes structures climatiques sous-jacentes et tendent à enregistrer dans le temps des distributions comparables de températures, de pressions, de précipitations, etc.) ou encore par les pratiques culturales, si l'ensemble de ses exploitations agricoles de la zone s'adonne dans des conditions comparables aux mêmes formes de mise en valeur du sol. À un certain échelon géographique, une zone homogène est perçue comme un tout.

La ressemblance spatiale peut certes être liée à des propriétés intrinsèques des lieux (homogénéité morphologique, climatique, pédologique, etc.), encore faut-il que ces propriétés soient en tout lieu socialement réinvesties de la même manière avec, par exemple, le développement d'un même mode d'exploitation du sol ou du sous-sol, un même mode de peuplement. À un certain échelon géographique, l'homogénéité peut correspondre à la régularité d'un semis de villes qui se traduit par une même géométrie des rapports entre la taille de ces dernières et leur espacement ou encore, à celle d'un réseau qui assure en tout lieu l'accessibilité d'un même équipement, la qualité de la desserte d'un même service, ou encore l'efficacité d'un même maillage administratif. Au rang des grands processus homogénéisateurs de l'espace géographique figurent tous les processus de concurrence spatiale qui aboutissent à un partage relativement régulier de l'espace, tous les processus de diffusion spatiale qui correspondent à la propagation de proche en proche d'un même phénomène, tous les processus d'encadrement des territoires en rapport avec l'exercice d'un pouvoir central.

Différences et discontinuités

La différence se manifeste dans l'espace, par des discontinuités, qui traduisent un changement plus ou moins brutal dans les caractéristiques des lieux. Des discontinuités peuvent être liées au contact de formes différentes. D'une région à une autre, les formes des semis peuvent varier (inégalités de densités, inégalités de nature, degré de régularité), des formes des réseaux s'individualisent, et des formes spécifiques de maillage apparaissent. Les discontinuités tiennent aussi à l'appartenance des lieux à différents champs d'attraction. Enfin, des discontinuités manifestent le contact de phénomènes différents qui structurent l'espace chacun à leur manière : contacts de milieux différents, du fait des propriétés physiques, du fait de propriétés culturelles comme l'expriment les variations des formes des villes du nord au sud de l'Europe par exemple, contacts entre zones ayant des spécialisations agricoles différentes, ce qui engendre à la fois des paysages, des modes d'utilisation du sol et de peuplement, des structures socio-économiques et des réseaux de relation avec l'extérieur différents.

Différence, spécialisation, ségrégation

La spécialisation est une des causes de l'hétérogénéité de l'espace géographique. Une unité spatiale est spécialisée si, parmi les différentes unités qui constituent l'ensemble géographique auquel elle appartient, elle répond à un type, à une fonction, à un usage bien déterminé, qui n'est pas celui ou celle des autres et qui est, en partie au moins, dépendant des autres, voire leur est destiné. La spécialisation est à la fois ce qui individualise l'unité dans l'ensemble géographique de référence, et ce qui contribue à l'existence de complémentarités entre les différentes unités. Dans une acception étroite, la notion de spécialisation est associée à l'idée d'interdépendance fonctionnelle, de division spatiale de la production et du travail. La spécialisation d'une unité est alors appréciée à partir des activités qu'elle regroupe, de ce que ces activités produisent, des systèmes de production ou des formes d'organisation du travail qui y sont mis en œuvre. À propos d'un réseau urbain, on distinguera couramment par exemple, les « villes touristiques », les « villes technopoles », les villes « portuaires » ; dans un système agricole, on identifiera des « régions viticoles, des « régions céréalières », etc.

À différents échelons géographiques, la répartition des activités économiques et les affectations de l'espace qui y sont directement liées, entraînent dans leur sillage des sélections sociales qui, à leur tour, se répercutent sur les distributions géographiques des populations. Devenu relativement usuel, le terme de ségrégation en vient à désigner les oppositions géographiques dans la ville entre répartitions de groupes sociaux ou de groupes ethniques, voire de groupes d'âge différents. Quand elles sont trop brutales, les spécialisations sociales extrêmes échappent rarement aux processus de ségrégation spatiale.

Régionalisation

Différences et discontinuités de l'espace géographique sont d'irremplaçables témoins de la grande diversité des modes d'habiter l'étendue terrestre, de l'humaniser. Elles sont des marqueurs de la dynamique des organisations sociales et des référents culturels qui les sous tendent. Elles peuvent être lues comme une table des projets qui ont, sur le temps long, façonné des territoires. Le travail du géographe consistera à repérer ces différences, à en retrouver les contours et à en décrypter le sens. L'opération de régionalisation consiste à regrouper en un même ensemble géographique, en une même région, soit les unités spatiales contiguës qui se ressemblent plus entre elles qu'elles ne ressemblent à toute autre unité de zone étudiée (délimitation d'une région homogène), soit celles qui ont plus de liens entre elles qu'elles n'en ont avec toute autre (délimitation d'une région intégrée souvent polarisée autour d'un pôle).

Représentations et territoires

L'intimité des rapports qu'entretient chaque personne avec l'espace géographique, l'étroite imbrication de ce dernier et des projets de chaque société sont à tout moment influencées par les représentations individuelles et collectives de l'espace, et donc les images du territoire dans lesquelles s'inscrivent le temps individuel et le temps social. Derrière les matérialités de l'espace géographique se devine la force de ces espaces cognitifs dont la construction s'alimente autant de construits d'ordre psychologique ou culturel que de pratiques concrètes.

L'idée de représentation

L'idée de représentation, création individuelle et/ou collective (représentation sociale), se rapporte aux processus cognitifs qui sous tendent les mécanismes d'acquisition de l'information et de sa transformation en connaissance mobilisable dans le jugement et dans l'action. La représentation est un schéma du réel dont la pertinence trouve son sens dans le cadre d'une idéologie particulière, c'est-à-dire d'un ensemble d'idées, de valeurs, de doctrines propres à une société à une époque donnée. Durables, les représentations peuvent cependant se transformer. De nouvelles sont susceptibles d'apparaître quand surviennent des évènements particuliers ou des objets nouveaux. Du fait d'enjeux vitaux qui semblent leur être liés, ces nouveautés perturbent en s'y substituant, ou en les modifiant, des représentations plus anciennes. La démultiplication des moyens de communication, celle des savoirs scientifiques, techniques et culturels, contribuent à un remodelage permanent des contenus des représentations sociales. Ainsi, les représentations que les sociétés occidentales se sont forgées de la nature ont bougé durant le dernier quart du XXe siècle, l'intrusion en force de la notion d'environnement n'étant qu'un des indices de cette évolution.

Espace vécu et représentations spatiales

Le champ de l'étude des représentations, qui s'inscrit dans un passage de questions de forme à des questions de sens, est largement investi par la géographie à travers deux notions. Les représentations individuelles de l'espace sont abordées avec la notion d'espace vécu qui est l'espace pratiqué et investi par chaque individu, dans les faits et symboliquement. Ce dernier le fait sien, entretient avec lui des relations de l'ordre de l'affect. Il existe un lien fort entre la pratique d'un espace, la familiarité qu'on acquiert de ses lieux dans une certaine quotidienneté, laquelle n'implique pas nécessairement la proximité et enfin, la mise en relation que l'on a spontanément tendance à établir entre soi et tous ces lieux familiers, intégrés d'une manière ou d'une autre à sa propre vie. C'est l'acception reprise par A. Frémont dans « La région espace vécu ». La notion de représentation spatiale se rattache davantage au registre des représentations collectives, elle appartient à la catégorie des représentations sociales. Se représenter l'espace c'est aussi se représenter ceux qui l'occupent et ceux qui l'ont façonné. Les représentations spatiales correspondent, à un moment donné, aux schémas, véritables remodelages ou reconstitutions, suivant lesquels un groupe se représente l'espace proche ou l'espace lointain, le sien et celui des autres. Il le fait en fonction de connaissances pratiques certes, mais aussi en fonction des systèmes d'idées, de valeurs, de projets auquel il donne corps.

Au même titre que celle des autres représentations sociales, la construction des représentations spatiales est un processus de longue durée. Elle mobilise l'ensemble des savoirs et savoir faire à partir desquels une société conçoit un espace, l'ordonne, le pratique et lui donne sens. Les corpus ainsi mobilisés relèvent de tous les registres de la dynamique sociale, et ils intègrent aussi des expériences territoriales collectives. Les références politiques, religieuses et plus largement culturelles n'échappent pas à la construction de ces espaces cognitifs. Les représentations spatiales ou cartes mentales ainsi construites deviennent plus ou moins consciemment des références utilisées dans les jugements, les conduites et l'action, relatifs à l'espace que chaque groupe engage vis-à-vis de lui même, ou vis à vis des autres. L'actualité rappelle tous les jours la force et la violence potentielle que peuvent engendrer à un moment donné ces représentations spatiales, quand elles entrent en conflit les unes avec les autres, Israéliens contre Palestiniens, Serbes contre Albanais, par exemple. Tout près de nous, l'histoire de la construction européenne a régulièrement convié les États à une rude confrontation des représentations de l'espace européen dont chacun est porteur.

Représentations spatiales et territorialisation

À sa manière, la géographie a investi le passage entre construction individuelle et construction sociale, en proposant de voir le territoire comme résultant du rapport étroit entre un groupe social et une représentation collective de l'espace. On passe alors, d'un investissement exclusivement personnel de l'espace tel que présent dans la notion d'espace vécu, à une dimension collective. À un moment donné, la représentation spatiale permet d'établir une correspondance entre un groupe et un espace en termes d'affinité élective, d'appropriation, d'identification, d'affiliation, processus complexe dit de territorialisation. Pour un groupe, territorialiser revient à investir un espace en y multipliant les lieux et les réseaux sur un mode à la fois concret et symbolique. On comprend que, dans ces conditions, le territoire pousse parfois à la quête des limites, provoque la construction de barrières, engendre à la délimitation de frontières, et qu'il soit souvent assorti d'une dimension juridique. La notion de territoire national reprend bien cette idée avec, dans le cas des États-nations, la volonté d'une correspondance stricte entre deux processus de territorialisation.

Représentations spatiales et images

Parmi toutes les manières possibles de voir s'exprimer les représentations spatiales, figurent les paysages, les textes, et bien entendu les cartes. À partir d'enquêtes effectuées à l'échelon individuel, les géographes se sont attachés à retrouver les contours des cartes mentales, la teneur des représentations spatiales d'un groupe donné. À l'opposé, partant de représentations cartographiques existantes et clairement répertoriées, ils ont cherché à repérer derrière les formes concrètes proposées, les signes des représentations spatiales à la fois, de l'initiateur du projet cartographique, et de ceux à qui le document est destiné. Récemment, le marketing territorial s'est employé auprès d'administrés, d'électeurs, à faciliter l'adhésion à quelque grand projet de ville, ou de région avec pour objectif d'infléchir les représentations spatiales des intéressés jugées porteuses de blocages. Il a pu aussi avoir pour mission de diffuser des représentations pouvant séduire d'éventuels agents économiques et en fidéliser d'autres.

Organisation de l'espace

Apparue dans la géographie française des années 1940-1950, la notion d'organisation de l'espace s'est s'imposée dans la discipline durant les années 1960 avec la double acception de structure de l'espace et de résultat de l'action sur celui-ci. Cette notion introduit l'idée que, de l'interdépendance de lieux et de l'omniprésence des mouvements dans l'espace, découle un certain ordre géographique. Les éléments constitutifs de l'espace géographique forment des structures spatiales qui se combinent aux structures de l'espace physique. Certaines formes remarquables de ces structures ont pu être modélisées. Le degré de complexité des structures ayant tendance à s'élever avec la taille des entités spatiales, on dira que ces structures s'articulent en niveaux d'organisation de l'espace, repérables par exemple dans les hiérarchies territoriales, du local, au régional, puis au national, ou encore dans une hiérarchie des villes.

L'émergence de structures géographiques dynamiques ouvertes et auto-organisées, c'est-à-dire dotées de capacités internes de régulation, peut être assimilée à celle de véritables systèmes géographiques. Leur existence tient aux interactions de tous ordres qui lient entre eux les éléments de ces entités et au delà, les structures qu'ils constituent. Ainsi par exemple, définir le fonctionnement d'espaces périphériques dans l'ensemble européen ou encore, procéder à une exploration des devenirs possibles de l'espace européen sous différentes hypothèses d'élargissement de l'Union européenne, de développement démographique ou encore, d'orientation des redistributions économiques, revient à considérer la dynamique d'un système spatial européen sous différentes hypothèses de changement. Des systèmes territoriaux apparaissent quand les mécanismes d'appropriation et d'identification par un groupe viennent conforter des dynamiques spatiales existantes, ce qui est un cas assez général. Le système territorial renforce alors le système spatial. Il peut aussi se faire que, quand se dessinent de nouveaux schémas d'appropriation et d'identification, la dynamique des relations spatiales soit réorientée. Le système territorial tend alors à s'éloigner du système spatial existant, et ce faisant à le transformer, ou à le détruire.

Enfin, l'idée d'organisation de l'espace renvoie à l'idée d'action sur l'espace en vue de sa transformation. Tant l'inscription durable de la notion d'organisation de l'espace au cœur de la production de connaissances géographiques, que la pression d'un faisceau d'interpellations, d'influences et d'expériences, ont fait que les géographes se sont posés la question de l'action volontaire sur l'espace, de la modification de son organisation, de son aménagement, en vue d'une meilleure adéquation entre territoire et projet social. Les interférences entre production de connaissances sur l'organisation des territoires et pratique de l'aménagement ont été et demeurent nombreuses.

SYNTHÈSE

Prendre « les lunettes de l'espace » pour déchiffrer les rapports des hommes à la terre et au monde représente une des étapes indispensables dans toute démarche géographique. Cette approche est construite autour de quelques concepts clefs, parmi lesquels localisation, interaction spatiale, et représentation spatiale occupent une position centrale. En aidant au décryptage des dynamiques de la construction et de l'organisation de l'espace géographique, elle devrait permettre une meilleure sensibilisation des autres sciences sociales à la nécessité de mieux tenir compte de cette dimension majeure des constructions sociales. Elle devrait aussi aider les acteurs dans une lecture plus responsable de la portée de leurs actions territoriales, lesquelles dépassent largement le pré carré de leur périmètre d'intervention.

Pour en savoir plus

R. BRUNET, *Le déchiffrement du Monde, Théorie et pratique de la géographie*, Belin, 2001.	Manuel qui inscrit l'approche spatiale en bonne place et la situe dans une perspective de géographie générale.
G. DI MÉO, *Géographie sociale et territoires*, Nathan, coll. « Fac », 1998.	Ce manuel développe entre autres les liens entre les différentes notions évoquées dans ce chapitre en tentant de les situer dans une perspective épistémologique.

Ph. et G. PINCHEMEL, *La face de la terre*, Armand Colin, coll. « U », 1988.	Ouvrage dans lequel les apports relatifs de l'explication spatiale et de l'explication verticale (rapports société milieu) sont bien mis en perspective.
D. PUMAIN, T. SAINT-JULIEN, *Analyse spatiale*, t. 1 : *Localisations dans l'espace*, Armand Colin, coll. « Cursus », 1997.	Manuel abordant les notions de bases relatives à l'étude des localisations et des différenciations dans l'espace géographique et les outils permettant d'étudier ces notions. Ces approches sont toujours illustrées par des études de cas.
D. PUMAIN, T. SAINT-JULIEN, *Les interactions spatiales*, Armand Colin, coll. « Cursus », 2001.	Ce manuel envisage les interactions spatiales ainsi que les outils conceptuels et méthodologiques permettant d'étudier ces notions.

2

POPULATION, PEUPLEMENT ET MIGRATION

L'étude de la population occupe désormais une place considérable en géographie. La géographie du peuplement décrit la répartition spatiale de la population et cherche à l'expliquer. Elle étudie aussi la localisation des unités de peuplement rural et urbain, du village à la très grande ville. La géographie de la population s'intéresse de son côté aux effectifs humains et à leur évolution. Cette démogéographie analyse donc des facteurs tels que la natalité, la mortalité, la fécondité et les migrations et s'attache particulièrement à leurs variations spatiales. Pour les expliquer, elle étudie les structures de la population sur le plan démographique (âge, composition des familles...), socioculturel (religion, niveau d'études...) et socioéconomique (taux d'activité, catégories socioprofessionnelles...).

Les fondamentaux de la démographie

L'étude des populations du monde est inévitablement associée au champ disciplinaire de la démographie, dont le sens étymologique éclaire d'emblée sur son objet scientifique : décrire (*graphein*) les populations (*demos*). Le travail des démographes est donc assez vaste, puisqu'il analyse les populations humaines d'un point de vue principalement quantitatif, en caractérisant leurs formes, leurs structures, leurs évolutions…

Décrire les populations

Le développement impressionnant des recherches sur les populations humaines s'appuie en partie sur la multiplication des sources statistiques disponibles, sur leur relative accessibilité et sur leur plus grande fiabilité. Les facilités techniques de traitement ont de surcroît encouragé le maniement de sources de plus en plus riches mais également de plus en plus complexes.

Déchiffrer

Le déchiffrement des populations est un exercice assez délicat. La première difficulté réside dans le fait que la croissance démographique est continue et que les sources utilisées ne représentent qu'une photographie instantanée de la réalité, très vite périmée dans la mesure où les données sont en perpétuelle évolution. Ensuite, il s'agit de rassembler une quantité impressionnante d'informations, pour réunir les bases d'une analyse solide et complète. De ce fait, l'homogénéité des données disponibles n'est pas garantie, car la multiplicité des sources et des organismes les produisant est importante, et parce que la rigueur des méthodes d'investigation est très variable d'un pays à l'autre. Enfin, l'exhaustivité est un objectif particulièrement difficile à atteindre dans ce domaine puisque les recensements généraux, tels qu'ils sont pratiqués dans les pays développés par exemple, comportent eux-mêmes des omissions.

Le dénombrement des populations s'appuie alors sur plusieurs types de sources complémentaires :

– *les recensements* sont pratiqués depuis longtemps par l'ensemble des pays développés et deviennent fréquents dans les autres parties du monde. Ce sont des enquêtes exhaustives, pour dénombrer et localiser les individus, les ménages et leurs caractéristiques générales. Ils compilent alors des renseignements sur le sexe, l'âge des individus, sur les caractéristiques familiales, et de plus en plus fréquemment sur les caractéristiques culturelles, socio-économiques des ménages.

– *l'état-civil* est un service organisé généralement par les pouvoirs publics et chargé d'enregistrer les naissances, les décès, les actes matrimoniaux, les liens de famille et de parenté. Il permet donc de tenir des registres de la population, en continu, pouvant donner lieu à des exploitations statistiques. Ils sont en particulier très utiles pour suivre l'évolution des variables naturelles (natalité et mortalité), notamment entre les dates de recensement.

– *les enquêtes démographiques* représentent une troisième source statistique intéressante. Elles sont organisées sur des sujets spécifiques pour compléter les données issues des recensements et de l'état-civil. Elles portent leur attention sur des problématiques ciblées dont les thèmes reviennent fréquemment : famille, emploi, causes de mortalité, immigration… Ces études ne sont pas exhaustives et principalement réalisées par sondage.

À côté de ces sources incontournables, il faut néanmoins préciser que de nombreux organismes publics ou organisations non gouvernementales produisent des données statistiques très intéressantes, qui peuvent donner lieu à des études démographiques complémentaires et variées.

Exploiter, représenter et analyser

Les sources disponibles donnent lieu à une multitude de traitements qui intéressent non seulement les démographes, mais tous les acteurs des sciences humaines et sociales. Les données quantitatives nombreuses seront alors exploitées pour comprendre les processus démographiques contemporains et la structure des populations. C'est ici que la démographie croise différents champs disciplinaires, tels que la sociologie, l'histoire, l'économie… et la géographie. En effet, pour comprendre la géographie des populations mondiales, il devient impératif de construire un certain nombre d'outils, indispensables à l'analyse, et rendant intelligibles les données statistiques brutes.

Le géographe s'attache dans un premier temps à comprendre la distribution spatiale des populations. Il s'appuie alors sur toute une palette d'outils cartographiques, lui permettant de représenter graphiquement la répartition des hommes à la surface du globe. Ensuite, l'analyse des contrastes démographiques internationaux, passe par la construction de multiples indicateurs statistiques sur la dynamique des populations (natalité, mortalité, soldes naturel et migratoire), sur leur structure (composition par âge et par sexe, composition socioprofessionnelle), qui constituent des marqueurs utiles à la compréhension des disparités spatiales. Ainsi, parce que les données brutes seront représentées visuellement par des cartes, des graphiques et des indicateurs statistiques, elles permettront de comprendre et d'analyser la géographie des populations du monde. C'est la rencontre des méthodes démographiques, des outils statistiques et des problématiques géographiques, qui a permis l'essor de la géographie de la population.

La croissance des populations

Pour comprendre simplement les dynamiques démographiques, nous pouvons comparer la population à un stock d'individus, dont l'évolution est guidée par un certain nombre de variables. C'est l'analyse de ces dernières qui a fondé les concepts de base de la démographie.

La population mondiale est ainsi en constante évolution. Le stock d'individus qu'elle représente évolue sous l'effet d'un double mouvement d'entrées et de sorties. Les premières contribuent à l'augmentation de la population et les secondes à la diminution. Le jeu des naissances et des décès est appelé solde naturel. Dans un espace donné, le jeu de l'immigration et de l'émigration est dénommé solde migratoire. C'est l'ensemble de ces variables qui constitue la croissance démographique.

Les variables naturelles : natalité, fécondité et mortalité

La croissance naturelle des populations n'est autre que la différence arithmétique des naissances et des décès. Le résultat, autrement dit solde naturel, contribue à accroître ou à diminuer le nombre d'individus et constitue un indicateur précieux sur le degré de vitalité des sociétés observées.

La natalité décrit les naissances et leur évolution. Elle s'analyse à partir d'indicateurs statistiques simples tels que le taux brut de natalité qui rapporte le nombre de naissances au nombre d'habitants d'une population, généralement sur une durée d'un an. Ce dernier permet en effet de saisir les variations de la natalité dans le temps et dans l'espace. Néanmoins, comme le nombre de naissances est inversement proportionnel au degré de vieillissement de la population, il est apparu nécessaire de mesurer la capacité réelle de reproduction, c'est-à-dire la fécondité. Les indicateurs les plus courants sont le taux de fécondité générale, qui rapporte les naissances à la population féminine en âge de procréer, et l'indicateur conjoncturel de fécondité, beaucoup plus lisible car exprimé en nombre moyen d'enfants par femme à l'instant *t*, et permettant d'appréhender l'évolution des comportements en la matière. Cet indicateur sert également à mesurer le renouvellement des générations, c'est-à-dire la capacité d'une population à se renouveler et à se remplacer. Ces différents outils d'analyse prouvent l'intérêt de travailler sur les deux phénomènes simultanément, puisque la natalité permet d'observer une composante de la croissance des populations, et donc de son évolution, tandis que la fécondité s'intéresse davantage à la vitalité démographique des populations, à leur propension à procréer.

La mortalité correspond à l'étude des décès et de leur évolution. Plusieurs indicateurs sont utilisés. Le taux brut de mortalité rapporte le nombre de décès à la population totale. À l'instar du taux de natalité, il est très sensible à la composition par âge des populations, la mortalité augmentant naturellement aux plus grands âges. Il a donc le seul mérite de pouvoir mesurer la croissance des populations. Pour corriger les effets liés à l'âge, d'autres indicateurs complémentaires ont été construits, tels que le taux de mortalité infantile (mortalité des enfants de moins d'un an) ou le taux de mortalité par âge. Les comparaisons géographiques deviennent alors beaucoup plus pertinentes, car elles effacent les effets de structure des populations. Dans un même ordre d'idées, les démographes se sont intéressés à la longévité des populations, en mesurant l'espérance de vie, c'est-à-dire la durée de vie moyenne d'une population, aux conditions de mortalité de l'année d'observation. C'est un indicateur du moment, comme l'indice conjoncturel de fécondité, qui permet de mesurer le degré de mortalité indépendamment des effets induits de la composition par âge.

En définitive, natalité et mortalité permettent de mesurer le croît naturel d'une population. Le solde naturel est bien la différence entre naissances et décès. Le taux d'accroissement naturel est la différence entre taux de natalité et taux de mortalité. Le maniement de ces indicateurs permet déjà de décrire et analyser les variations démographiques dans le temps et dans l'espace.

Les variables migratoires : l'immigration, l'émigration et le solde migratoire

L'autre variable de la croissance des populations est liée à la mobilité des sociétés. Les hommes se déplacent régulièrement et plus ou moins fréquemment, pour des motifs très variés. Ces mouvements migratoires ont des conséquences évidentes sur l'évolution des populations. Certaines régions du globe connaissent des départs massifs d'individus qui constituent une ponction démographique importante, remettant en cause l'équilibre naturel de la population. À l'inverse, d'autres contrées constituent de véritables espaces d'accueil, où les arrivées représentent un élément central de la croissance démographique.

Les entrées de personnes sur un territoire donné constituent l'immigration. Les départs représentent à l'inverse l'émigration. La différence arithmétique entre les deux phénomènes est appelée migration nette ou encore solde migratoire. C'est une composante de la croissance des populations, indissociable des variables naturelles pour mesurer l'évolution démographique.

Les conséquences des phénomènes migratoires sur l'évolution démographique des populations sont réelles et parfois déterminantes. Le dynamisme démographique ne se mesure pas uniquement avec le solde naturel. Le solde migratoire peut être le révélateur de l'attractivité d'une région. Dans ce cas, la croissance démographique est souvent alimentée par l'arrivée de populations.

Un modèle fondamental

Les disparités de croissance de la population dans le temps et dans l'espace ont permis d'identifier plusieurs régimes démographiques. Force est de constater aujourd'hui d'importants contrastes à l'échelle du globe, qui s'expriment aussi bien dans la diversité des taux d'accroissement de population que dans l'hétérogénéité des variables relatives à la natalité et à la mortalité. Le monde offre donc une multitude de situations démographiques, que les scientifiques ont tenté d'expliquer par un modèle théorique assez simple, celui de la transition démographique.

Plusieurs situations démographiques

La croissance démographique mondiale est loin d'être homogène. Les contrastes spatiaux sont particulièrement saisissants, et se révèlent concrètement à la lecture de données statistiques élémentaires. Sans descendre à l'échelle des États, les écarts intercontinentaux sont très marqués. L'Afrique enregistre un taux d'accroissement naturel de + 2,4 % en 2001, avec un taux de mortalité infantile atteignant 88 ‰ et une espérance de vie à la naissance de 54 ans. Forte croissance naturelle, mortalité élevée et faible longévité sont caractéristiques des pays en développement. L'Europe se distingue par un taux d'accroissement naturel très faible de + 0,1 %. La mortalité infantile y est la plus basse du monde avec seulement un taux de 9 ‰, et l'espérance de vie parmi les plus élevées, atteignant 74 ans en moyenne. Ces deux situations radicalement opposées révèlent d'emblée l'importance des écarts à l'échelle internationale, encore plus vifs si l'on travaille à l'échelle des pays.

Ces contrastes, dont l'accentuation a été nette depuis le début du XXe siècle, révèlent également les inégalités économiques et sociales entre pays industrialisés et pays en voie de développement. La variété des comportements démographiques dans le monde trouve des explications dans une multitude de variables, inhérentes au niveau de développement des États. Les différences de fécondité, et par conséquent de natalité, relèvent de déterminants biologiques mais également sociaux. Il a été clairement démontré que le niveau d'études, la condition féminine, le niveau de richesse, les pratiques religieuses, entre autres, interfèrent avec la propension des sociétés à procréer. En ce qui concerne la mortalité, des variables socio-économiques entrent également en ligne de compte, telles que les conditions sanitaires, la diffusion des techniques médicales, l'accompagnement social des populations... Dans ce cas, les disparités de développement des pays du monde interagissent avec les comportements démographiques.

La théorie de la transition démographique

C'est donc de l'observation des disparités démographiques dans le monde, de l'inégalité des rythmes de croissance entre États que les démographes ont produit le modèle de la transition démographique. En effet, il part du principe que toutes les populations du globe changent de régime démographique dans le temps, passant ainsi d'une situation où les taux vitaux (de natalité et de mortalité) sont très élevés à une situation où ils deviennent très faibles, garantissant dans un cas comme dans l'autre un certain équilibre démographique. Cette transition s'effectue plus ou moins rapidement dans le temps, expliquant les variations de croissance constatées à l'échelle planétaire.

Le modèle est décrit par un graphique très simple. Il représente le passage d'un régime démographique caractérisé par des taux de natalité et de mortalité élevés à un régime démographique nouveau où les taux vitaux affichent des valeurs très faibles. Dans les deux cas l'équilibre démographique est assuré, alors que la phase de transition engendre une importante déstabilisation,

Représentation schématique de la transition démographique

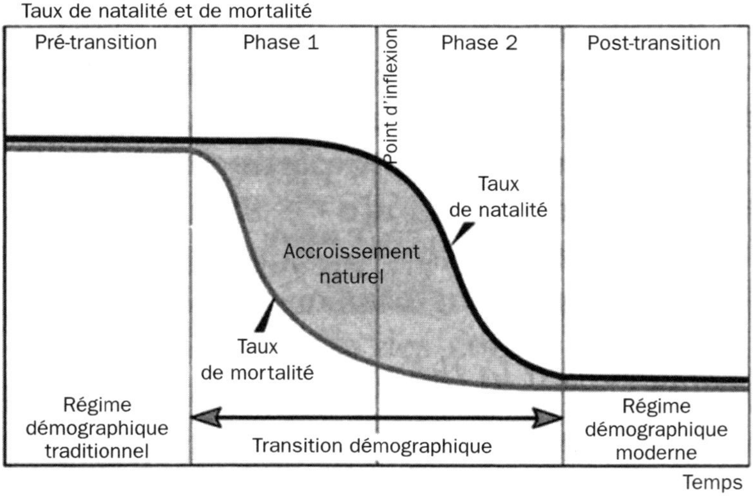

Source : P.-J. Thumerellle, *Les populations du monde*, Nathan, coll. « Fac », 1996, p. 28.

caractérisée par une croissance démographique exceptionnellement forte. Le passage d'un état à l'autre peut être séquencé en deux phases distinctes. La première se caractérise par une érosion de la mortalité, alors que la natalité reste élevée. Dans ce cas, l'accroissement naturel est important. Dans un second temps, la natalité chute à son tour, tandis que la mortalité se stabilise à un faible niveau. L'écart entre les deux taux s'amenuisant, l'accroissement naturel faiblit. Le passage d'un stade à l'autre de la transition s'accompagne également d'une maîtrise de la mortalité et de la fécondité. C'est un élément conditionnel du changement de régime démographique. Alors que dans le régime ancien, la mortalité et la natalité connaissent des variations interannuelles marquées, la stabilisation des indicateurs caractérise le régime nouveau. La simplicité du modèle en fait un instrument commode de description et de compréhension des différentes situations démographiques à la surface du globe. Il ne doit pas pour autant masquer la diversité des transitions démographiques dans le monde, tant du point de vue des calendriers que des caractères démographiques.

Les structures démographiques

La diversité des situations démographiques s'exprime également dans la structure des populations. L'examen des données démographiques internationales permet de repérer de nombreuses situations, relativement disparates, où des populations très jeunes et dynamiques se distinguent de sociétés vieillissantes. La répartition des individus par âge et par sexe est une clé de lecture tout à fait intéressante.

La composition des populations

Les objets étudiés par la géographie de la population du monde se sont considérablement élargis lorsque les statistiques ont permis d'étudier les structures démographiques. Grâce au développement et à la modernisation des recensements, grâce au travail des organisations non gouvernementales, des bases de données statistiques relativement fiables et complètes ont permis des comparaisons internationales. Dès lors, les études sur les structures démographiques ont connu un développement important. Les variables les plus couramment analysées restent l'âge, le sexe, la situation matrimoniale, les caractéristiques socioprofessionnelles.

Cette multiplication des données a permis des études scientifiques et comparatives très nombreuses. Les chiffres publiés par l'ONU par exemple donnent des renseignements sur la répartition par grand groupe d'âge, par sexe. Ils facilitent la construction d'indicateurs utiles à l'analyse des disparités démographiques internationales : âge moyen et âge médian, indices de jeunesse et de vieillesse… Nous pouvons aujourd'hui comparer les États du monde et mieux comprendre la variété des comportements et des situations démographiques. Alors que l'Ouganda recense 51 % de jeunes de moins de 15 ans, l'Italie n'en compte que 14 %, pour une moyenne mondiale de 30 %. La lecture de ces chiffres élémentaires révèle d'importantes disparités.

Question de pyramides

Les variables de structure les plus étudiées sont sans conteste l'âge et le sexe, et souvent de façon simultanée. En effet, la répartition par sexe et par âge est à la fois le résultat et le moteur des dynamiques démographiques : elle procède du jeu subtil de la natalité et de la mortalité mais elle influe également sur le dynamisme et la vitalité démographiques.

Pour l'étudier, les démographes ont mis au point un mode de représentation graphique très simple, communément appelé « pyramide des âges » (*figure*). Tous les États du monde produisent ce document pour décrire leur situation démographique de façon très suggestive. Le graphique n'est autre qu'un double histogramme en barres horizontales, séparant le sexe masculin du sexe féminin, avec les tranches d'âges en ordonnée et les effectifs en abscisse. L'image obtenue est particulièrement facile à décrypter et se prête bien aux comparaisons internationales. L'interprétation de ce document permet de retracer l'histoire démographique d'une population et l'influence de certains facteurs : variations de la fécondité, différences de mortalité selon les sexes, épisodes migratoires, allongement de l'espérance de vie, crises politiques majeures…

La comparaison entre différents pays et l'analyse de la disparité des situations démographiques qui en découle s'effectuent en partie grâce à la forme du graphique obtenu. Les pyramides aux bases larges sont le reflet de populations jeunes. Celles des pays les moins avancés approchent une forme triangulaire, ce qui traduit une forte représentation des classes d'âge les plus jeunes, alors que la faible espérance de vie ne permet pas d'alimenter les classes les plus âgées. Les pyramides en « as de pic » sont au contraire le reflet de populations vieillies. Elles connaissent un double processus de vieillissement. La base se rétrécit sous l'effet d'une érosion importante de la fécondité, qui ne renouvelle plus suffisamment les classes d'âge les plus jeunes. En revanche, la longévité des populations

La population de la France au 1er janvier 2002

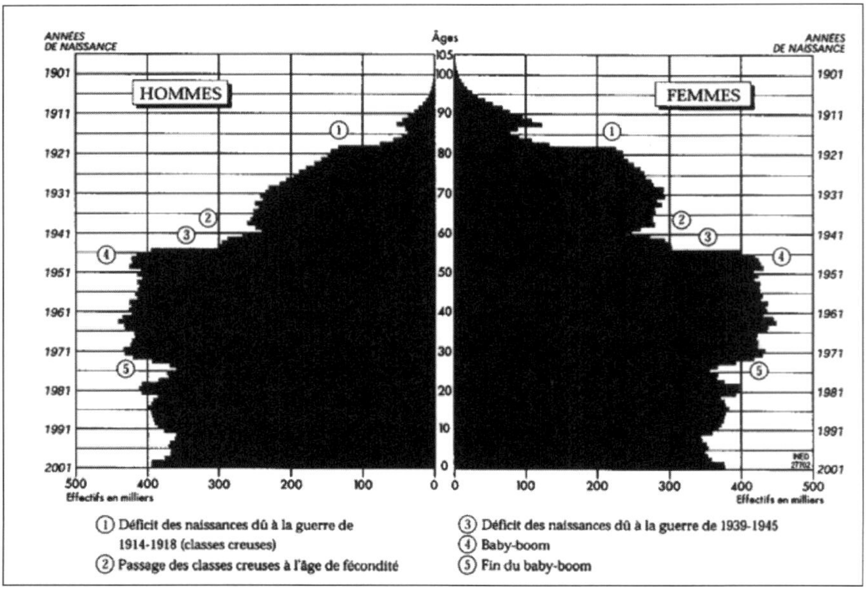

Source : *Populations et Sociétés*, INSEE, n° 378, 2002.

participe au gonflement sommital de la pyramide. Ces deux formes extrêmes laissent la place à une multitude de situations, qui reflètent concrètement les différents stades de la transition démographique dans le monde.

Les populations du monde

Les contrastes sont très nets à l'échelle mondiale, les proportions de populations jeunes ou vieillies reflétant l'opposition entre pays industriels et pays en voie de développement. Le continent africain compte ainsi en moyenne 43 % de moins de 15 ans dans sa population totale, avec des écarts allant de 50 % pour le Niger à 31 % en Tunisie. Dans le même temps, l'Europe compte seulement 18 % de moins de 15 ans en moyenne, avec des écarts beaucoup plus modestes, puisque seule l'Albanie avoisine les 33 % contre 15 % pour l'Espagne.

On peut réduire les principales situations démographiques observées dans le monde à quelques grands ensembles :

– le continent africain et son prolongement dans la péninsule arabique et au Proche-Orient se distinguent par une population d'une extrême jeunesse, dont les rythmes de croissances sont très soutenus. Quelques États d'Amérique centrale sont de même nature ;

– les pays orientaux, malgré des contrastes très saisissants d'un pays à l'autre, ont en commun d'avoir réalisé leur transition démographique dans un temps relativement court ;

– le monde développé, à commencer par l'Europe, présente la situation la plus avancée, avec un vieillissement important de la population. La croissance démographique y est devenue quasiment nulle ;

– l'Amérique Latine, où la seconde phase de la transition démographique est en voie d'achèvement.

La répartition géographique de la population

Le peuplement de la planète : une répartition contrastée

Malgré les six milliards d'habitants atteints en l'an 2000, la terre reste modérément peuplée avec 44 hab./km² (hors Antarctique), soit la densité de pays comme le Kenya ou le Mexique. Cette population est cependant très inégalement répartie puisque les deux tiers vivent sur un dixième des surfacés et la moitié sur 8 % (*figure*).

Inversement, plus du quart de la superficie abrite moins de 2 % de l'humanité. Les hommes sont nombreux entre 20° et 40° de latitude Nord (45 %) et entre 40° et 60° de lat. Nord (30 %), grâce à trois grands foyers de peuplement de plus de 100 hab./km², qui regroupent 58 % de l'effectif planétaire : l'Asie orientale, le subcontinent indien et l'Europe. À eux seuls, Chine et monde indien (Union indienne, Pakistan, Bangladesh) regroupent plus de 42 % du total. En comparaison, les autres concentrations n'apparaissent que relatives, mais tranchent cependant avec la très faible occupation de vastes étendues. Ces grands vides correspondent aux déserts blancs des zones antarctique, arctique et subarctique, aux déserts secs qui forment en particulier la diagonale aride, du Sahara à la Chine occidentale, aux déserts verts des basses latitudes

La répartition de la population mondiale

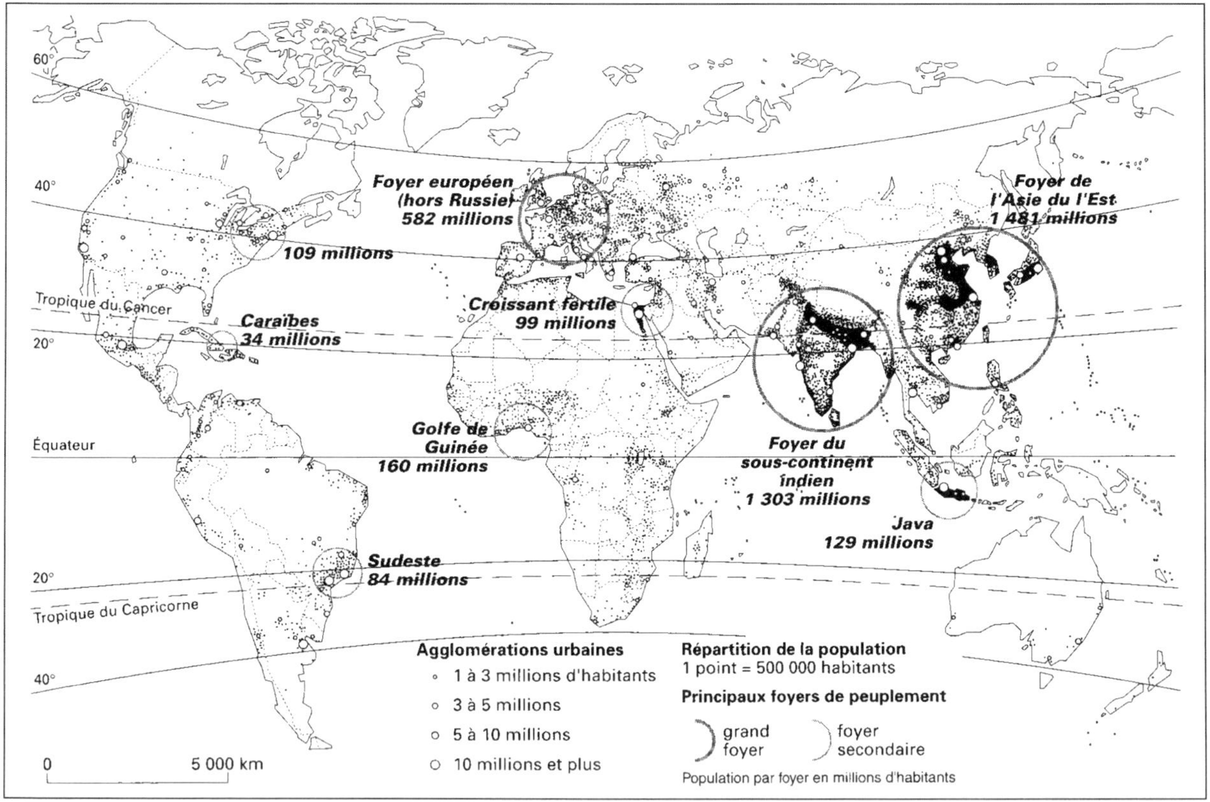

Source : G. Baudelle, *Géographie du peuplement*, Armand Colin, coll. « Cursus », 2000, p. 3.

tropicales humides et équatoriales tels que l'Amazonie (1 à 2 hab./km^2) ou la cuvette congolaise, et aux déserts d'altitude des plus imposants massifs montagneux, en particulier en Asie centrale (Tibet, Himalaya...).

Le peuplement privilégie donc les plaines et basses vallées (56 % de l'humanité vit à moins de 200 m d'altitude), les façades maritimes (les deux tiers vivent à moins de 500 km de la mer) et les littoraux (un quart à moins de 50 km des côtes). La population du monde est aussi désormais majoritairement urbaine et toujours davantage, puisque suivant le modèle de la transition urbaine analogue à celui de la transition démographique, la progression du taux d'urbanisation – c'est-à-dire la part des citadins dans le pays – suit la même évolution partout ; avec un stade d'avancement qui est aussi généralement fonction du niveau de développement, de sorte que c'est aujourd'hui dans les pays en voie de développement que la croissance urbaine est la plus vive. Ce phénomène explique la concentration croissante de la population depuis un siècle et demi, puisque la population des campagnes augmente moins vite que celle des villes.

Longtemps utilisé pour définir la partie de la terre occupée par l'humanité, le concept d'œkoumène a aujourd'hui perdu de sa pertinence dans la mesure où l'homme vit presque partout, avec de larges zones de transition certes peu peuplées, mais néanmoins occupées pour diverses raisons (sites miniers et énergétiques, bases militaires, scientifiques et météorologiques). L'œkoumène n'est donc plus que relatif.

La complexité de la carte du peuplement du monde fait qu'on ne dispose toujours pas de théorie générale explicative analogue au modèle de la transition démographique. Par commodité d'exposition, on distinguera deux grands ordres de facteurs explicatifs.

Les facteurs naturels

Les contraintes physiques expliquent surtout la faible densité de milieux difficiles, comme le suggère le tableau ci-dessous qui repose sur des données certes anciennes, mais permettant de comparer les densités par climat.

La principale contrainte est climatique. Le froid apparaît comme la plus redoutable, surtout à cause des limites que les basses températures imposent à la croissance végétale, les densités chutant dès que l'agriculture devient impossible. Au Canada, la densité tombe ainsi brutalement au nord de la limite de la céréaliculture. L'aridité, c'est-à-dire la rareté ou le manque d'eau, rend compte des très faibles densités des milieux désertique et semi-aride où l'agriculture devient très aléatoire en dessous de 300 millimètres de précipitations moyennes annuelles, et impossible sous 150 mm, sauf à irriguer. Le peuplement est donc discontinu, se concentrant autour des points d'agriculture irriguée (oasis) ou des sites miniers. La chaleur humide constitue une troisième contrainte climatique. La forêt dense équatoriale favorise en effet parasites, virus et bactéries vecteurs de nombreuses maladies telles que le paludisme qui frappe toujours près d'un milliard de personnes. L'insalubrité serait toutefois autant la conséquence que la cause de la faible densité. Pierre Gourou a par exemple montré qu'au-dessus de 30 hab./km^2 la maladie du sommeil ne sévit plus parce que disparaît alors la végétation où vivent les mouches tsé-tsé. Le retard de la médecine tropicale, dont

Densité de population par grands types de climats vers 1950

Zone ou domaine climatique	Superficie (% des terres émergées)	Population (% des terres émergées)	Densité (hab./km²)
Tropical humide	8,1	8	18,4
Tropical sec	13,8	10,7	14,4
Semi-aride	15,6	6,7	7,9
Aride	13,2	1,4	1,9
Subtropical humide	8,4	27,6	61,1
Méditerranéen	2	4,4	41,1
Tempéré humide	6,5	20,7	60,3
Continental humide	18,1	14,5	15
Continental sec	5,4	5,7	19,8
Polaire et Tibet	8,9	0,3	0,6

D'après Staszewski, 1961.

le marché est moins solvable que celui des maladies tempérées, explique aussi pourquoi les milieux chauds et humides apparaissent comparativement plus malsains.

Le relief constitue une autre contrainte naturelle majeure : la densité de population diminue avec l'altitude et chute brutalement dès les premiers reliefs. L'agriculture est en effet plus difficile en montagne à cause de la pente et du froid, l'abaissement de la température avec l'altitude représentant un gros handicap aux latitudes moyennes et élevées. Or, ici aussi les densités s'effondrent partout au-delà de la limite supérieure de l'agriculture, et non avec la limite de la résistance de l'organisme humain aux effets de l'altitude. Cette limite supérieure de l'habitat agricole permanent est d'autant plus élevée que la latitude est basse. Dans la zone intertropicale, le climat prend un caractère tempéré à mesure qu'on monte en altitude, rendant les hautes terres exemptes des maladies tropicales, si bien qu'à l'inverse de la loi générale les densités y augmentent avec l'altitude, en particulier dans les Andes tropicales. Comme les précipitations augmentent sur les reliefs jusqu'à une certaine altitude, la montagne est traditionnellement un réservoir d'humidité dans les régions désertiques et méditerranéennes. En climat tempéré océanique en revanche, l'excès de pluie et de vent sur le moindre relief limite l'agriculture.

Sauf exceptions, les densités montagnardes sont partout en recul depuis le maximum de peuplement, le peuplement le plus élevé enregistré. En dehors de l'Amérique latine, les plus fortes densités des bassins, des plaines et des vallées sont favorisées par la présence de l'eau, qui permet éventuellement l'irrigation, et les facilités de circulation.

La qualité des sols crée surtout des variations locales via le potentiel nutritif, mais les meilleures terres n'entraînent pas toujours de fortes densités, car la quantité de main-d'œuvre exigée par le système de production agricole peut être faible comme dans les grandes exploitations hypermécanisées des plaines du Middle West. De même, les ressources minières et énergétiques sont inégalement peuplantes, selon le nombre de travailleurs nécessaire à l'exploitation, lui-même souvent fonction du degré de mécanisation.

Le lien entre milieu physique et peuplement est donc indirect. Les contraintes du milieu ne s'exercent souvent qu'à travers des phénomènes dérivés, tel que la limitation de l'agriculture, de sorte que le potentiel d'un milieu donné ne peut être fixé dans l'absolu. C'est la valeur que lui attribuent les sociétés qui importent car les données naturelles font nécessairement l'objet d'une médiation humaine. Les facteurs physiques n'agissent donc jamais de façon mécanique sur les densités, sinon on verserait dans le déterminisme : « à telles conditions physiques, telle densité ». On relève au contraire d'étonnantes différences de densité parmi des milieux physiques équivalents. En climat tempéré océanique, le Royaume-Uni compte ainsi près de 60 millions d'habitants contre 3,8 millions à la Nouvelle-Zélande pourtant un peu plus vaste. De tels contrastes ne peuvent s'expliquer par des différences de conditions naturelles. L'analyse du peuplement doit donc recourir à un certain nombre d'explications d'ordre historique.

Les facteurs historiques

Les trois principales aires de forte densité étaient les mêmes voici 2 000 ans. Toute population tend en effet à croître par effet d'inertie. Ainsi, la Chine et l'Europe sans l'ex-URSS ont eu le même taux de croissance entre le début de l'ère chrétienne et 1800, mais comme la Chine avait au départ 70 millions d'habitants contre 31 millions en Europe, leurs populations respectives en 1800 étaient de 330 et 146 millions... Plus l'occupation d'un territoire a été précoce, plus il a de chances d'être peuplé.

La reconstitution de la mise en place du peuplement apparaît donc indispensable. L'inégale ancienneté du peuplement explique par exemple la différence observée entre Royaume-Uni et Nouvelle-Zélande, où les premiers Maoris ne sont arrivés qu'au Xe siècle. Les moindres densités du Nouveau Monde sont aussi largement imputables au caractère récent de son peuplement. Les grandes migrations intercontinentales de populations jeunes et fécondes à l'époque contemporaine ont toutefois compensé cette moindre ancienneté, qu'il s'agisse des mouvements volontaires ou forcés, par la traite esclavagiste. L'ancienneté de l'installation est donc une condition nécessaire mais non suffisante à un peuplement de grande ampleur, d'autant que partout le peuplement est resté très faible avant la découverte de l'agriculture. L'adoption de l'agriculture et de l'élevage a entraîné un saut beaucoup plus significatif pour la formation des densités, au point que certains territoires occupés sur le tard, comme l'Europe du Nord-Ouest, sont de nos jours bien plus peuplés que l'Afrique, berceau de l'humanité.

L'intensité du peuplement est ainsi liée à l'adoption de certaines innovations. Le terme s'applique à tout phénomène nouveau apparaissant en un point de l'espace. Trois grandes innovations ont entraîné des bonds spectaculaires dans l'accroissement de la population mondiale : le progrès des techniques de taille rendant les chasseurs plus efficaces au paléolithique supérieur (vers le 40e millénaire avant le présent) ; entre 10 000 et 5 000 ans avant le présent, l'invention de l'agriculture et de l'élevage dite révolution néolithique dans plusieurs foyers ; la révolution industrielle enfin. L'ampleur du décalage temporel entre les différentes parties du monde dans l'adoption de ces innovations a abouti à des écarts considérables car la diffusion spatiale des innovations a eu un effet majeur sur la vitesse de l'accroissement naturel qui est l'un des facteurs les plus décisifs dans la mesure où même des écarts infimes produisent, à la longue, d'énormes différences. Ainsi, excepté l'Amérique du Nord, tous les grands foyers de peuplement actuels pratiquent depuis au moins 7 000 ans l'agriculture, dont la diffusion à d'autres régions du monde a été ralentie par les effets de barrière dus à divers obstacles ayant renforcé leur éloignement relatif : océans, reliefs, insularité, forêt dense équatoriale.

Deux systèmes de peuplement

On trouve généralement à l'origine des grandes concentrations humaines des processus cumulatifs de longue durée correspondant à la réussite de certains systèmes géographiques ayant donné naissance à des systèmes spatiaux performants, dotés d'une capacité d'autoreproduction élevée. Une fois la systémogénèse réalisée, c'est-à-dire une fois le système installé, ce dernier accumule ensuite plus d'individus qu'ailleurs, d'où la formation de densités différentielles. Les régions les plus densément peuplées correspondent en général à de tels systèmes.

Le système de la riziculture irriguée explique par exemple les fortes densités des plaines d'Asie extrême-orientale, à cause de ses rendements élevés : à surface égale, la rizière nourrit beaucoup plus de monde que toute céréaliculture sèche et permet en retour de disposer de l'abondante force de travail indispensable. Il y a système, car les rendements élevés supposent une main-d'œuvre abondante qui ne saurait exister sans ces derniers. La dynamique est cumulative, car tout accroissement démographique oblige à augmenter la production et réciproquement. Chaque croissance de la population est suivie d'un nouveau cycle d'augmentation de la production par intensification, et ainsi de suite, provoquant une hausse des densités sur place. La révolution industrielle est à l'origine de mécanismes cumulatifs analogues. Ainsi s'explique la grande stabilité des grandes masses à l'échelle planétaire.

La solution la plus générale apportée à la pression démographique exercée par l'accroissement de la population est toutefois le système de la mise en valeur de nouvelles terres (*figure*), ce qui souligne d'autant la singularité des systèmes de peuplement in situ.

La population augmentant dans un espace donné, la terre s'épuise, conduisant une fraction de la population à migrer pour mettre en valeur de nouvelles étendues : ce mécanisme régulateur est un processus fondamental de peuplement terrestre qui obéit à un modèle de vague de diffusion où chaque hausse

Un modèle d'expansion spatiale des populations

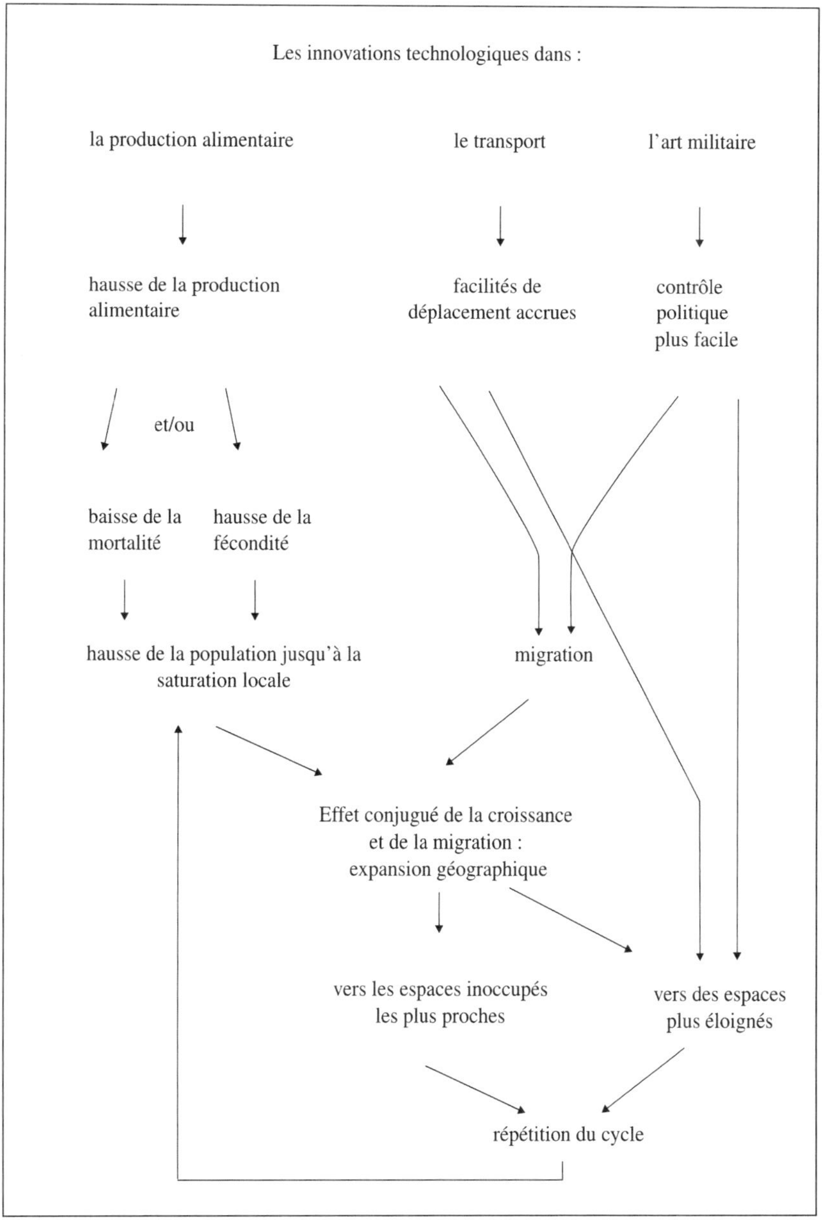

D'après L. Cavalli-Sforza, 1986.

de la population locale provoque une migration partielle. Les théories génétiques les plus récentes penchent pour ce mode de peuplement par expansion spatiale de populations agricoles plus nombreuses absorbant d'éventuels groupes locaux, aux dépens de la théorie de la diffusion culturelle par adoption de l'agriculture par les populations en place.

Les fronts pionniers agricoles contemporains procèdent de la même logique de mise en culture de terres nouvelles. De tels fronts de colonisation se doublent parfois de motivations stratégiques ou de vues énergétiques ou minières. Une population sédentaire vient alors en général se substituer ou s'ajouter à une population traditionnelle souvent nomade.

Population et ressources

Ces mouvements renvoient à la question de l'équilibre entre population et ressources, analysée par le concept, issu de l'écologie, de population-limite (ou population maximale), qui suggère que les populations humaines ont besoin d'un certain espace pour vivre, permettant de définir une densité critique maximale compte tenu de la capacité de charge de l'écosystème. Mais un tel raisonnement suppose une parfaite autarcie, alors que nos sociétés toujours plus urbaines n'ont plus avec leur milieu environnant qu'un lien très indirect.

D'autres notions sont plus pertinentes. Le concept de surpeuplement ou surpopulation désigne un excédent de population par rapport aux ressources disponibles et à la préservation d'un niveau de vie considéré comme minimum. Il s'agit donc d'une notion relative. Le surpeuplement n'implique pas de fortes densités : certaines marges désertiques sont surpeuplées bien que très faiblement occupées, contrairement à des pays très densément peuplés mais riches comme le Japon ou les Pays-Bas. Les densités nettes, c'est-à-dire calculées par rapport aux surfaces cultivées, n'en conservent pas moins un sens pour une large partie des pays sous-développés aux sociétés agricoles et rurales. La densité agricole donne le nombre de personnes appartenant à un ménage paysan par hectare de terre arable. Cet indicateur exprime aussi bien les performances du système agricole que le degré de pression foncière, c'est-à-dire la forte demande de terres.

Le sous-peuplement intervient lorsque les ressources d'une région pourraient satisfaire une population plus abondante sans dommage pour le niveau de vie ou lorsque les effectifs sont trop faibles pour permettre la mise en valeur de ces ressources. Le décalage entre la réalité et le potentiel estimé est à l'origine des fronts pionniers. Le sous-peuplement peut être un atout relatif, en raison de la faible pression sur les ressources ; mais aussi une contrainte, à cause du manque de main-d'œuvre ou d'une population trop faible pour rentabiliser des investissements. Si l'Australie est l'archétype de l'État sous-peuplé, le sous-peuplement en pays industrialisé résulte souvent d'un dépeuplement, c'est-à-dire d'une diminution de la population résultant d'un solde migratoire négatif. Ce processus diffère de la dépopulation, due à un solde naturel négatif. Là où l'exode rural a été précoce, la dépopulation a fini par prendre le relais du dépeuplement.

Aussi peut-on définir la notion d'optimum de peuplement correspondant à un volume de population tel qu'il permet l'utilisation maximale des ressources d'un espace donné tout en donnant le plus gros produit par tête et le plus haut niveau de vie.

Populations en mouvement

L'étude des migrations est délicate, en raison du caractère multiforme des mouvements de population et des difficultés soulevées par la diversité des définitions comme par l'inégalité des sources statistiques et des indicateurs.

Observer et analyser les migrations

Certains États n'utilisent que les recensements de la population en comparant les données relatives au lieu de résidence, d'autres tiennent des registres plus ou moins complets où les déplacements sont notifiés. La comparaison des données obtenues n'est pas très fiable dans de telles conditions, puisque dans le premier cas aucune comptabilité entre les recensements n'est possible, et dans le second la tenue des registres n'est pas aussi rigoureuse d'un pays à l'autre. Ensuite, il arrive parfois que des considérations politiques amènent à contrôler et diffuser sous conditions un certain nombre de données. Enfin, la définition même des migrations est sujette à de fortes variations. Dans ces conditions, si les études monographiques, réalisées sur un échantillon de personnes ou sur un type de déplacement, sont courantes, elles ne permettent pas hélas de réelles comparaisons internationales. En effet, même les pays aux instituts de statistiques performants tels que la France présentent des failles dans la mesure du phénomène migratoire. Entre 1990 et 1999, le solde migratoire est calculé à + 0,01 %, chiffre contredit par les conclusions de certains organismes indépendants chargés d'observer les flux migratoires externes, qui estiment le bilan immigration-émigration beaucoup plus élevé.

La diversité des migrations

La migration est un changement de lieu. Les hommes se déplacent en effet régulièrement, pour des motifs extrêmement variés, qui vont par exemple du déplacement quotidien lié au travail à celui lié au changement de résidence. Certains auteurs réservent cependant le terme aux migrations définitives qui impliquent un déplacement sans retour. D'autres auteurs prennent aussi en compte les migrations périodiques ou saisonnières, voire quotidiennes, qui supposent en revanche un retour au lieu de départ.

Le fait migratoire est souvent étudié dans un contexte spatial donné (pays, région, commune, quartier...), ce qui conduit à distinguer les migrations internes des migrations externes. Les premières s'effectuent à l'intérieur du territoire d'origine tandis que les secondes supposent le franchissement d'une frontière administrative ou politique, ce qui est généralement le cas de départ d'un pays vers un autre. On distingue alors un volet émigration (sortie du territoire) d'un volet immigration (arrivée sur le territoire).

Les échelles

Plusieurs autres critères entrent en ligne de compte pour qualifier les migrations qui combinent en effet la distance et le temps et sont motivées par tout un ensemble de raisons. On peut ainsi apprécier différentes échelles spatio-temporelles conduisant à une réelle diversité.

Les migrations sont très variées dans leur dimension spatiale puisqu'elles s'effectuent aussi bien sur de longues que de courtes distances. Les motifs de la migration expliquent en partie les distances parcourues, offrant ainsi toute une gamme de situations : le changement de pays ou de continent, le déménagement d'une région à l'autre, le trajet quotidien entre son domicile et son travail (migrations pendulaires)... La variété des cadres temporels est une autre caractéristique des migrations. Le trajet peut être effectué en un temps limité, comme c'est le cas des migrations pendulaires, alors qu'il peut être beaucoup plus long quand il s'agit de rejoindre un lieu de vacances parfois étranger, voire pour migrer définitivement dans un autre pays pour motif matrimonial par exemple. La combinaison de ces différentes variables a généré toute une palette de situations.

Les migrations internationales

Les migrations internationales englobent tous les déplacements s'accompagnant d'un changement de pays, qui nécessitent le franchissement des frontières politiques. Elles s'effectuent par conséquent sur d'assez longues distances et sur de très longues durées. Ni les migrations touristiques saisonnières ni les déplacements transfrontaliers d'actifs n'entrent dans cette catégorie. Ainsi, l'amplitude des déplacements est beaucoup plus importante que les migrations internes et le changement d'unité politique confère un statut particulier au migrant, qui devient généralement un étranger sur son lieu de destination.

Des générations de migrants

L'histoire des migrations internationales est riche d'épisodes déterminants pour les dynamiques démographiques à l'échelle planétaire. Les mouvements à grande distance se sont amplifiés les deux siècles derniers, la mobilité étant facilitée par le développement et la modernisation des moyens de transports, et la réduction des distances-temps qui les ont accompagnés. Simultanément, l'écart des niveaux de vie a encouragé ce type de déplacements, dont le volume actuel est très important, et dont les conséquences géopolitiques sont aujourd'hui réelles. Tandis que certains pays envisagent de fermer leurs frontières, d'autres n'arrivent pas à contenir les départs massifs et parfois périlleux.

Les deux derniers siècles ont été marqués par quelques mouvements migratoires majeurs :

– Les migrations transocéaniques du XIXe et du début du XXe siècle, caractérisées par des flux migratoires importants vers les pays neufs, « prolongements européens » en Amérique du Nord, en Amérique Latine, en Australie... Ces migrations se sont taries progressivement avec la diminution du besoin de main-d'œuvre des pays d'accueil.

– Les migrations de la période de l'après-guerre aux années 1980, où les déplacements transocéaniques sont nettement dépassés par des flux Sud-Nord, depuis les pays en voie de développement vers les économies industrielles de l'hémisphère nord. À la recherche d'une main-d'œuvre, ces États captent une population étrangère essentiellement peu qualifiée. Les pays d'accueil (Europe du Nord-Ouest, Amérique du Nord et Australie) enregistrent plus de 10 millions d'entrées entre 1960 et 1989.

– Le développement récent de migrations entre pays sous-développés, exploitant également les disparités économiques. Les pays du Sud voient émerger de nouveaux pôles d'activités, dégageant des opportunités d'emplois et encourageant l'immigration pour combler les besoins de main-d'œuvre. Les Dragons d'Asie du Sud-Est et les pays producteurs de pétrole sont les plus attractifs de ce point de vue.

Enfin, les migrations clandestines et forcées, malheureusement fréquentes, ont des conséquences parfois dramatiques pour les populations concernées.

Géographie des migrations internationales

La diversité des situations démographiques dans le monde et l'accentuation des inégalités de développement entretiennent des courants migratoires importants entre régions de départs et foyers d'accueil privilégiés.

Les régions émettrices se répartissent sur l'ensemble de la planète, mais ce sont évidemment des pays en voie de développement, en pleine transition démographique, qui alimentent majoritairement ces mouvements. La proximité des pays industrialisés amplifie d'autant les flux. C'est le cas des pays du monde caraïbe dont les émigrants se dirigent principalement vers l'Amérique du Nord, des pays du Maghreb, du Proche et Moyen Orient attirés par le continent européen. Dans ces différentes situations, quelques binômes migratoires fonctionnent assez bien, alimentant des flux importants et durables, comme par exemple entre le Mexique et les États-Unis, le Maghreb et la France... L'Asie méridionale et orientale alimente également des flux importants, d'autant plus qu'elle abrite les premiers foyers de population au monde. L'émigration y est une tradition. Enfin, il reste à souligner l'émergence d'un nouveau foyer d'émigration, l'Europe centrale et orientale, suite à l'ouverture des frontières consécutive à la chute des régimes communistes.

Les régions d'accueil sont également très limitées. Un petit nombre de pays développés enregistre l'essentiel des arrivées, au point de pouvoir parler de carrefours migratoires. L'Amérique du Nord constitue le premier d'entre eux, suivie de l'Union Européenne. Ces deux foyers d'immigration ont tenté de contrôler les entrées massives sur leur territoire respectif, par des systèmes plus ou moins contraignants, ce qui a eu pour effet le développement de l'immigration clandestine. La tendance à la fermeture des frontières se confirme donc aujourd'hui, bien qu'elle soit contradictoire avec des besoins de main-d'œuvre encore importants. Des foyers secondaires méritent d'être signalés, comme par exemple les pays producteurs de pétrole du Moyen-Orient (Émirats Arabes unis, Koweït...), dont le développement est sensible depuis plusieurs décennies.

Ainsi, les mouvements migratoires internationaux sont à la fois le reflet des disparités démographiques mondiales et la traduction des grandes inégalités de richesse et de développement.

Les autres migrations[1]

D'autres mouvements migratoires doivent être décrits et analysés, car leurs répercussions sur le peuplement mondial et les dynamiques démographiques sont importantes. On les qualifie de migrations internes, par opposition aux déplacements internationaux, mais elles englobent une très grande diversité de situations qu'on peut toutefois réduire à quatre types.

1. Certains géographes définissent les mouvements de population qui ne s'accompagnent pas d'un changement définitif de lieu d'habitation (déplacements saisonniers, frontaliers, pendulaires...) par le terme « mobilité », afin de les distinguer des migrations définitives.

Les flux migratoires entre villes et campagnes

Ces flux migratoires sont intenses et assez complexes car ils sont de différentes natures et ne présentent pas la même intensité d'une partie du globe à l'autre. L'exode rural, qui définit le départ de populations des zones rurales vers les zones urbaines, s'observe majoritairement dans les pays en voie de développement, où les villes deviennent des pôles de concentration des migrants ruraux à la recherche d'un logement, d'un emploi et de meilleures conditions de vie. Les villes du tiers-monde gonflent sous l'effet cumulé de la vitalité naturelle et du solde migratoire excédentaire. Ce mouvement d'exode rural est encore très soutenu sur certains continents (Afrique, Amérique latine, Asie…). En revanche, les pays développés et industrialisés sont dans une situation totalement différente. Après avoir connu un exode rural important jusqu'aux années 1960, ils connaissent aujourd'hui un mouvement de déconcentration urbaine qui génère des flux assez importants vers les campagnes. On parle de périurbanisation (ou rurbanisation) pour désigner ce redéversement des populations des agglomérations dans les campagnes alentour. Les motifs en sont principalement la recherche d'espaces constructibles pour un habitat individuel et d'un cadre de vie agréable. Cela s'accompagne d'une déconnexion fréquente entre lieu de travail et lieu de domicile, les villes conservant l'emploi tandis que les campagnes deviennent des espaces résidentiels.

Les migrations liées au travail

Les migrations liées au travail s'amplifient donc logiquement. Plusieurs termes (migrations pendulaires ou alternantes, navettage…) sont utilisés pour qualifier les déplacements entre lieu de résidence et lieu de travail, qui concernent principalement les pays développés. Si leur distance est assez limitée, la fréquence et le nombre de personnes concernées en font un fait majeur. Le redéploiement progressif des populations des agglomérations vers leurs périphéries – banlieues d'abord, communes périurbaines ensuite – a augmenté l'amplitude des navettes, facilitées par l'amélioration des transports collectifs et surtout par la motorisation des ménages, c'est-à-dire leur équipement en moyen de locomotion à moteur.

Les migrations liées aux loisirs

Dans le même temps, les migrations liées aux loisirs ont connu un développement spectaculaire. Les principaux foyers émetteurs et récepteurs sont situés dans les pays développés, même si leur dimension internationale fait qu'elles touchent de plus en plus de pays en voie de développement. Ces migrations, révélatrices des inégalités de développement, sont saisonnières et peuvent générer des déplacements massifs, notamment lors des vacances scolaires ou en période estivale. Si les déplacements internationaux sont de plus en plus nombreux, ils ne doivent pas masquer des migrations internes importantes, entre régions de fortes densités, souvent très urbanisées, et des espaces proches à vocation touristique, recherchés pour leur cadre de vie, pour leurs activités… De ce point de vue, de véritables régions touristiques deviennent les bassins de réception privilégiés de ces flux migratoires, bien connectés aux réseaux de communication et pourvus en équipements d'hébergement et de loisirs. Le plan d'aménagement touristique du littoral languedocien, par exemple, a véritablement engendré un foyer touristique majeur à l'échelle nationale. L'amplitude de ces migrations a considérablement augmenté, ce mouvement étant encouragé par une plus grande mobilité des populations des pays développés.

Les migrations interrégionales

Les migrations interrégionales interviennent sensiblement sur le peuplement de certains espaces Leurs motifs sont extrêmement variés. L'exemple français est de ce point de vue assez caractéristique. Le recensement général de la population réalisé en 1999 a révélé l'attractivité de la façade atlantique, de Saint-Malo à Bayonne, et confirmé celle de la façade méditerranéenne, aux soldes migratoires excédentaires, tout comme Rhône-Alpes. Ces régions deviennent des destinations de villégiature pour des populations retraitées mais accueillent aussi des actifs facilement attirés par les aménités résidentielles, c'est-à-dire les agréments liés à une résidence dans un environnement agréable. Comme la plupart des très grandes agglomérations du monde développé, l'Île-de-France conserve un solde migratoire positif pour les jeunes actifs, mais son bilan est désormais négatif pour les autres classes d'âge.

L'interprétation théorique des mouvements migratoires s'efforce d'intégrer ces nouveaux comportements.

Expliquer les migrations

Les théories explicatives les plus anciennes, esquissées par E. Ravenstein (1889) et dérivées de la loi de la gravitation universelle de Newton, posent que les flux migratoires entre deux populations sont proportionnels à leur volume et inversement proportionnels à la distance les séparant. Ces modèles gravitaires décrivent très correctement les mouvements migratoires. Stouffer (1940) a toutefois relativisé le rôle de la distance pure au profit d'une distance socio-économique en termes d'opportunités liées au déplacement. L'interprétation économique la plus courante estime ainsi que les populations migrent là où les salaires sont les plus élevés et d'autant plus que l'écart de revenu est élevé. De telles différences sont génératrices des grands flux internationaux contemporains. Logiquement, le taux d'émigration baisse lorsque le revenu moyen augmente dans le lieu d'origine ou diminue dans le lieu de destination et lorsque le coût de la migration augmente. Cette explication est cependant critiquée car des écarts de salaires très élevés peuvent plutôt inciter les firmes à s'implanter dans les pays pauvres, ce qui réduit l'émigration.

L'émigrant fait quant à lui un calcul de coût-avantage. Son raisonnement intègre non seulement le coût du transport et d'installation, mais aussi le coût d'information (sur le marché de l'emploi, les filières de départ...) et le « coût psychologique » lié au départ de la terre natale. Les théories plus récentes de la nouvelle économie mettent en avant la part de l'incertitude dans le déclenchement du fait migratoire : l'émigration d'un membre de la famille représente une assurance de revenus dans une situation économique incertaine, ce souci l'emportant sur les seules considérations de revenu. Cette interprétation s'applique surtout aux migrations internationales depuis les pays en voie de développement où s'observent des stratégies familiales et communautaires.

L'intégration de nombreuses variables aux modèles mathématiques a permis de mettre en évidence d'autres facteurs de variation tels que l'âge – on migre d'autant plus qu'on est jeune –, le statut socio-économique, l'expérience de la migration ou la qualité du cadre de vie de la région d'arrivée. L'École suédoise de géographie a mis l'accent sur les motivations socioculturelles des migrants et la diversité d'itinéraires migratoires (au sens figuré) diversifiés renvoyant tout autant à des préférences de modes de vie (urbain ou rural, par exemple) ou à des changements familiaux qu'à des considérations strictement économiques. Si les échanges migratoires restent globalement proportionnels au nombre d'emplois disponibles, cette relation s'affaiblit en effet de plus en plus, au point qu'on peut dans certains cas se demander si ce n'est pas l'accroissement de la population résidente qui attire l'emploi plutôt que l'inverse. La géographie des représentations a, quant à elle, mis en avant le caractère imparfait de l'évaluation individuelle des avantages et inconvénients de la migration, et la complexité du processus de décision intervenant dans les comportements migratoires.

Le modèle de la transition migratoire (Zelinsky, 1971) intègre celui de la transition démographique. Les sociétés passeraient par cinq phases : faible mobilité et faible migration des sociétés traditionnelles préindustrielles (phase I) ; accroissement significatif de la mobilité en début de transition démographique (II) ; émigration internationale de plus en plus lointaine, mouvements de colonisation intérieure et exode rural dans la société en fin de transition démographique (III) ; dans la société avancée, hausse de la mobilité quotidienne, des migrations interurbaines et de l'immigration étrangère de travailleurs, mais ralentissement de l'émigration, des conquêtes pionnières et de l'exode rural (IV). Enfin, Zelinsky prévoyait que la mobilité individuelle ferait régresser les migrations définitives, avant que la circulation de l'information ne la réduise à son tour (V).

SYNTHÈSE

La géographie s'attache à comprendre la répartition spatiale des populations. La démogéographie étudie en conséquence leur évolution numérique, ses mécanismes (solde naturel et migratoire) et ses facteurs, qu'éclaire la théorie de la transition démographique. Les inégalités de croissance démographique n'empêchent pas la stabilité de la répartition de la population sur le globe, que la géographie du peuplement décrit et cherche à expliquer sans parvenir à une théorie explicative globale. Les données naturelles expliquent les principaux vides de la carte, tandis que ses pleins renvoient à des systèmes cumulatifs de longue durée. La mobilité des populations prend la forme de migrations dont la distance, le volume, la durée et les motivations sont étonnamment variés.

Pour en savoir plus

G. BAUDELLE, *Géographie du peuplement*, Armand Colin, coll. « Cursus », 2000.	Présentation des grandes disparités du peuplement mondial. Analyse et explication de la répartition de la population.

G.-F. DUMONT, *Les populations du monde*, Armand Colin, coll. « U », 2001.	Présentation de l'évolution générale des populations du monde et des principaux processus démographiques. Étude des grands ensembles régionaux.
M. GUILLON, N. SZTOKMAN, *Géographie mondiale de la population*, Ellipses, coll. « Universités », 2000.	Description et analyse de la croissance de la population mondiale, des dynamiques démographiques et de leurs résultats.

3

MILIEUX, ENVIRONNEMENT ET RISQUES

L'environnement traite des relations existant entre les sociétés et leur cadre physique, de la place des facteurs naturels dans l'aménagement à différentes échelles spatiales. Ce terme recouvre à la fois un milieu et un système de relations, ainsi qu'un champ de forces physico-chimiques et biologiques en interrelation avec la dynamique sociale, économique, spatiale. Ces relations d'interdépendance existant entre l'homme, les sociétés et les composantes naturelles du milieu fondent l'approche environnementale qui inclut également perception et représentation.

Le géosystème et sa dimension paysagère (page 52)

Comment définir le milieu au sein duquel la société est installée ? Les composantes du géosystème – atmosphère, lithosphère, biosphère et hydrosphère – sont évoquées et les relations, qui les lient, soulignées. Les interrelations entre ces composantes, et les sociétés sont également présentées. Le géosystème se caractérise aussi par des paysages. Le paysage, objet géographique est défini, sa valeur patrimoniale et sa gestion sont évoquées.

Les ressources et les risques (page 57)

Les ressources sont renouvelables et non renouvelables. La nature peut être responsable de risques pour les sociétés. Une typologie des risques naturels d'origine lithosphérique ou atmosphérique est proposée ainsi qu'une réflexion sur les solutions destinées à gérer le risque et la catastrophe. Les risques n'ont ni la même ampleur, ni les mêmes conséquences en pays riches et en pays pauvres.

Le géosytème et son expression paysagère

La place des facteurs physiques constitue un aspect majeur de la réflexion en géographie. Quels sont-ils et comment s'inscrivent-ils dans l'approche géographique ?

Les composantes physiques du géosystème

La société vit dans un cadre physique qu'elle utilise, qu'elle contribue à transformer et qui, à son tour, agit sur elle. Ce cadre est composé de l'atmosphère, de la lithosphère, de la biosphère et de l'hydrosphère. Ces divers éléments interagissent entre eux et constituent le géosystème.

L'atmosphère

L'atmosphère « contrôle » le temps et le climat. Le fondement du fonctionnement de l'atmosphère réside dans l'apport énergétique solaire. La circulation qui en résulte dans la troposphère – basses couches de l'atmosphère – s'effectue par le biais de mouvements verticaux et horizontaux qui sont modifiés par la répartition des continents et des océans. L'océan diminue les contrastes qui sont accusés sur les continents.

L'atmosphère contient de l'eau, gazeuse, liquide et parfois solide. La fourniture de vapeur est spatialement circonscrite aux océans tropicaux et subtropicaux. Courants et flux de la troposphère redistribuent l'eau autour du globe et contribuent aux transferts d'énergie.

On définit le temps comme l'ensemble des caractéristiques mesurables par des instruments (température, précipitations, vent) ou simplement perceptibles par les individus (J.-P. Vigneau). En un lieu donné se succèdent donc des

Le géosystème : la nature dans l'appropriation de l'espace

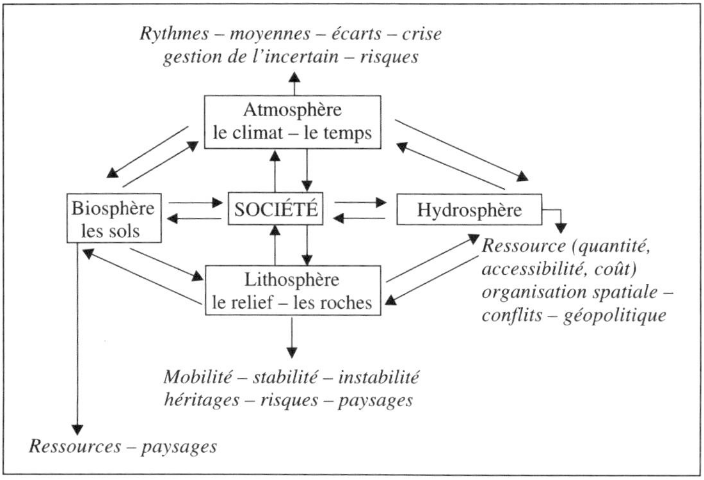

types de temps différents qui s'organisent en séries homogènes (des séquences) ou hétérogènes (des suites). Le climat, « ambiance atmosphérique constituée par la série des états de l'atmosphère au-dessus d'un lieu dans leur succession habituelle » (M. Sorre, 1934), peut aussi se définir comme « la distribution dans l'année des séquences et des suites ».

La planète présente des climats « transzonaux » – climats arides qui concernent 23 millions de km^2, soit 17 % des terres émergées et climats montagnards – et des climats zonaux. Ceux de la zone intertropicale disposent d'un bilan radiatif excédentaire et de précipitations importantes bien qu'inégales entre le tropical humide et le tropical à deux saisons. La zone tempérée, qui se développe aux latitudes moyennes, se caractérise par l'existence de saisons thermiques contrastées. Au-delà, les zones polaires, arctique ou antarctique sont marquées par l'omniprésence du froid.

La mosaïque climatique du globe, telle que l'on peut la décrire, n'est qu'un moment de l'histoire des climats qui se caractérisent par des fluctuations à toutes les échelles temporelles.

À l'emplacement de la France, l'ère tertiaire se caractérisait par un climat chaud de type tropical plus ou moins sec selon la période. Au Quaternaire, alternent des périodes froides (glaciaires) dont la durée est d'environ 100 000 ans et des phases interglaciaires, plus tempérées, longues d'environ 10 000 ans. À la suite du dernier épisode glaciaire, il y a 14 à 15 000 années BP, l'Holocène voit se succéder tous les 1 000 ans environ, des épisodes alternativement frais et plus chauds. Des oscillations climatiques historiques existent aussi, certaines se déroulant sur plusieurs siècles, c'est le cas du Petit Âge Glaciaire (XVe et fin du XIXe siècle).

Les moyennes climatiques dissimulent des écarts d'une année à l'autre, d'une saison à l'autre. Dans certains cas, peuvent survenir, de manière aléatoire, de brefs épisodes de forte intensité. La variabilité climatique et les épisodes violents et brefs (pluies violentes, tempêtes, chute épaisse de neige...) engendrent parfois des risques affectant les populations.

L'hydrosphère

Le climat explique pour l'essentiel, les volumes d'eau douce disponibles à la surface des continents. Il y sont très inégalement répartis. Leur étude s'inscrit dans le cycle de l'eau. Certains secteurs de la planète disposent d'importantes quantités d'eau, tandis que d'autres sont déficitaires. L'eau qui s'écoule peut circuler rapidement par le biais du ruissellement et de l'écoulement, une partie de l'eau peut aussi s'infiltrer et contribuer à alimenter les sols et les nappes souterraines qui se développent dans des roches poreuses ou fracturées, et se rechargent plus ou moins vites en fonction des facteurs climatiques et géologiques. Certaines nappes sont fossiles.

La lithosphère

La lithosphère constitue les substrats sur lesquels sont installées les sociétés et sur lesquels vivent plantes et animaux ; elle est le résultat de l'histoire géologique qui commande la nature des roches et les grands volumes : montagnes, plaines ou plateaux. Les roches peuvent être sédimentaires (calcaires, gréseuses, argileuses), magmatiques (grenues : granites, gabbros, ou volcaniques : basaltes andésites) ou métamorphiques (gneiss, micaschistes). La lithosphère se caractérise par sa mobilité à toutes les échelles spatiales et temporelles. Cette mobilité, à l'origine des grands volumes : arcs insulaires, massifs montagneux situés au contact des plaques qui s'affrontent, agit très lentement et peut présenter de longues périodes de latence. La mobilité se manifeste également par des phénomènes brefs : séismes et volcans. Elle existe aussi à l'échelle des massifs et plus largement des versants et des fonds de vallées, exprimant l'action des processus d'érosion, mouvements de masse : (effondrement, éboulement, glissement.), ruissellement, écoulement, avalanche...

La « dynamique de l'épiderme » de la terre est non seulement dépendante de l'histoire géologique du secteur considéré mais aussi du climat, de l'eau et des couverts végétaux.

La biosphère

Les formations végétales dépendent des bilans d'énergie et du bilan d'eau. Ainsi existent sur la planète deux grandes ceintures forestières, l'une en domaine intertropical, l'autre dans le domaine tempéré où l'eau existe en quantité suffisante pour permettre le développement de l'arbre. Des formations végétales herbacées occupent de vastes surfaces, prairies en domaine tempéré, savanes dans le monde tropical, steppes en régions semi-arides.

Les grands biomes qui existent sur la planète ont tous, à des degrés divers, été modifiés par les actions anthropiques.

À l'interface atmosphère-lithosphère se situent les sols, « pellicule » de quelques centimètres à quelques mètres ou dizaines de mètres d'épaisseur, qui résultent de l'attaque des roches, de la production de matière organique et d'humus par les végétaux.

Les sols, qui sont indispensables à la vie sur la terre, n'existent que parce la vie est présente sur la terre.

De la variété des milieux à l'environnement

La planète se caractérise donc par une grande variété de milieux en fonction :
– du bilan d'énergie et de l'eau disponible qui conditionnent la nature, la densité des couverts végétaux, les types de processus d'érosion, l'inégal développement des sols ;
– du relief, de l'altitude, des volumes montagneux qui expliquent l'étagement bioclimatique et morphogénique ;
– des interfaces, contacts entre différentes formations végétales et entre continents, océans et mers ;
– des héritages morphoclimatiques ;
– des actions des sociétés.

Le géosystème anthropisé : l'environnement

Le géosystème doit être envisagé en relation étroite avec les sociétés qui l'occupent, l'utilisent, prélèvent des ressources, subissent des aléas et, à leur tour, affectent les dynamiques de « l'épiderme de la terre ». Les composantes du géosystème sont aussi perçues, vécues par les sociétés, intégrées à leur culture et à leur mode d'appréhension de l'espace.

Si les couverts végétaux sont largement et anciennement modifiés par les sociétés, et ne sont plus naturels au sens de vierge ou de non anthropisé, les autres composantes du géosystème doivent à la nature l'essentiel de leurs caractéristiques. Les roches, la localisation des plaines, des montagnes et des vallées, les formes de relief en témoignent qui constituent l'ossature des paysages. Les données climatiques, les processus d'érosion ou l'eau sont des éléments naturels qui peuvent enregistrer les effets de l'anthropisation qu'il s'agit de mesurer.

Traiter des interrelations liant société et nature revient à traiter d'environnement dont P. George, en 1970 précise l'objet : l'ensemble des rapports réciproques entre les groupes humains et leur domaine spatial, les interrelations qui lient les sociétés et le milieu dans lequel elles se situent.

Le paysage

Le géosystème peut aussi s'analyser en terme de paysage. Le paysage est une portion d'espace qui s'offre au regard de l'observateur. La vision que l'on en a peut varier selon que l'on insiste ou non sur la présence de l'observateur qui possède son propre savoir, sa culture, ses valeurs y compris esthétiques.

Jusqu'au XVIIIe siècle, en Occident, on parle de pays plus que de paysage. Il faut pour passer de l'un à l'autre l'intervention de l'art. Ainsi se dégage selon le philosophe A. Roger (1978) une dualité pays-paysage qui répond à une dualité de type nudité-nu ; la nature étant le corps dévêtu qui ne devient esthétique que grâce à l'intervention de l'art, processus que l'on nomme « artialisation ». La première définition est donc artistique, le paysage est un décor pourvu d'une valeur esthétique. Les paysages ont été révélés en Europe dans les peintures de la Renaissance.

Au XIXe siècle le paysage devient synonyme d'espace de nature. Il s'agit de la « belle nature ».

Le paysage en géographie

Le paysage est depuis longtemps l'un des objets d'étude de la géographie considérée au début du XXe siècle comme la science des paysages. M. Sorre en 1913 notait que « toute géographie est dans l'étude des paysages ». Cette notion paraissait en effet bien adaptée aux idées de synthèse, de combinaison, à l'intérêt de la géographie pour l'observation et le concret. Une telle conception a cependant rapidement été discutée : A. Cholley en 1941 soulignait que « le paysage n'est pas un but, il est seulement un moyen ».

Que peut-on attendre aujourd'hui en géographie de l'étude du paysage ? Il rend compte de données plurielles et permet d'appréhender le phénomène fondamental qu'est le contact vécu de l'homme et du milieu. L'analyse paysagère est une description fine des formes, des modes d'occupation d'un territoire donné, dans la mesure où le paysage est le reflet de nos choix de société, des décisions politiques, administratives, des pressions économiques, des possibilités techniques, des données naturelles comme des initiatives individuelles et de la représentation que chacun en a. Le paysage interroge : pourquoi telle implantation est-elle ici et pas ailleurs, pourquoi a-t-elle tel aspect et pas un autre ? mais les réponses sont souvent ailleurs. Le paysage ne fournit pas toutes les clés.

Il est parfois difficile de saisir au travers du paysage la part des héritages tant physiques qu'humains, il ne montre pas toujours l'importance des réseaux et des flux qui le traversent, il peut ne pas exprimer les mutations socioéconomiques récentes ou en cours d'un espace donné. Le paysage peut conduire à des analyses réductrices et stéréotypées.

Le paysage patrimoine

En France, la protection des paysages a suivi d'une trentaine d'années celle des monuments historiques. Lié au romantisme et à la vogue du pittoresque un courant se fait jour dans les milieux intellectuels et artistiques dès le XIXe siècle qui concourt à obtenir la protection de sites immortalisés par les peintres de Barbizon notamment. L'apparition et le développement du tourisme dans une classe aisée conduisent à une nouvelle perception des paysages dont témoignent le Touring Club de France, le Club alpin français et l'Office national du tourisme. La commission nationale des sites mise en place par le Touring Club a alors pour but de repérer les paysages remarquables et de les mettre en valeur – à des fins touristiques. En 1901 Sully Prud'Homme fonde la société pour la protection des paysages. L'attention portée aux paysages, aux beaux paysages relève d'abord de considérations esthétiques. En 1906 la loi reconnaît « aux œuvres de nature » la possibilité de classement, elle contribue précisément à préserver « une partie de nature qui présente un caractère esthétique ». Elle pose aussi en préalable que la préservation du paysage doit assurer la pérennité « d'un sentiment inné et pour ainsi dire instinctif [...] le patriotisme ». La *Colline inspirée* de Barrès 1913 relève d'une conception du paysage à forte valeur identitaire qui mêle aux références du passé, une fonction mémoriale. Le paysage devient un lieu d'enracinement de la société, le lieu des racines de la nation, d'une région ou d'un « pays ».

De « la mort des paysages » à leur protection

Les dérives ne sont pas loin, annonçant « la mort des paysages » et les effets considérés comme systématiquement négatifs de l'anthropisation et des aménagements et dénoncant le « paysage français », chef-d'œuvre en péril. Le paysage rural qui dans la représentation de beaucoup est perçu comme la vraie nature « sauvage » et « vierge » renvoie dans les discours à un bien être, un paradis perdu, traduisant un « équilibre » de l'homme et de la nature qu'il faut préserver.

Cet intérêt pour les paysages de « nature » tient à une certaine idée de leur permanence, de leur stabilité. Ils sont perçus comme rassurants, par opposition à la ville qui évolue, se transforme et est envisagée comme le lieu des pollutions et des risques.

Le discours catastrophiste sur les paysages dénonce les friches, la désertification des campagnes, et insiste sur la nécessité de les protéger. Mais que faut-il protéger ? Le paysage est par définition un objet qui évolue selon des rythmes variés en fonction d'usages qui eux-même évoluent. Peut-on mettre sous cloche des paysages ?

La loi de 1993 « relative à la protection et à la mise en valeur des paysages » vise à une meilleure prise en compte des paysages dans les opérations d'aménagement. Elle marque une rupture par rapport aux lois précédentes qui concernaient seulement les grands sites, les paysages remarquables, elle envisage en effet l'ensemble des paysages et tout aménagement, qui doivent désormais faire l'objet d'inventaires et d'évaluations. La protection des paysages correspond à une demande forte de l'opinion, la qualité paysagère, notion qui véhicule tout à la fois beaucoup de subjectivité mais qui traduit aussi une culture commune, est un élément d'appel pour attirer les touristes, et un indicateur d'une meilleure qualité de vie.

Les ressources et les risques

Traiter de l'environnement revient aussi à envisager les ressources que le géosytème fournit aux sociétés. Les ressources se situent au cœur du devenir des sociétés qui les utilisent pour l'alimentation, les activités industrielles et commerciales.

Les ressources

Définition

On définit comme ressources les éléments du géosystème nécessaires à la société, accessibles et utilisables en fonction des possibilités socioéconomiques du groupe social. On oppose habituellement les ressources renouvelables ou reproductibles : sols, biomasse, eau, et les ressources non renouvelables : énergies fossiles et minerais. Les sociétés industrielles ont multiplié et enrichi la gamme des ressources naturelles dont elles pouvaient disposer grâce aux techniques de recherche, à la révolution des transports et à la mondialisation des échanges.

Du malthusianisme au Club de Rome

La question des ressources se pose en terme de quantité disponible pour une population en plus ou moins forte croissance. Le rapport entre les ressources et la population renvoie à un vieux débat déjà présent dans les théories développées par Malthus à la fin du XVIIIe siècle, puis plus tardivement dans les années 1970 au sein des travaux du Club de Rome et aujourd'hui encore dans certains discours émanant de courants écologistes, largement popularisés par les médias.

Le rapport Meadows issu des travaux du groupe d'experts composant le club de Rome soulignait que les ressources n'étaient pas illimitées. La croissance démographique impliquant une croissance de la consommation en énergie, matières premières, produits agricoles, eau, risquait de conduire à un épuisement des ressources. Ce rapport concluait que si les tendances d'alors (les années 1960-1970) se poursuivaient, une catastrophe mondiale se préparait par épuisement des ressources naturelles car beaucoup d'entre elles, ne parviendraient qu'à couvrir les besoins d'une génération (or, argent, mercure…). Les productions alimentaire et industrielle devraient s'effondrer vers 2020.

Les auteurs du rapport concluaient à une possible stabilité du système mondial à condition de :

– stabiliser « dès maintenant » (dans les années 1970) la population mondiale ;

– réduire de 75 % la consommation des ressources naturelles par unité de production ;

– diminuer de 75 % les émissions de polluants par unité de production ;

– transférer des capitaux de l'industrie vers la production alimentaire en donnant la priorité à l'enrichissement et à la conservation des sols.

Cette analyse catastrophiste, souvent reprise depuis, a eu le mérite d'attirer l'attention des décideurs de nombreux pays sur l'utilisation des ressources et sur la croissance de la population. Néanmoins les conclusions du rapport Meadows ont dû être revues et rediscutées dans la mesure où s'est produit un ralentissement généralisé de la croissance démographique, celle-ci n'atteindra pas dans les premières décennies du troisième millénaire les taux envisagés dans les années 1960.

Les difficultés rencontrées pour nourrir l'humanité, ou au moins une grande partie de celle-ci, ne résultent pas seulement de facteurs liés à la nature mais bien plutôt d'un usage inacceptable de ses ressources pour des raisons politiques. Nombreux sont les pays qui pourraient nourrir leur population voire une population plus nombreuse à la seule condition que les ressources ne soient pas confisquées par un groupe à son seul profit. Traiter des ressources implique certes de faire une place aux données naturelles sans lesquelles ces ressources n'existeraient pas mais impose d'envisager les dimensions géopolitiques commandant à l'inégale distribution des ressources et aux échanges.

Les ressources sont à l'origine de litiges et de conflits, la dimension géopolitique de la question des ressources est un aspect fondamental qui prend toute son ampleur dans la dépendance existant entre pays producteurs et pays consommateurs, comme en témoigne l'exemple du pétrole, qui est loin d'être unique, ainsi l'arme alimentaire demeure particulièrement redoutable.

Les ressources non renouvelables : les énergies fossiles

Les ressources non renouvelables, telles les sources d'énergie fossiles, ont une importance majeure dans l'économie des États. À la fin des années 1990 on pouvait admettre que plus de 110 milliards de tonnes de pétrole ont été extraits depuis le début de l'usage industriel de la ressource, néanmoins, l'estimation des ressources demeure difficile. Les estimations optimistes peuvent contribuer à faire monter les prix des actions des compagnies pétrolières. Déclarer des réserves importantes permet à certains pays d'obtenir des prêts de la communauté internationale ou de renforcer leur prestige politique. La possibilité de manipuler les chiffres des quantités probables, à des fins géopolitiques ou économiques rend difficile l'établissement précis des ressources à un moment donné ; ainsi, durant longtemps les anciens pays du bloc de l'Est ont publié des valeurs fortement surestimées.

La définition même de ressource n'est pas valable partout. La commission des opérations de bourse aux États-Unis définit des ressources pétrolières dites « prouvées » si le pétrole se trouve prés d'un puits en activité et s'il existe une certitude raisonnable que son extraction soit rentable. La ressource impose une accessibilité facile et un coût d'extraction compétitif. Des gisements peuvent être reconnus et non exploitables à un moment donné parce que trop coûteux à exploiter.

Les sociétés face aux risques

Définition et histoire du risque

L'étude des risques naturels pose sous une autre forme que les ressources la question des rapports nature/société. Les catastrophes ont marqué à des degrés divers l'histoire de l'humanité. Ces phénomènes fascinent le groupe social, parfois le terrorisent, néanmoins dans bien des cas les hommes vivent dans des secteurs à risques : pentes des volcans, plaines d'inondation, grands deltas des fleuves. Les légendes, les croyances sont nombreuses qui pour faire face aux risques et aux peurs associées expliquent que les sociétés intègrent dans leur rapport à l'espace, les forces « surnaturelles » issues de l'activité de la planète.

Le risque naturel se définit comme l'effet d'un processus physique lié à la dynamique terrestre, sur un groupe social. On désigne ce processus sous le nom d'aléa. L'aléa peut résulter du fonctionnement de la lithosphère : séisme, volcan, mouvements de masse (éboulement, glissement de terrain.), il peut découler de la dynamique de l'atmosphère : cyclone, tempête, vague de froid ou de chaleur, épisode de sécheresse ou de pluies intenses. Les inondations et les avalanches se rattachent à cette famille. Les aléas constituent des épisodes « normaux » de la dynamique terrestre y compris lorsque leurs caractères violents peuvent sembler anormaux ou extraordinaires aux populations.

À certains moments de son histoire, l'homme a perçu la nature en terme de régularité, de permanence, ce qui lui a permis d'effectuer certains choix d'aménagement, « l'homme, rappelle Dardel en 1952, n'a pu s'affranchir des contraintes de la faim, de la soif et du froid, de la distance et de l'exubérance végétale, que parce qu'il pouvait compter sur la constance des faits, [...] sur l'invariance des phénomènes périodiques ». Or, le déroulement des processus qui interviennent à la surface de la planète n'offre pas la régularité à laquelle l'établissement de moyennes (climatiques, hydrologiques...) pourrait laisser croire ; dans la nature se manifestent des temps forts, des écarts aux moyennes d'ampleur et de fréquence très variables qui peuvent être source de danger pour les populations et prendre la dimension de catastrophes.

Actuellement l'aléatoire et l'accidentel alimentent la réflexion sur les choix d'aménagement effectués par les sociétés. Se pose alors la question de la référence dans la gestion des milieux. Ce que l'on définit aujourd'hui comme risque ou danger dans nos sociétés ne passait pas pour tel dans la société d'ancien régime. Si l'on suit L. Febvre (1956) le terme de « sécurité était alors sans signification ». La sécurité résidait presque exclusivement dans la confiance en Dieu. La population essentiellement rurale acceptait les calamités agricoles qui n'étaient pas envisagées en terme de risque. Contre les calamités les populations avaient parfois recours aux fonds exceptionnels accordés par l'État. Dès 1678 Leibniz suggérait aux souverains européens la création d'une caisse d'assurances contre les incendies et les inondations.

À partir de la Révolution française la sécurité est définie comme un droit, le terme de sûreté figure dans l'article 2 de la Déclaration des droits de l'homme et du citoyen du 28 août 1789. L'article 26 de la constitution du 24 juin 1793 stipule que « les secours publics sont une dette sacrée ».

Avec le développement industriel apparaissent de nouveaux dangers jusque-là inconnus, le Code civil pose en principe la responsabilité de chacun. À la fin du XIXe siècle, on commence à envisager dommages et accidents comme la conséquence d'un fait social dont il convient de répartir la charge. On assiste ainsi à l'émergence du principe de responsabilité puis de solidarité. Au XXe siècle l'exigence de sécurité ne cesse de croître dans les sociétés développées.

La vulnérabilité

La vulnérabilité mesure l'effet des dangers potentiels sur les aménagements et les populations. Elle prend en compte également les aménagements projetés. Les installations collectives : casernes de pompiers, écoles, hôpitaux présentent une vulnérabilité maximale au même titre que les réseaux (circulation des biens et des personnes...)

Les lieux de forte concentration de population sont particulièrement vulnérables. La multiplication des villes millionnaires dans les pays en développement explique l'augmentation des espaces à forte vulnérabilité. La géographie des risques, dépendante des facteurs politiques et socioéconomiques relève également de données spatiales. Le clivage est marqué dans beaucoup de villes entre la périphérie, lieu de l'urbanisation sauvage où les risques sont nombreux et les quartiers centraux en général mieux équipés, situés sur des espaces souvent moins sensibles à l'aléa. Les risques sont de remarquables révélateurs des inégalités sociales et des discontinuités spatiales.

Du risque à la catastrophe

Distinguer risque et catastrophe est fondamental. La catastrophe est le danger devenu réalité. Les traitements des deux situations sont très différents, dans le cas des risques, il s'agit de prévenir, de prendre en compte dans les aménagements les potentialités de danger, d'éviter que ces potentialités ne se transforment en crise et en catastrophe. La connaissance et la prévention sont les clés de la protection.

La catastrophe demande une intervention rapide, des solutions d'urgence préalablement envisagées et préparées dans le cadre de plans d'urgence par exemple. Il est ensuite nécessaire de reconstruire, d'analyser les perceptions de la catastrophe et ses conséquences comme « moteur » éventuel d'un nouvel état. La crise apparaît parfois comme le point de départ d'un nouvel aménagement, d'un nouveau rapport de la société à son espace.

L'ONU définit comme « désastre significatif » des pertes d'au moins 100 vies humaines et de 1 % du PIB. Dans un rapport préparatoire pour la conférence mondiale du climat, à Rome (1995) le prix de la vie humaine était estimé à un million et demi de dollars dans un pays riche et à cent mille dollars dans un pays en développement.

La classification des risques et les solutions envisagées dans les pays développés

Établir une typologie des risques consiste à définir des espaces dangereux pour les populations. Plusieurs classifications peuvent être envisagées. Certains risques correspondent à des phénomènes purement naturels : séismes, cyclones, mouvements de terrain. D'autres résultent d'aléas naturels aggravés par les activités humaines, c'est le cas des inondations, des incendies, de la désertification, de l'érosion accélérée des sols, que certaines pratiques sur le milieu contribuent à accentuer voire à déclencher.

Dans beaucoup de cas l'aléa n'est pas directement responsable de la gravité du risque et de l'ampleur de la crise. Il faut compter avec les effets induits, les incendies, les glissements de terrain, voire les tsunamis (raz de marée), ou les ruptures de barrages parfois associés aux séismes.

La maîtrise du risque passe par un certain nombre d'étapes, il s'agit de comprendre le processus, l'aléa physique, les caractères du corps social

Comment définir une catastrophe ?

Pertes humaines	Pertes financières	Pertes écologiques	Niveaux
1	1 et 2	1 et 2	I accident
2	1 à 4	1 à 4	II désastre
3 à 4	1 à 6	1 à 6	III catastrophe
5	2 à 6	2 à 7	IV catastrophe majeure
6 à 7	4 à 6	2 à 7	V super-catastrophe

En matière de pertes humaines :
1 à 2 se situent entre 0 et 99 victimes ; 3 à 4 entre 100 et 9999 ; 5 à 6 entre 10 000 et 999 999.
Pour les aspects financiers, le niveau 1 est entre 0 et 1,37 million d'euros ; 2 à 4 entre 15 et 1 500 millions d'euros ; 5 et 6 entre 1 524 et plus de 15 244 millions d'euros.
Les pertes de biomasse sont évaluables pour 0 à 2 de 0 à 99 tonnes, 3 à 4 de 100 à 9 999 tonnes, 5 à 6 de 10 000 à 999 999 et 7 supérieurs à 1 million.

Source : A. Dauphiné, *Risques et catastrophes*, Armand Colin, coll. « U », 2001.

menacé et ses réactions face à l'accident éventuel. Il est nécessaire d'évaluer quand cela est possible, le temps de retour de l'aléa en considérant la fréquence et l'intensité des événements passés.

Le traitement du risque s'appuie sur trois types de démarches : prévision, protection, prévention. Il implique aussi l'éducation et l'information de la population. À l'amont de toute prévision il faut reconnaître l'aléa, l'identifier. Il s'agit de réaliser une cartographie des zones potentiellement inondables par exemple ou des secteurs avalancheux. L'information préventive consiste à renseigner le citoyen sur les risques majeurs qui le menacent.

La protection contre les inondations est très ancienne, des aménagements ont été effectués le long de la Loire dès le XIIe siècle (digues ou levées) qui ont souvent laissé croire aux populations que les risques étaient écartés de la plaine inondable ce qui a favorisé l'installation des populations dans ces secteurs qui demeuraient dangereux en cas d'ouverture des levées… D'abord limité, le rythme des travaux et mesures d'accompagnement, pour permettre d'utiliser le lit majeur des cours d'eau, s'est accéléré à partir des années 1950 pour répondre aux besoins d'une urbanisation croissante. L'édification de barrages écréteurs de crue et d'autres aménagements spécifiques (calibrages, déversoirs, digues) a favorisé à son tour l'aménagement de secteurs périurbains inondables. Entre le début des années 1960 et la fin des années 1970, ont proliféré les zones industrielles, d'activités, de commerce dont les bâtiments ont été construits sur remblai ou parfois sans précaution particulière. En Ile-de-France on estime que plus de 4 000 hectares de terrains inondables portaient des aménagements industriels et des secteurs habités.

Or le développement de l'urbanisation dans ces secteurs à risque contribue à accroître celui-ci en modifiant les conditions d'écoulement. Une grande partie de la population concernée ignore être installée dans un secteur à risque.

La prévention relève de l'aménagement du territoire par le biais notamment de la réglementation et des zonages. Depuis les catastrophes, qui ont marqué les années 1970, une cartographie a été réalisée, d'abord sans valeur juridique. Les cartes des Zones affectées par les risques de mouvements du sol (ZERMOS) ont été l'occasion de réaliser un inventaire.

En 1982 l'élaboration des Plans d'exposition aux risques (PER) fixée par la loi, devait déterminer les zones exposées pour y prévenir et y réduire les dommages. Les Plans de prévention des risques (PPR) ont remplacé les PER depuis la loi de 1995, leur mise en place devrait permettre une sécurité renforcée pour un grand nombre de communes françaises (environ 10 000). Les PPR sont opposables au tiers et doivent être annexés aux Plans d'occupation des sols (aujourd'hui Plan local d'urbanisme, PLU).

Les risques dans les pays en développement

Dans les pays en développement la croissance démographique a atteint une ampleur remarquable dans la seconde moitié du XXe siècle. Partout la métropolisation s'est affirmée, quinze des vingt-deux villes du monde dépassant 8 millions d'habitants se situent dans les pays en développement. Une telle situation s'accompagne d'un manque d'équipements collectifs, de la multiplication des bidonvilles dont la taille augmente plus rapidement que l'ensemble des villes. La vulnérabilité des villes des PED est bien supérieure à celle des pays riches. Les aléas aggravent la fragilité d'économies souvent chancelantes. De manière générale la pauvreté augmente la vulnérabilité, ce que traduit l'indice de développement humain (IDH).

Les pays en développement appartiennent pour l'essentiel au monde tropical. Peu de risques naturels sont spécifiques de cet espace, mais certains d'entre eux y prennent une ampleur considérable. Les pays tropicaux possèdent 55 % des volcans actifs du monde et 55 % des épicentres sismiques alors qu'ils ne représentent que 25 à 26 % des terres émergées. La tropicalité et les facteurs physiques n'expliquent que très imparfaitement l'ampleur des dommages : un ouragan ne fait que des dégâts matériels vite réparés sur le littoral oriental de la Floride, il laisse beaucoup de traces, longues à effacer et provoque de nombreuses victimes en Amérique centrale et aux Antilles où les habitations, souvent construites à moindre coût, sont les plus fragiles.

Face à cette exposition aux risques les autorités et les populations ont des difficultés à mettre en place une politique de prévention, de nombreux freins existent, les mêmes que ceux qui s'opposent au développement. L'une des premières difficultés tient à la connaissance insuffisante de l'aléa que l'on attribue parfois encore à une intervention divine. Les causes sont juridiques, politiques, économiques, la non maîtrise du foncier est bien souvent un facteur supplémentaire d'aggravation du risque, la volonté de ne pas abandonner son maigre lopin, son seul bien constitue un frein au départ des populations des zones dangereuses.

Il s'agit donc de développer une culture du risque dans les pays en développement par l'information et l'enseignement. Il faut aussi moderniser les techniques de protection. L'aide internationale est souvent la seule réponse possible face à la catastrophe, elle intervient aussi dans la prévention, ainsi la Banque mondiale finance un certain nombre de programmes d'aide à la prévention, diverses ONG interviennent également.

SYNTHÈSE

La place de la géographie physique dans l'analyse géographique s'est largement modifiée au cours des dernières décennies, parallèlement à l'ancrage de la discipline dans les sciences sociales. Les données physiques demeurent parties prenantes de l'analyse géographique, elles sont présentent dans les études d'aménagement, et plus largement aux échelles régionales ou continentales, dans l'examen des ressources. Afin d'envisager la place des données physiques dans les analyses géographiques, il est nécessaire de connaître les modalités du fonctionnement du géosystème et de ses composantes et cela en interaction avec les sociétés qui vivent, utilisent, parfois dégradent aussi « l'épiderme de la terre ».

Pour en savoir plus

J.-R. PITTE, *Histoire du paysage français*, Tallandier, 2001	Un ouvrage indispensable.
J. SIRONNEAU, *L'eau, nouvel enjeu stratégique mondial*, Économica, 1996.	Petit ouvrage qui fournit des exemples sur la dimension géopolitique de la ressource.
Y. VEYRET, *Géo-environnement*, Armand Colin, coll. « Campus », 2001.	Ouvrage qui refléchit aux rapports nature-société.
Y. VEYRET, « Géographie des risques naturels ». *Dossiers de la documentation photographique*, La Documentation française 2001.	Fascicule qui fournit des exemples de risques et de catastrophes.
J.-P. VIGNEAU, *Géo-climatologie*, Ellipses, 2000	Ouvrage fondamental pour l'expliquer des dynamiques en climatologie.

4

TERRITOIRES, ÉTATS, NATIONS ET AMÉNAGEMENT

Les États, leurs territoires et leurs frontières dessinent une marqueterie sans faille à la surface de la terre. Indissociables de leurs configurations territoriales et de leurs populations érigées en nations plus ou moins identitaires, les États territoriaux constituent un modèle géographique universel. Cependant, l'idée de territoire ne se borne pas à l'espace qui s'étend à l'intérieur de limites géographiques de l'État-nation. Depuis bien longtemps les géographes ont montré qu'il existe de multiples identités territoriales s'inscrustant dans les lieux les plus divers.

État, nation, territoire : des édifices imbriqués (page 66)

Devenue universelle, la forme territoriale de l'État-nation est historiquement datée. Son élaboration a mobilisé des savoirs géographiques variés. Aujourd'hui sa remise en question pose parfois des problèmes géopolitiques.

Crise des territoires politiques et nouvelles territorialités géographiques (page 70)

Tandis que nombre de territoires politiques se délitent ou se recomposent, de nouvelles représentations, de nouveaux vécus territoriaux se font jour. Ils constituent des enjeux dont on mesure encore mal la portée.

La frontière, insaisissable objet géographique (page 73)

Bien qu'affaiblies par l'effritement de certains territoires politiques, les frontières demeurent un principe majeur de discontinuité géographique. Leurs fonctions et leurs significations stratégiques évoluent constamment. Leurs formes, comme leurs effets géographiques, frappent toujours par leur grande diversité.

L'aménagement du territoire et ses acteurs (page 76)

Aménager le territoire incombe à la puissance publique qui ne saurait se passer, dans ce but, de la mobilisation de la société et surtout de sa sphère économique. Depuis trois décennies, la crise puis le retour en force du libéralisme, la mondialisation des échanges, l'émergence de nouvelles formes de gouvernance et d'intelligence territoriale, bouleversent ses objectifs et ses méthodes.

État, nation, territoire : des édifices imbriqués

L'État désigne une abstraction, une personne morale de droit public, une forme de centralisation des instances politiques qui se concrétise selon des modèles différents, d'un pays à l'autre. C'est un système organisé et hiérarchisé. Source non exclusive du pouvoir, il s'impose néanmoins à toute autre structure placée dans l'aire d'influence qu'il contrôle. Pour cela, il possède ses appareils et ses services lui permettant d'assumer les fonctions de nature régalienne qu'il se réserve : police, justice, défense, solidarité, éducation, régulation économique, etc. Il définit aussi le domaine public et garantit son existence. Comme l'écrit Georges Balandier citant J. Freund, l'État serait une « conformation historique » de la collectivité par laquelle celle-ci « affirme son unité politique et accomplit son destin ». À la fin du XIXe siècle, le géographe allemand Ratzel pensait que l'État détient seul le pouvoir sur la société civile dont il émane. Cette position l'avait amené à s'engager dans la voie d'une géopolitique ne prenant en compte, justement, que le jeu des États.

Tout État s'inscrit dans un territoire et exerce son pouvoir sur une population

De nos jours, adoptant une conception plus « webérienne » du pouvoir, le géographe Claude Raffestin en distingue deux modalités. L'une, la plus voyante, « résume l'histoire de notre assimilation à un ensemble d'institutions et d'appareils qui garantissent la sujétion des citoyens à un État donné ». L'autre, d'apparence plus discrète, se réfère au « pouvoir, nom commun [...] présent dans chaque relation (sociale et spatiale), au détour de chaque action ». Cette dernière forme du pouvoir, insidieuse par nature, « profite de toutes les fissures pour s'infiltrer jusqu'au cœur de l'homme », elle est « consubstantielle de toutes les relations » (C. Raffestin, 1980) et trace le chemin d'une géographie politique. Dès lors le champ de tout rapport social et spatial devient aussi un champ de pouvoir. Ce dernier se manifeste dans tout processus d'échange et de communication. Cette conception fonde une géographie d'autant plus riche qu'elle confère à toute échelle de la prise en compte de l'espace, du vécu individuel et du local au global, une incontestable dimension politique

On voit donc que les implications géographiques de l'État sont innombrables. Deux d'entre elles méritent pourtant une attention particulière dans la mesure où elles font référence à la définition même de l'État et à sa lisibilité, à sa matérialité socio-spatiale. Il s'agit, d'une part, de son incontournable consistance territoriale, d'autre part de l'inévitable effectif de population dont il s'extrait et sur lequel s'exerce son pouvoir. On notera que dans le cadre de l'État territorial, cette population, ou société civile, s'érige souvent en nation.

L'État et la nation

La confusion se fait souvent entre ces deux concepts ; la nation est alors considérée comme la population relevant d'un État. Cependant la nation n'est pas la population au sens démographique du terme. Karl Renner définissait les nations comme « des masses humaines qui se distinguent dans l'espace [...], qui émergent grâce à une histoire, une langue, une culture particulière, qui acquièrent progressivement un pouvoir parallèle ou opposé à d'autres, qui usent de ce pouvoir pour s'affirmer comme des unités de volonté et d'action ».

Finalement, pour qu'une population forme une nation, il convient avant tout qu'elle se donne une représentation d'elle-même en tant que collectivité dont tous les membres sont engagés dans un même projet commun. Si l'histoire, la durée semblent des ingrédients indispensables à l'idée de nation, il n'en est pas toujours de même pour la langue. Les peuples d'Amérique latine, bien que pratiquant tous l'espagnol à l'exception du Brésil, se scindent en nations différentes. En revanche, les populations de l'Inde, même si elles parlent un nombre élevé de langues différentes, adhèrent largement à l'idée de nation indienne. Cela signifie que si le sang ou la prétendue race peuvent, dans certaines conditions (celle de l'Allemagne, par exemple), fonder la nation, le partage d'un sol et des valeurs qui lui sont attachées dans le cadre de son étendue sont susceptibles de jouer un rôle identique (cas de la France ou, à certains égards, des États-Unis).

Plus que la langue, la religion, la culture, l'histoire ou les intérêts économiques partagés, c'est surtout le lien contractuel, la volonté commune de collaborer à la construction d'un même ensemble qui fait une nation. Dès lors, la nation prime l'État. Ernest Renan l'avait bien senti lorsqu'il affirmait que « ce qui constitue une nation, ce n'est pas de parler la même langue ou d'appartenir au même groupe ethnographique, c'est d'avoir fait ensemble de grandes choses dans le passé et de vouloir en faire encore dans l'avenir ». Chez Renan s'exprime de la sorte une vision très française de la nation que n'aurait pas reniée Jules Michelet. Pour ce dernier, la nation, loin de se confondre avec la « race », résultait du « mélange », de la participation volontaire et contractuelle de chaque individu à un ensemble, sous le régime de valeurs collectivement choisies.

D'un point de vue géographique, le concept de nation pose le problème du rapport des sociétés à l'espace et, nous y reviendrons, celui de la construction territoriale. En effet, il n'existe pas de nation sans identité collective, forcément élaborée dans le temps et dans l'espace. Cette identité a besoin, pour naître et pour se développer, de repères symboliques, de signes et d'emblèmes. Nombre de ces référents concernent des événements, des faits, des personnages, des objets patrimoniaux, des monuments et des œuvres diverses, matérielles ou plus abstraites. Mais d'autres s'ancrent dans les lieux, sites et paysages, ou s'inscrivent dans les formes encore plus idéelles des territoires. L'espace géographique est ainsi socialisé, signifié et codifié, patrimonialisé, approprié par des groupes humains qui se donnent une représentation de leur propre identité en le pratiquant et en y imprimant leurs œuvres. À ce titre, il s'avère un ciment actif de l'agrégation sociale conduisant à la nation.

Le problème soulevé par la construction géographique de l'idée de nation, c'est qu'elle comporte, lorsqu'elle repose sur le mythe de la race, le risque d'un cloisonnement sociospatial intense, animé par la logique ethnique du refus des autres. La balkanisation des espaces politiques, les risques d'un recours à la « purification ethnique » se profilent alors. Or, ces dérives se justifient d'autant moins que les prétendues identités qui les sous-tendent correspondent presque toujours à de pures fabrications idéologiques et politiques (voir le cas des Tutsis et des Hutus au Rwanda). Au demeurant, même si l'identité ethnique trouve parfois quelques arguments objectifs, les vertus de la mixité humaine ont fait suffisamment leurs preuves, des rivages de l'Europe à ceux de la Californie, pour qu'on les préfère au refus de l'altérité et du partage que préconisent les théoriciens du territoire et de la race.

Cependant, derrière l'enjeu national et ses aspects symboliques, ce sont toujours les luttes concrètes pour le contrôle du territoire et la défense ou l'établissement de ses frontières qui engendrent le conflit avec d'autres nations, avec d'autres États.

Un territoire indissociable de l'État-nation

L'État-nation idéal est sans doute celui dont la majeure partie de la population appartient à la même nation. Les empires contrôlant chacun plusieurs peuples sur leurs vastes territoires ne seraient donc pas, à l'image de l'Union soviétique d'hier, ou de la Russie et de la Chine d'aujourd'hui, des États-nations à part entière.

Pour la science politique, le territoire se définit comme la marque essentielle de l'État. Il s'agit du cadre spatial dans lequel est établie une communauté humaine, matérialisant de la sorte sa fixation au sol tout en délimitant les contours ainsi que les limites de sa souveraineté. S'il y a, s'il y eut des États sans nation (l'Afrique noire de la décolonisation par exemple) et, réciproquement, des nations sans État (Kurdes ou Kabyles, Basques ou Catalans), il n'existe pas d'État sans territoire, en dehors de quelques situations provisoires liées à des conflits. La territorialité, au sens juridique du terme, correspond à l'exercice d'un pouvoir, d'une souveraineté sur un espace politique délimité par des frontières.

Si la configuration et le bornage du territoire d'un État-nation fonctionnent comme le principe structurant d'une communauté politique (nation) qui s'identifie et se distingue des autres en se mettant en scène dans son cadre, il remplit aussi une autre fonction. Pour nombre de juristes et de politologues, le territoire fait également sens en tant que mode de contrôle sur les personnes, sur les processus sociaux et sur les rapports interindividuels. Un peu comme si le pouvoir s'exerçait par la médiation du sol.

Le concept politique de territoire, dans le sens de l'espace de légitimité de l'État-nation, correspond à une création historique. Certains font remonter ses origines au XIIIe siècle français. D'autres, à l'instar de Bertrand Badie (1995), y voient une production européenne datant du milieu du XVIIe siècle, le fruit des traités de Westphalie (1648) qui mirent un terme à la guerre de Trente Ans tout en remodelant une bonne part de l'Europe. Depuis le XVIIe siècle, le territoire s'affirme en effet comme le support des nations, l'espace normé et contrôlé sur lequel s'exerce la compétence exclusive de leurs États. Cet État-nation moderne, campé sur son territoire sacralisé, a instauré un nouvel ordre politique, à la fois national et international.

En s'identifiant de la sorte à l'aire de souveraineté d'un pouvoir politique désormais surpuissant, le territoire devient l'élément central des identités nationales. À partir de sa géographie et de sa cartographie se distinguent l'intérieur et l'extérieur, le national et l'étranger. Un tel territoire de l'État-nation s'est forgé sur les décombres d'un système féodal qui mettait beaucoup plus l'accent sur les rapports interpersonnels que sur les phénomènes de territorialité pour forger ses légitimités politiques.

Le mercantilisme économique, devenu mode de production dominant de l'Occident moderne à la faveur des « grandes découvertes » de la Renaissance, ne fut pas étranger à la formation de tels États territoriaux. Les empires plus anciens (Empires germanique, russe ou islamique...) étaient conçus sur la base de projets aux termes desquels la finalité idéologique, religieuse et culturelle l'emportait sur les préoccupations d'ordres politique et économique. Dans ces conditions, ces empires ne pouvaient assurer le contrôle strict des colonies et des marchés nationaux qu'imposaient les pratiques mercantilistes. Les cités-États ou le système féodal, soumis pour les premières à des logiques micro-sociales trop fragmentaires, pour le second au poids trop lourd et sans portée géographique suffisante des rapports d'allégeance d'homme à homme, interdisaient la délimitation de vastes marchés. L'instauration de l'État-nation permit au contraire de constituer des espaces économiques protégés et efficaces, nourris par la fourniture de métaux précieux et de denrées rares. Les uns et les autres provenaient souvent de colonies lointaines, contraintes à l'échange exclusif avec des métropoles qu'elles ne devaient d'aucune façon concurrencer.

Les traités de Versailles découpèrent en États-nations territoriaux, scrupuleusement bornés, quelques uns des grands empires résiduels du XXe siècle (empires austro-hongrois et ottoman principalement). Ils marquèrent l'apogée d'un ordre international inauguré avec l'avènement de la modernité (fin du Moyen Âge), puis pérennisé en Europe au XVIIe siècle.

Cependant, le développement universel du mode de production capitaliste et libéral, à peine freiné par le succès fugace des régimes communistes, ne pouvait longtemps se satisfaire de la fragmentation de l'espace économique mondial. Déjà, au XIXe siècle, le nécessaire élargissement des échanges provoqué par la grande révolution industrielle avait fait sauter de nombreux verrous douaniers. Aujourd'hui, l'ouverture des frontières et la mondialisation de l'économie (ou plutôt sa globalisation) s'accélèrent. Ces phénomènes remettent en question, même s'ils ne les rompent pas, les structures de l'État-nation territorial.

L'État-nation territorial : quelle remise en question ?

Comme l'écrit Bertrand Badie, « une position hégémonique sur la scène mondiale (pour un État-nation) impose, dans bien des cas, de se libérer des entraves de la territorialité ». Il ajoute que « le pouvoir politique subit présentement le même effet de trans-nationalisation que celui auquel avaient été exposés les circuits marchands au XVe siècle et la production au XIXe siècle » (B. Badie, 1995). Cependant, les États-nations d'aujourd'hui n'en défendent pas moins avec acharnement leurs pouvoirs et leurs positions territoriales.

La logique capitaliste voudrait pourtant qu'à terme l'État-nation territorial lâchât prise. Les arguments militant dans ce sens ne manquent pas. Dans l'ancien empire soviétique comme dans les États territoriaux bâtis au XXe siècle, au gré des conflits internationaux ou de la décolonisation, la recrudescence des mouvements ethniques (ou se définissant comme tels) entraîne une remise en question de leur équilibre social interne. Dans l'ancienne Yougoslavie, dans le cadre de la nouvelle république de Russie (au Caucase en particulier), chaque minorité tente de transformer sa volonté identitaire en revendication territoriale intransigeante.

Une telle interprétation ethnique et culturelle de la notion d'État territorial condamne l'institution. Elle pousse au remplacement d'une pluralité humaine et sociale tonifiante par une entité ethnique mono-culturelle, donc beaucoup moins riche, étroite et réductrice. Dans ce sens, ou peut parler avec Jacques Lévy d'« aporie territoriale » (1993). Une telle cristallisation des représentations ethniques ne réduirait-elle pas l'humanité à une juxtaposition régressive de tribus territorialisées, hostiles les unes aux autres ?

Face à ce scénario du pire, on admettra que les États-nations résistent dans l'ensemble avec succès aux forces centrifuges qui tentent de les désorganiser et de les désagréger. Ancrés dans leurs territoires, ils détiennent toujours, un peu partout, ce que les politologues et les juristes appellent le privilège de la violence et de la contrainte légales. À ce titre, ils disposent d'outils les autorisant à faire respecter l'ordre territorial.

Dans l'ensemble, la voie du fédéralisme ou des confédérations paraît promise à plus de succès que celle de la multiplication des nations ethniques indépendantes, assises sur un territoire propre. C'est le cas du Québec, de la Catalogne et du Pays basque, ou des provinces padanes de l'Italie du Nord. À moins que l'articulation fédération-régions finisse, à terme, par s'imposer ?

Crise des territoires politiques et nouvelles territorialités

La localité, la micro-région bénéficient de cet attrait croissant qu'exercent sur les populations des territoires plus sociaux, culturels et géographiques que politiques. Dans les aires périurbaines, la nécessité de fabriquer du lien social et de créer du sens génère de nouveaux espaces sociaux, parfois de véritables territoires vécus au quotidien, à l'échelle des bassins de vie. Ces phénomènes s'observent en particulier dans ces « campagnes vivantes » qui, sous l'effet de la diffusion urbaine à longue distance, voient leurs populations augmenter et se transformer. Dans ces aires où l'occupation agricole et forestière du sol reste majoritaire, l'arrivée de nouveaux habitants aux genres de vie empreints d'urbanité crée des besoins socio-culturels énormes. Leur satisfaction passe par une territorialisation accrue des groupes sociaux concernés. Dans les secteurs où celle-ci s'opère, elle crée un imaginaire, des mythes et des valeurs, bref une idéologie nouvelle, revisitant ou non d'anciens héritages. Tout cela favorise la production du lien social. Le pouvoir local participe fréquemment à ce mouvement de reconstruction sociale et culturelle. Il y puise souvent un surcroît de légitimité.

Ces nouveaux territoires vécus compensent le déficit de racines de leurs habitants récemment installés. Ils fonctionnent en grande part sur des bases idéologiques, même s'ils créent des rapports de force et de pouvoir localisés. Ils s'inscrivent pour l'essentiel dans l'ordre des représentations et des pratiques du temps hors-travail, beaucoup moins dans celui, naguère écrasant, de la nécessité économique quotidienne et de ses tâches. Plus souples que les territoires un peu figés du passé, ils n'épuisent jamais la territorialité multiforme et extensive, à géométrie très variable, des acteurs sociaux qui les décrivent. Quant au pouvoir politique, il accompagne et récupère le mouvement : la multiplication des structures intercommunales dans la France d'aujourd'hui en témoigne.

La renaissance des « territoires géographiques »

Confrontés à la mondialisation, les États-nations territoriaux résistent, des territoires existentiels du quotidien (villes, agglomérations de toutes tailles, « pays », régions...) se redessinent autour de nouveaux aménagements et au gré de leur fréquentation, de leur pratique. Ajoutons que deux figures géopolitiques que l'on croyait effacées ou ternies retrouvent des couleurs : les cités et les empires.

En ce début de XXIe siècle, les villes, surtout les agglomérations métropolitaines élevées au rang de cités quasiment détachées de leurs États-nations, occupent une position de domination écrasante sur l'échiquier géographique. Elles concentrent fréquemment l'essentiel de la valeur produite par les nations. Elles abritent le plus clair de leur création économique et culturelle. Elles sécrètent et hébergent les sphères centrales du pouvoir. Elles se dotent d'images parfaitement autonomes, valorisantes et attractives. Elles s'associent entre elles pour former des réseaux d'échange et de coopération. Elles polarisent plus que jamais l'espace géographique.

Nombre de ces agglomérations se développent désormais sans rapports immédiats avec leur environnement régional. Elles ne prélèvent plus sur leurs régions, comme jadis, les ressources indispensables à la survie de leurs populations et à la prospérité de leurs économies. Elles se contentent d'en grignoter l'espace, de le « métropoliser » et de le « périurbaniser ». En revanche, elles vont chercher l'information, les capitaux, les ressources matérielles, la matière grise et les hommes les plus performants sur un marché mondial organisé en innombrables réseaux. Ceux-ci défient toute forme de territorialité bornée, toute frontière, toute contiguïté géographique des lieux.

À la différence de celui des cités, le prétendu retour des empires sur la scène géopolitique mondiale revêt une dimension plus idéologique et plus imaginaire que réelle. Ainsi en est-il, par exemple, de la renaissance propre au monde islamique. Il s'étend de l'Asie du Sud-Est au Maghreb et s'infiltre jusqu'au sud de l'Afrique. Ses diasporas essaiment leurs communautés en Europe occidentale comme en Amérique du Nord. Bien qu'il concerne un espace digne d'un empire des plus vastes, fondé sur de solides bases religieuses et culturelles, il n'engendre pas la représentation sociale d'un territoire identitaire et revendiqué.

Territoire et territorialité

Sur le socle de l'espace géographique aménagé et transformé par les sociétés, la notion de « territoire » témoigne de son appropriation délibérée, à la fois économique, idéologique et politique (sociale donc, au total) par des groupes qui se donnent une représentation particulière d'eux-mêmes, de leur histoire, de leur singularité, bref de leur identité.

D'une certaine façon, le territoire raconte, en faisant appel aux données (spatiales) de la géographie, l'insertion de chaque individu dans un groupe, voire dans plusieurs groupes sociaux de référence. Au bout de ces trajectoires personnelles se construit l'appartenance, l'identité collective. Cette expérience concrète de l'espace social médiatise notre rapport aux autres, notre altérité. Le travail, les loisirs et la consommation, la vie associative et sportive, les fêtes traduisent fréquemment, de manière tangible, cette médiation.

Le territoire renvoie également à un mode de partage et de contrôle de l'espace garantissant la spécificité et la permanence, la reproduction des groupes humains qui l'occupent. C'est sa dimension politique. Cette dernière illustre la nature intentionnelle, le caractère volontaire de toute création territoriale. Les divisions administratives de l'espace ne détiennent nullement l'exclusivité génétique d'un tel maillage de l'espace social. Des critères plus typiquement socio-économiques interviennent aussi en matière de découpage territorial ; c'est ce que l'on observe aujourd'hui dans les villes des États-Unis. À San Diego, le territoire municipal se divise en quarante-quatre *planning areas* (aires de planification) à dominante résidentielle. La plupart de ces zones affichent une forte homogénéité socio-économique et culturelle. Une organisation communautaire, reconnue par le conseil municipal, se charge de la gestion et de l'aménagement de chacun de ces territoires. Elle le gère en fonction des options et des intérêts étroits de la communauté qu'elle représente. Dans ces conditions, l'effet de reproduction et de ségrégation sociale est évident ; qu'il s'agisse d'ailleurs de quartiers à dominante de populations riches (La Jolla) ou de quartiers rassemblant des familles plus modestes (Ocean Beach).

Aménagé par les sociétés qui l'ont successivement occupé, le territoire constitue un remarquable champ symbolique, semé de signes qui permettent à chacun de le reconnaître et, en même temps, de s'identifier au groupe qui l'investit. Certains de ses éléments (lieux et espaces, monuments et objets, paysages, personnages et événements), hissés au rang de valeurs patrimoniales, contribuent à fonder ou à consolider le sentiment d'identité collective des hommes qui l'occupent. Sur de telles bases symboliques, le territoire identitaire devient un puissant outil de mobilisation sociale. Denis Retaillé se demande d'ailleurs si le territoire, par sa double fonction politique et symbolique, par les effets de solidarité qu'il engendre, ne serait pas « une forme spatiale de la société qui permet de réduire les distances à l'intérieur et d'établir une distance infinie avec l'extérieur, par-delà les frontières » (Retaillé, 1997). Cette distance réduite ne fut jamais strictement spatiale ; elle fut surtout, de tout temps, symbolique. Quant à la distance sociale, le territoire ne l'abolit jamais, même si, parfois, il la rend plus acceptable en créant de la connivence, de l'illusion ou de la solidarité.

Le territoire multidimensionnel ainsi défini participe de trois ordres distincts. Il relève d'abord de la matérialité, de la réalité très concrète de cette « terre » d'où le terme tire son origine. Il appartient ensuite à la psyché individuelle qui éprouve une « territorialité ». Celle-ci cumule et harmonise les différents rapports territoriaux de l'individu. D'essence sociale, profondément vécue, la territorialité s'identifie aussi à un rapport *a priori* et émotionnel de l'homme à la terre. Quant au territoire, il correspond enfin à un jeu de représentations sociales et culturelles qui lui confèrent une part majeure de son sens. Elles se régénèrent, en retour, au contact de l'univers symbolique qu'il sécrète. Ajoutons que le territoire se décline à différentes échelles géographiques, des plus petites aux plus grandes.

Du territoire aux lieux

Les lieux les plus remarquables, ceux qui se distinguent avec le plus de force, ceux dont l'identification pose le moins de problème, s'embrassent du regard. Leur forme se détecte du premier coup d'œil. On entre et l'on sort d'un lieu pour une raison bien précise, en vue d'un objectif particulier. Les lieux sont des espaces ou des édifices (plutôt) de grande échelle, étroitement circonscrits. C'est que le lieu, plus encore que du territoire, abolit la distance. Sa réalité sensible et palpable surgit de sa clôture. Alors que le territoire géographique répugne au bornage, le lieu en tire une bonne part de son identité. Le lieu se définit donc, avant tout, par la continuité de ses composantes, par la contiguïté des points qui le composent, par le principe de co-présence d'êtres et de choses porteurs d'un sens socio-spatial particulier.

Le lieu vérifie une métrique topographique. Il produit une contraction de l'espace, alors que le territoire, plus représenté et virtuel que strictement borné, fait plutôt appel à une métrique topologique et à une organisation en réseaux. Désormais, en matière de rapports entre les lieux, le principe de connexité remplace l'ancienne règle de la contiguïté spatiale. De contrôle commode, coercitif ou simplement tarifé, géré aussi par les logiques sélectives de « l'habitus » (sorte de comportement de classe), le lieu, surtout privé, constitue un espace privilégié de distinction sociale.

Dans sa représentation et dans son idéologie, le territoire armé par l'architecture des lieux devient souvent le symbole d'une communauté qui tend à dépasser, à transcender ses propres clivages en se référant (explicitement ou non) à lui.

La frontière, insaisissable objet géographique

Il n'existe point de territoire sans frontières : linéaires, zonales ou simplement mentales et imaginaires. Au même titre que le rapport à l'espace géographique de tout groupe social, la frontière constituerait une structure universelle, un schème organisationnel élémentaire et fondamental de toute vie humaine et sociale sur la terre.

L'idée de limite territoriale, cette frontière qui signifie à la fois être voisin et « faire front » (affronter), existe semble-t-il de tout temps dans la représentation de toutes les « humanités » de la planète, y compris les plus isolées, longtemps dites « primitives » : américaines, asiatiques, africaines ou océaniennes.

La longue histoire du continent européen témoigne aussi de l'étonnante pérennité du concept et de la chose, au point qu'aujourd'hui, sur le territoire de l'ex-URSS, de l'ex-Yougoslavie ou d'ailleurs, des frontières que l'on avait voulu gommer resurgissent. Pourtant, le mot frontière est daté. Il n'apparaît qu'au XIIIe siècle dans notre vocabulaire, au moment (est-ce un hasard ?) où l'État moderne surgit et se dote d'un territoire nanti de limites de plus en plus linéaires et franches. Le mot « confins » qui évoque l'extrémité, les limites d'un territoire, mais aussi le passage, une aire de transition entre deux États, ne remonterait, pour sa part, qu'au XVe siècle.

La frontière : une réalité géographique changeante

L'étymologie cache en fait deux formes géographiques et deux sens distincts de la frontière. En anglais, de manière encore plus explicite qu'en français, la linéarité correspond à l'expression « *boundary* ». C'est la limite de souveraineté nationale, tracée au cordeau et étroitement surveillée, telle qu'elle se dessine un peu partout avec l'instauration de l'État territorial moderne, telle qu'on peut l'observer encore, par exemple, entre les États-Unis et le Mexique.

La zonalité se traduit au contraire par le terme «*frontier* », proche du mot français. La «*frontier* », c'est le front pionnier, « l'expression d'une tendance à la croissance de l'oekoumène et la manifestation dans l'espace de forces organisatrices dont les vecteurs sont les populations migrantes, indigènes ou non » (P. Guichonnet, C. Raffestin, 1974). Aujourd'hui, les fronts pionniers accompagnent surtout le mouvement de pénétration des hommes dans les grandes forêts du monde tropical, de l'Asie à l'Amérique amazonienne. Mais la frontière dans sa forme zonale n'eut jamais une signification unique. Elle fut limite de civilisation, jalonnée de « murs » (Trajan, Adrien, Antonin) ou de « Grandes Murailles » pour les Empires chinois et romain (*limes*). Sous la plume de J. F. Turner, elle désigne aussi, de manière plus contemporaine, ce que J. R. V. Prescott appelle « la division entre la partie aménagée et la partie inhabitée d'un État ». Il s'agit, en quelque sorte, d'une frontière intérieure, autant idéelle ou idéologique que matérielle… À l'image de ce que fut longtemps l'Ouest américain, de ce qu'il reste encore, pour partie, dans les mentalités.

Autre contradiction de la frontière, celle qui oppose le modèle d'une limite fixe, intangible, voire « naturelle », à celui d'une frontière retouchable, modifiable et évolutive, historique en somme. Le Rhin, dans la vision républicaine française, fille de la Révolution et du siècle des Lumières, relève du premier type. Sa qualification en tant que « frontière naturelle » exprime une conception profondément territoriale de la nation française. La vision allemande, en revanche, exposée par Ratzel et ses émules (Maull et Haushofer notamment), traduit l'idée du « territoire vital » (*Lebensraum*) d'une nation définie par la « race ». Soit une surface forcément évolutive, se déformant au gré des besoins d'expansion des peuples les plus dynamiques et les plus vigoureux, ceux qui font avancer le mouvement de l'histoire (voir l'œuvre de Hegel sur ce point). Dans ces conditions la frontière n'est nullement « naturelle », elle se confond avec l'image d'une « membrane périphérique qui se déforme au gré de l'expansion de l'État ».

Il est faux d'affirmer que l'option, ni plus ni moins idéologique qu'une autre, de la « frontière naturelle » serait un facteur de conflit plus marqué que celle de la limite mobile. La frontière qui cristallise les représentations de l'identité nationale et de la patrie reflète toujours un rapport de force entre les nations. Ce rapport peut être celui d'États-nations directement confrontés. Il peut aussi résulter, comme lors des deux guerres mondiales et de la décolonisation, d'interventions plus extérieures aux États concernés par le découpage frontalier. Ce sont alors les grandes puissances du moment, ou les anciennes métropoles (pour le monde colonisé) qui dessinent, souvent en fonction de leurs propres intérêts, des frontières jugées plus ou moins iniques par les intéressés.

Comme le remarque M. Foucher (1988), dans le cas des anciens empires coloniaux, les frontières ainsi créées posent moins de problème du fait des séparations de groupes humains qu'elles instaurent que par les rapprochements d'ethnies hostiles qu'elles provoquent. Ceci au sein du territoire d'un État-nation imposé plus que choisi par les pays devenus indépendants. La remarque vaut en partie pour les nouveaux découpages résultant des traités du XXe siècle, postérieurs aux guerres mondiales. Le regroupement de différentes nations au sein de la Yougoslavie et bien d'autres remodelages du même type ont été récemment contestés, donnant naissance à de violents conflits.

La frontière : enjeux et effets

Acte politique souvent imposé par la force, le tracé de la frontière traduit la plupart du temps des enjeux très précis, surtout d'ordre économique. L'histoire récente ne manque pas d'exemples illustrant ce constat.

À l'issue des conflits des deux siècles passés, entre la France et l'Allemagne, on sait combien le contrôle des ressources minières et industrielles (mines de fer et de charbon, sidérurgie et métallurgie) pesa sur la fixation d'une frontière qui annexa à deux reprises une grande partie de la Lorraine au territoire allemand. Même si, officiellement, la nouvelle frontière épousait la limite occidentale de l'aire de pratique de la langue germanique.

Au terme de la Première Guerre mondiale (traité de Sèvres de 1920), la reconstitution de l'Iraq dans ses frontières antérieures à l'occupation ottomane, son placement sous mandat britannique s'expliquent en grande partie par le souci de l'Angleterre de mettre la main sur les pétroles de Mossoul… quitte à envisager leur partage avec ses alliés, notamment la France.

Le contrôle du pétrole dans de nombreux cas, mais aussi celui d'une eau d'autant plus précieuse qu'elle se fait rare (tracé des frontières d'Israël après 1967, annexant la montagne cisjordanienne riche en nappes phréatiques et la vallée du Jourdain), sans parler de diverses ressources minières (imposition par le Japon de l'État vassal du Mandchoukouo, séparé de la Chine de 1932 à 1945), sont à l'origine de plus d'une frontière plus ou moins pérenne. En réalité, la plupart du temps, dans ces formes d'impositions frontalières, enjeux politiques et économiques se mêlent de façon étroite. On retrouve là l'essence même du colonialisme et de l'impérialisme pratiqué avec beaucoup de cynisme par toutes les nations dominantes et hégémoniques à un moment ou à un autre de l'histoire.

Depuis 1982, l'instauration d'une nouvelle frontière, celle des Zones économiques exclusives (ZEE) de l'espace maritime, marque une étape majeure dans le long combat international pour le contrôle des ressources qu'il recèle. Cet accord comporte d'énormes enjeux économiques. Le nouveau zonage qu'il impose garantit en effet aux différentes nations, à l'intérieur d'une aire de 200 milles nautiques ourlant leurs côtes métropolitaines ou d'outre-mer, des droits souverains d'exploitation.

Sans aller toujours jusqu'à l'instauration d'une barrière frontalière, les enjeux économiques plus ou moins vitaux des États exacerbent fréquemment les tensions entre pays voisins, « redonnant ainsi aux frontières un caractère agressif et ressoudant les sociétés à l'intérieur de leurs territoires nationaux » (J.-P. Renard et P. Picouet, 1993). Les deux auteurs cités proposent, à ce titre, les exemples des conflits pour le pétrole qui ont pu éclater, à la fin du XXe siècle, entre l'Iran et l'Iraq ; ou encore entre ce dernier et le Koweït... Ils évoquent aussi la situation tendue existant entre la Turquie, la Syrie et l'Iraq, à propos du partage des eaux du Tigre et de l'Euphrate.

Ce sont également J.-P. Renard et P. Picouet (1993) qui retiennent six types d'effets frontaliers aux implications géographiques multiples. Un peu à part, puisqu'il constitue, pour de nombreux pays neufs (Amérique latine et Asie en particulier), une sorte de frontière intérieure, le front pionnier permet l'intégration progressive de territoires jusqu'alors non ou médiocrement maîtrisés par un État (cas de l'Amazonie au Brésil). Ce développement aux effets apparemment bénéfiques ne manque pas, pourtant, de poser de multiples problèmes humains, sociaux et écologiques qui en ternissent souvent l'intérêt.

La frontière, maintenue hermétique entre pays hostiles aux régimes politiques, économiques et sociaux radicalement différents, peut-être facteur de lourdes dissymétries géographiques. C'est ce que l'on observa, dans la deuxième moitié du XXe siècle, de part et d'autre du « rideau de fer », notamment entre les deux Allemagne (RFA et RDA). C'est ce qui se passe encore, de nos jours, entre les deux Corée. Cette situation peut engendrer de véritables dysfonctionnements géographiques. Ainsi en fut-il pour le port de Hambourg, coupé de son arrière-pays par le partage de l'Allemagne après 1945.

Moins hermétique, la frontière transforme certains territoires d'accueil en « abri » pour des réfugiés qui la franchissent, fuyant la guerre, l'oppression et/ou la famine. Certes, les camps qui les attendent, de la Thaïlande au Liban et en de nombreuses régions d'Afrique, n'offrent la plupart du temps que des solutions de misère. Leur gestion, le devenir des réfugiés y posent d'énormes problèmes que les organisations internationales, comme les États concernés parviennent mal à résoudre.

Maintenue dans ses grandes lignes et dans sa rigueur, la frontière douanière et politique peut opérer des « effets créateurs et accumulateurs », dans un « espace frontalier » à fort dynamisme, situé à l'interface de deux territoires affichant des niveaux de développement inégaux. La célèbre frontière des États-Unis et du Mexique, avec ses industries *maquiladoras* et ses villes hypertrophiées, côté mexicain, mais aussi avec les flux incessants d'hommes, de capitaux et de produits divers qui la traversent, en fournit un bon exemple.

Reste un effet plus banal, enregistré dans les pays de l'Union européenne, entre le Canada et les États-Unis, ainsi qu'en bien d'autres lieux. Il s'agit de la forme de rapports transfrontaliers dite de « métamorphisme de contact ». Elle tend à gommer toute différence géographique majeure, des deux côtés de la frontière, au profit d'un « système spatial transfrontalier » aux composantes à peu près uniformes.

L'aménagement du territoire et ses acteurs

Il serait excessif de ranger dans la rubrique de l'aménagement du territoire toutes les actions humaines ayant un retentissement sur la nature et sur l'espace social. Si le terme « aménager » revêt ce sens très large, « l'aménagement du territoire » proprement dit doit être compris de manière plus restrictive et plus spécifique. Circonscrit de la sorte aux manifestations d'une action publique volontaire et globale, il concerne encore des domaines extrêmement diversifiés que nous nous contenterons simplement, ici, d'évoquer. Derrière cette variété de leurs formes, les politiques et les actions d'aménagement comportent des exigences et des traits communs qui méritent d'être relevés.

Définition, principes et diversité de l'aménagement

Comme l'a fort bien écrit Roger Brunet (1997), « aménager le territoire vise d'abord à en améliorer la performance » dans le but de satisfaire les besoins des hommes qui l'occupent. Le territoire dont il s'agit, c'est à peu près toujours un espace administratif et politique sur lequel s'exerce clairement la responsabilité d'un pouvoir, d'un État ou de ses substituts (collectivités territoriales par exemple) ; bref d'une autorité publique légitime. C'est d'ailleurs cette autorité qui procède, seule ou en mobilisant d'autres acteurs publics et privés, à l'aménagement du territoire qu'elle contrôle. Coûteuses en investissements financiers et en travail, les opérations engagées à ce titre ont forcément une portée générale ; elles correspondent à des choix politiques et expriment une volonté collective. Elles s'appliquent à l'ensemble du territoire considéré et visent, sur toute son étendue, des objectifs similaires et égalitaires.

De fait, aménager un territoire repose sur un certain nombre de principes (certains parleront de « mythes »). Celui de la solidarité requiert la participation financière des régions les plus riches d'un pays ou d'un ensemble territorial quelconque (l'Union européenne par exemple) afin d'équiper les plus pauvres, de les aider à se développer. Celui de l'équité tend à garantir l'égalité de traitement de tous les individus dispersés sur un territoire. Il traduit une sorte de justice sociospatiale. Pour être plus précis, il s'agit pour l'État d'assurer à chaque citoyen, quelle que soit sa résidence, les mêmes chances de goûter au bien-être et à la réussite sociale. Pour cela, l'État doit veiller à ce que l'accès à tous les services publics (éducation et culture, santé, sécurité, travail en fonction des compétences, aides sociales, communications, etc.) soit aisé pour chacun, quel que soit son lieu d'installation sur le territoire, quelle que soit sa condition sociale.

L'aménagement du territoire se présente donc, dans un premier temps et en fonction des moyens techniques dont dispose une nation, comme une entreprise de correction des obstacles que la nature et la distance opposent à la sécurité et au développement des collectivités humaines. À cette première catégorie appartiennent les grands travaux de défense militaire, de restauration des sols et de reforestation, d'hydraulique et d'endiguement des cours d'eau, de protection des littoraux. Elle inclut aussi toutes les créations d'infrastructures de transport et de communications (y compris les télécommunications) qui réduisent le temps de parcours des distances et irradient l'ensemble du territoire.

De l'aménagement au développement durable

Plus récemment, depuis moins d'une cinquantaine d'années si l'on exclut l'expérience des grands parcs naturels américains, les États se sont progressivement attribués la mission de protéger certains espaces, paysages, sites, monuments et lieux remarquables menacés d'une dégradation irréversible.

L'entreprise a même acquis une dimension internationale (notion de « patrimoine mondial de l'humanité » développée par l'UNESCO) et, sous l'égide des Nations unies, l'idée de protection s'étend désormais à l'ensemble de la biosphère (lutte contre l'effet de serre, etc.).

Timidement inaugurée au XIXe siècle, la protection du patrimoine, tant naturel que culturel, prend donc une place toujours plus grande dans l'aménagement contemporain des territoires. Ceci avec d'autant plus de force que l'émergence du concept de « développement durable » met l'accent, depuis une vingtaine d'années, sur la nécessité de sauvegarder les ressources de la planète pour les générations futures. Il s'agit en conséquence de revoir à la baisse, en fonction des seuls besoins fondamentaux de l'humanité et selon des méthodes de production moins agressives pour les milieux que naguère, les rythmes de la croissance économique. Inutile de préciser que sur ce point la tâche s'avère extrêmement difficile. En effet, les contradictions entre la croissance (même maîtrisée, ce qui est loin d'être le cas !) et les exigences du développement durable (d'ailleurs fort difficile à envisager pour une humanité inscrite de longue date dans le paradigme du changement et du progrès !) demeurent pour l'heure à peu près inconciliables.

La lutte contre les risques divers (naturels, militaires ou industriels) qui guettent les sociétés, le souci public d'assurer le bien-être des populations, c'est-à-dire de leur fournir un cadre de vie de qualité et l'accès à des ressources suffisantes, poussent les États non seulement à « corriger la nature », mais à modifier l'espace social lorsqu'il devient dangereux pour la sécurité des hommes, désuet ou inefficace pour le développement de leurs activités.

La diversité des domaines de l'aménagement

Les grands aménagements ruraux s'inscrivent dans cette logique. Il en va ainsi de la bonification et de l'assainissement (marais Pontins de l'Italie fasciste, asséchés sous le régime de Mussolini), de l'irrigation massive (périmètres de l'Èbre, au nord de l'Espagne), de la restructuration foncière (nombreuses réformes agraires du Tiers-Monde, des anciens pays communistes, de l'Europe méditerranéenne et du Japon), du remembrement des parcelles et des exploitations (France de l'Ouest) ou des conquêtes de nouvelles terres agricoles. Ces dernières peuvent aussi bien s'effectuer par la reprise de friches (Est de la France) que par l'ouverture de ces fronts pionniers devant lesquels reculent tant de forêts du monde, tropicales (Amazonie) ou non (taïga sibérienne). Elles passent aussi par la récupération de terres sur la mer, comme aux Pays-Bas (*polders*).

Ces objectifs n'atteignent leur finalité sociale qu'à la condition que des mesures d'accompagnement, parfois destructrices de structures spatiales plus anciennes, soient prises. Prévoir l'encadrement technique des agriculteurs, aider à l'implantation de réseaux efficaces de services et de circulation, encourager la diversification des activités économiques, soutenir le mouvement culturel, améliorer les conditions de vie (adduction de l'eau, électrification, etc.) et d'habitat, organiser ou réorganiser les marchés et les centres figurent souvent comme autant d'aménagements indispensables à la survie des campagnes.

Dans les espaces manufacturiers et urbains, l'aménagement du territoire passe par l'aide à la conversion des activités en crise (vieilles régions minières, sidérurgiques et textiles). Il procède aussi par la mise en place de mesures susceptibles de susciter et de promouvoir l'innovation industrielle et tertiaire (développement des nouvelles technologies, création des technopôles). Là, si l'on veut favoriser la prospérité économique, il convient souvent de transformer l'existant, la substance même des espaces d'activités hérités du passé, tant dans leur contenu que dans leurs formes.

Dans les agglomérations urbaines, la rénovation et la réhabilitation de l'habitat ou des quartiers (centraux en particulier), la réalisation de nouvelles zones d'activités et d'habitation, celle de nouveaux espaces de transport, de réseaux techniques ou d'espaces verts contribuent aussi à l'effort d'aménagement général des territoires. D'une certaine façon, l'urbanisme qui regroupait traditionnellement toutes ces procédures et toutes ces opérations s'enrichit et se transforme. Il devient aménagement urbain. Il se conçoit dès lors comme une intervention globale, à la fois technique, économique et sociale, sur des espaces dont la structure tant matérielle que socio-économique évolue sans cesse. Celle-ci change au fur et à mesure que l'urbanisation s'étend, se diffuse et prolifère, rythmée par la métropolisation-métapolisation de l'espace, par la croissance des banlieues, par la périurbanisation, ou encore par l'émergence des *edge-cities*, ou centres périphériques des nappes urbaines en extension…

On mesure bien, dans tous ces domaines, combien l'aménagement s'efforce d'augmenter l'efficacité économique et sociale des lieux, pour les hommes qui s'y trouvent et y travaillent. Sa portée va cependant plus loin. Il appartient en effet aux pouvoirs publics, dans le contexte du contrat social propre aux démocraties libérales, de doter chaque acteur (individu ou entreprise) des meilleurs atouts pour participer à la compétition économique, à la production et au partage des richesses… Jusqu'à lui fournir l'accès à des sources d'énergie et des moyens de production sûrs, suffisamment abondants et bon marché.

C'est dans cet esprit que l'État a souvent pris en charge, directement ou non, la réalisation des grands équipements hydro-électriques, qu'il s'est investi dans les programmes nucléaires ou dans une politique internationale visant à la sécurité énergétique du pays qu'il gouverne. Dans le cadre de ses frontières nationales, en fonction du même principe, il encourage et favorise la réalisation de grands équipements d'utilité publique (autoroutes, voies de chemin de fer et de TGV, ports modernes et grandes zones industrielles et portuaires, etc.), quand il ne s'en charge pas lui-même. Certaines de ces installations permirent aux industries lourdes de se localiser à moindre frais, au plus fort des « trente glorieuses » (années 1950 et 1960, début des années 1970), sur les meilleurs sites d'approvisionnement maritime en matières premières et en sources d'énergie à bas prix. Ils virent le jour, entre autres, à Dunkerque, à Fos-sur-Mer (France), à Tarente (Italie), ou sur le littoral de la Mégalopolis du Japon.

Quel avenir pour l'aménagement des territoires ?

L'aménagement du territoire cherche donc à mieux répartir les hommes et leurs forces productives sur l'espace géographique. Le souci de justice socio-spatiale ne justifie pas à lui seul cette entreprise. D'une part, l'apport et le développement d'activités dans les régions les plus démunies fournit un surcroît de richesses aux populations plus défavorisées qui les occupent. D'autre part, la répartition plus harmonieuse (décentralisation ou desserrement) des activités évite les effets d'engorgement spatial et les « déséconomies », préjudiciables à la productivité des régions saturées, qu'ils engendrent.

Bien sûr, tous ces arguments se discutent et il ne manque pas de spécialistes prompts à faire l'éloge de la polarisation des activités, des économies d'échelles et des externalités positives qu'elle génère. C'est un des aspects les plus connus du vieux débat opposant, en France par exemple, les tenants d'une croissance sans bornes de Paris et ceux d'une délocalisation partielle des activités de l'Ile-de-France au bénéfice de la province. En fait, depuis la crise des années 1970, les thèses favorables au glissement des activités de la Région parisienne vers le reste de l'espace français semblent avoir perdu de leur force et de leur portée. Désormais, l'aménagement et le développement du territoire visent plutôt à favoriser en tout lieu l'émergence ou la greffe d'activités économiques susceptibles de bénéficier d'un ancrage, d'une culture entreprenariale, d'une main-d'œuvre adaptée et flexible, d'une réelle volonté de développement localisés. Cette démarche s'appuie sur la théorie économique de la « régulation » et sur l'identification de systèmes productifs locaux, originaux et relativement autonomes.

En fait, depuis deux ou trois décennies, le retour en grâce du néolibéralisme, les progrès de la décentralisation des pouvoirs dans la plupart des pays du monde, les appels réitérés à la « modestie » des États provoquent une réduction sensible des interventions menées au nom et selon les principes d'un aménagement des territoires par le « haut ».

Pourtant, paradoxalement, les effets pervers de cette discrétion délibérée de l'action publique face au capitalisme triomphant et prédateur font entrevoir, un peu partout dans le monde, de nouvelles perspectives d'aménagement des territoires. Les dysfonctionnements en question concernent le creusement des disparités socio-économiques, à l'intérieur de chaque pays. Ils se dessinent notamment entre les « régions qui gagnent », parce qu'elles saisissent l'opportunité d'une production novatrice et celles qui perdent, parce qu'elles ne disposent pas des ressorts humains propices au développement. Ces dysfonctionnements se traduisent aussi par un profond malaise que provoquent parfois l'éloignement des pouvoirs de décision et l'effacement des services publics. Ils proviennent aussi de l'ampleur des agressions subies par l'environnement dans certains espaces urbano-industriels, ou dans les campagnes livrées à une agriculture toujours plus productiviste qui pollue l'eau et les sols, détruit leur fertilité et les soumet à l'érosion.

Dans ce contexte, les grandes hypothèses qui président à l'aménagement des territoires depuis son apparition restent valables. Elles soulignent, d'une part, que plus la géographie physique d'un territoire est contrastée et plus l'histoire de son développement économique est courte, plus l'application d'une politique d'aménagement du territoire s'impose pour parvenir à une diversification et à une meilleure distribution spatiale des activités. Elles affirment d'autre part que la nécessité de procéder à une action publique d'aménagement est proportionnelle au degré de spécialisation de l'économie considérée. De fait, plus une économie est spécialisée, plus sa concentration spatiale risque d'être forte et la répartition volontariste des activités qui la composent souhaitable.

Quant à la concentration du pouvoir (système politique plus ou moins centralisé), si elle fut un temps propice à la mise en œuvre de politiques d'aménagement « par le haut », elle s'avère aujourd'hui beaucoup moins bien adaptée aux nouvelles orientations, plus locales, de l'aménagement. Surtout à une époque où il réclame de plus en plus de concertation, de participation démocratique et de « gouvernance », de conception sur mesure, de projet, de dialogue et d'élaboration « par le bas ».

De nouveaux acteurs de l'aménagement ?

Ces nouvelles tendances de l'aménagement et du développement durable, dans le cadre d'une « planification » désormais « ascendante », posent justement le problème des acteurs de l'aménagement. Jadis ils ne constituaient qu'un groupe restreint, réduit à quelques ministres du gouvernement et aux administrations centrales, à quelques fonctionnaires de mission (DATAR en France) et aux relais locaux de l'État. Il mobilisait aussi de puissants groupes industriels et tertiaires fournisseurs d'ingénierie et de grands systèmes d'équipement (ports, aéroports, etc.).

Aujourd'hui, il en est des acteurs de l'aménagement comme des individus et du rôle qu'on leur reconnaît, en tant que « sujets », dans le déroulement responsable de la vie sociale ou, plus largement, en matière de production de l'espace géographique. Leur nombre, leur variété et leur degré d'implication augmentent. La fragmentation socio-spatiale qui croît multiplie les réflexes territoriaux. Chaque territoire émergent (localité, bassin de vie ou région) crée de la proximité sociale et politique. Les habitants se sentent de plus en plus responsables de leurs lieux de vie ainsi territorialisés ; même s'ils n'expriment souvent, par leurs revendications, qu'une stricte position défensive devant les risques de nuisances amenés par tel ou tel équipement (réflexe *nimby*). Quoi qu'il en soit, des citoyens désormais compétents et résolus exigent une participation accrue aux décisions concernant l'aménagement de leur cadre de vie.

Cette montée en puissance des acteurs enrichit un mouvement associatif plus dynamique que naguère. Celui-ci devient, surtout dans les pays de vieille tradition démocratique, un partenaire local incontournable des projets d'aménagement et de développement territorial. Les élus, plus présents que jamais sur ce front, s'entourent, lorsque la taille et les ressources des collectivités le permettent, de chargés de mission et de collaborateurs aux compétences diverses. Ils font appel au concours d'experts et de bureaux d'études. Ils ne peuvent plus ignorer l'avis, pas plus qu'ils ne sauraient se passer de l'implication directe des acteurs économiques, sociaux et culturels des lieux aménagés. Ainsi ne cesse de gonfler, du « haut » vers le « bas », le groupe des acteurs de l'aménagement.

SYNTHÈSE

État, nation, territoire et frontière forment donc les quatre pierres angulaires d'un édifice scientifique majeur, celui de la géopolitique, voire d'une géographie politique plus fine, plus culturelle et plus sociale, attentive à toutes les formes de pouvoirs qui s'infiltrent dans l'infinie variété des rapports sociaux et spatiaux. Apparu en Occident avec la modernité, l'État-nation, son territoire et ses frontières constituent les éléments-clés d'une approche géopolitique de l'espace. L'aménagement du territoire complète ce dispositif. Le bloc ou le complexe ainsi formé par l'État-nation, le territoire, la frontière et l'aménagement ouvre la voie d'une géographie scientifique, éventuellement positiviste, articulant l'approche naturaliste et celle de l'analyse spatiale. Il n'en dissimule pas moins un second aspect tout aussi fécond de la discipline géographique, celui qui prend en compte, d'abord, le sujet humain, sans négliger sa constitution sociale en tant qu'individu et que personne. Entre ces deux géographies, les concepts ambigus de territoire et de territorialité tissent un lien. Ils tracent le chemin difficile d'un retour à l'unité et à la globalité de la discipline.

Pour en savoir plus

B. BADIE, *La fin des territoires*, Fayard, 1995.	Une mise au point sur la construction historique de l'État-nation et sa remise en cause contemporaine.
R. BRUNET, *L'aménagement du territoire en France*, La Documentation française, 1997.	Un bilan de cinquante années d'aménagement du territoire en France. Une analyse critique de ses objectifs et de ses procédures. Une vision prospective.
G. DI MÉO, *Géographie sociale et territoires*, Nathan, 1998.	Les diverses facettes du territoire, le panorama de sa construction sociale, ses dimensions géographiques, économiques, politiques et idéologiques.
M. FOUCHER, *Fronts et frontières*, Fayard, 1988.	Les fronts et les frontières considérés en fonction des enjeux d'une géopolitique mondiale.
P. GUICHONNET, C. RAFFESTIN, *La géographie des frontières*, PUF, 1974.	Une présentation à la fois géographique et historique des types et des enjeux frontaliers.
J. LÉVY, « Les apories du territoire », *Espaces temps*, *51-52*, 1993.	De l'impasse du territoire ethnique et politique pour des sociétés de plus en plus ouvertes et mobiles.

C. RAFFESTIN, *Pour une géographie du pouvoir*, Litec, 1980.	Une leçon magistrale sur le territoire, la territorialité et leur rapport aux formes (surtout webériennes du pouvoir).
J.-P. RENARD, P. PICOUET, *Frontières et territoires*, La Documentation française, 1993.	Une bonne mise au point sur les catégories frontalières dans leur rapport aux territoires qu'elles bornent.
D. RETAILLÉ, *Le monde du géographe*, Presses de sciences politiques, 1997.	Une réflexion essentielle sur l'espace géographique, ses lieux, ses territoires, ses acteurs et les objets de la géographie.

5
LES VILLES

Les villes regroupent des populations de plus en plus nombreuses. Les plus grandes villes du monde se localisent toujours davantage dans les pays du Sud. Dans chaque pays, les villes s'organisent selon des réseaux. Points forts des territoires, elles entretiennent entre elles des relations de dépendance ou de complémentarité et drainent les flux de toutes natures. Certaines d'entre elles ont une influence économique qui dépasse le cadre national : ce sont les métropoles mondiales.

Un monde de villes (page 86)

Comment définir la ville ? Si les seuils statistiques sont très divers, l'espace géographique et social que constitue la ville est, en revanche, bien identifié par les hommes.

Villes et réseaux (page 90)

Qu'appelle-t-on réseau urbain ? Cité globale ? Métropole et mégapole sont-ils des mots synonymes ? Ces définitions sont incontournables pour comprendre, d'une part, la façon dont les villes se localisent dans l'espace, et, d'autre part, pour montrer leur diversité fonctionnelle et par voie de conséquence leur rôle différencié dans l'espace mondial. Métropolisation et mondialisation sont-ils des processus liés entre eux ?

L'espace de la ville (page 93)

Il est le reflet de la puissance de la ville. Celle-ci s'étale sans cesse, devient difficile à gérer car elle exige sans cesse de nouveaux équipements. Des dysfonctionnements graves affectent notamment les grandes villes des pays en voie de développement.

Ville et environnement (page 95)

La ville s'inscrit dans un cadre physique qu'elle transforme, qu'elle peut contribuer à dégrader. La ville est aussi un espace à risques.

Un monde de villes

Villes et statistiques

Aborder la question des villes au plan mondial, c'est être immédiatement confronté à un problème de définition car, d'un pays à l'autre, les seuils, la taille varient considérablement dans la mesure où les cadres statistiques ou administratifs du dénombrement ne sont pas identiques. Les découpages peuvent même varier d'un recensement à l'autre, ce qui doit inviter à la prudence lorsque l'on veut mesurer des évolutions. Certaines variations sont à comprendre éventuellement à l'aune de ces changements.

Ceci s'est passé en France, par exemple, entre 1990 et 1999 où la population urbaine a augmenté de 2 342 000 habitants (+5,6 %) mais dans le même temps, le nombre des communes considérées comme urbaines est passé de 5 277 à 5 954. La croissance réelle de la population urbaine, à périmètre constant, n'est que de 3,1 %.

En France on retient, d'une part, le seuil de 2 000 habitants regroupés – c'est la ville isolée – et, d'autre part, l'agglomération multicommunale, regroupement de communes, quelle que soit la population de chacune, lorsque les zones bâties s'étendent sur deux ou plusieurs d'entre elles et comptent au moins 2 000 habitants. On parle alors d'unités urbaines. Mais l'INSEE pour encore mieux tenir compte de l'étalement urbain identifie des aires urbaines, formées d'un pôle urbain et de sa couronne.

Il en est de même aux États-Unis où les normes de définition des aires métropolitaines ont été changées de nombreuses fois depuis 1958. Une nouvelle aire métropolitaine inclut obligatoirement une ville de 50 000 habitants ou plus.

Nonobstant ces questions statistiques, la ville renvoie sans conteste à un espace géographique et à un « objet social » (Th. Saint-Julien) bien identifiés à savoir un espace caractérisé par la concentration des hommes, des constructions et par la diversité des activités ; c'est un espace perçu différemment de la campagne.

Or, la ville s'impose partout, à la fois comme l'espace de vie de la majorité des populations dans le monde et comme le point fort d'un territoire. L'espace monde est dirigé par quelques grandes métropoles mondiales. Mondialisation et métropolisation sont liées.

L'urbanisation accélérée

En ce début de XXIe siècle, 50 % des 6 milliards d'hommes qui peuplent la terre sont des citadins, contre 14 % en 1900 et 28 % en 1950. La croissance urbaine profite surtout aux très grandes villes : 10 % déjà des citadins vivent dans des villes décamillionnaires et le mouvement se poursuit, mais dans ce processus de concentration urbaine, les situations et les évolutions en cours sont diverses.

Si les taux moyens d'urbanisation sont inégaux entre monde développé (73 %) et monde sous-développé (33 %), ils ne reflètent pas la divergence des situations à l'échelle continentale et nationale. En effet, le taux d'urbanisation n'est plus un critère qui différencie avec autant de netteté que par le passé les pays développés du reste du monde. Les pays d'Amérique latine et du golfe Persique ont des taux équivalents à ceux des sociétés développées. Par conséquent, le niveau de développement n'est plus un facteur explicatif suffisant pour

Les mégapoles et leurs réseaux

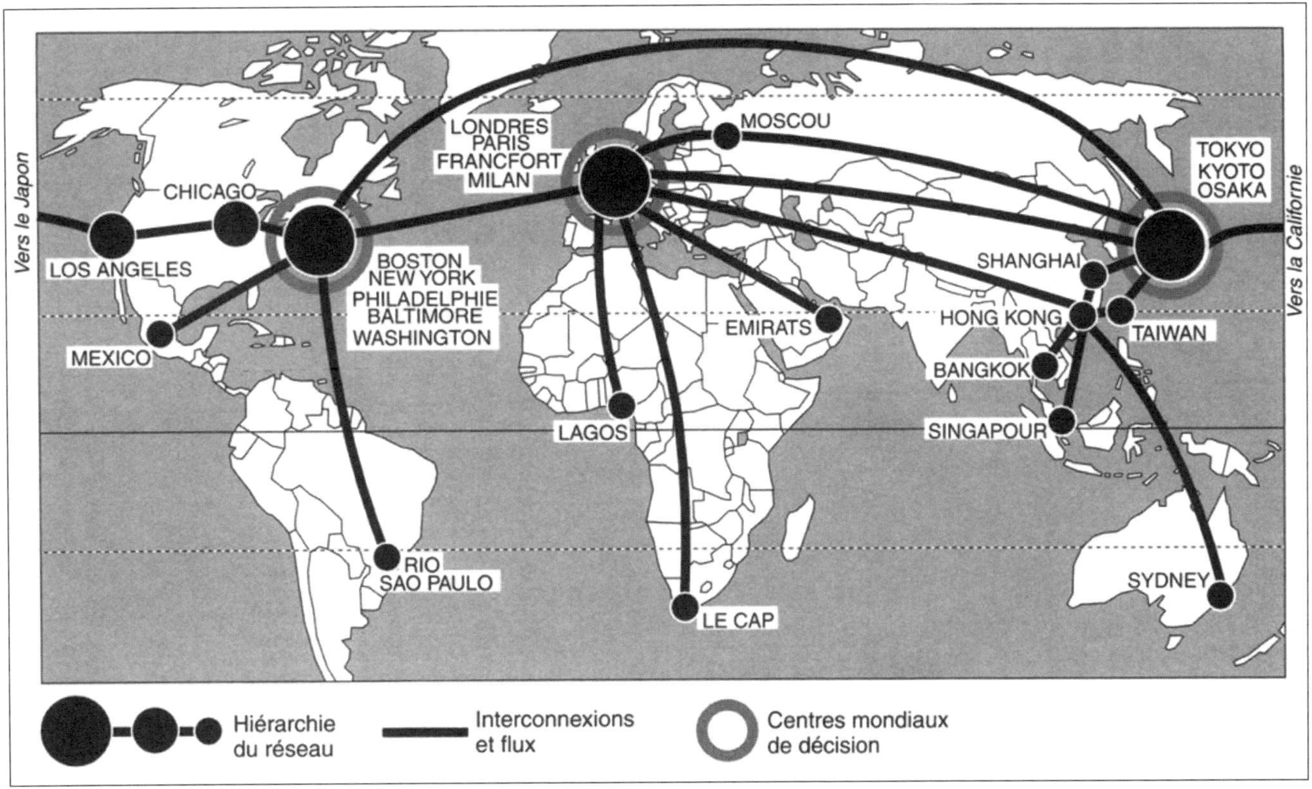

Source : J.-P. Paulet, Les régions à l'heure de la mondialisation, A. Colin, 1998.

comprendre les différences des taux d'urbanisation dans le monde, mais il est déterminant pour comprendre les taux de croissance urbaine.

Deux citadins sur trois vivent maintenant dans les villes des pays en voie de développement. À un taux moyen de 4 à 5 % par an de croissance urbaine en Asie et en Afrique, répond un taux moyen annuel d'environ 0,8 % en Europe. L'accroissement de la population concentrée dans les villes est dû essentiellement aux pays du Sud ; il va se poursuivre au cours de ce siècle car les réserves de populations rurales sont encore très importantes en Asie et en Afrique. Les citadins des pays du Sud sont maintenant plus nombreux que ceux des pays développés. La croissance urbaine des pays développés est maintenant avant tout une croissance spatiale.

Ce sont aussi les pays en voie de développement qui rassemblent la majorité des villes du monde : l'Asie du Sud regroupe près du quart des villes, la Chine et l'Amérique latine un cinquième. En comparaison les villes d'Afrique Noire ne sont pas encore très nombreuses, mais c'est sur ce continent que l'accroissement du nombre des villes a été le plus rapide au cours de ces cinquante dernières années (8 % du nombre des villes contre 2,8 %)

Or, cette urbanisation des sociétés n'est pas pour de nombreux pays en voie de développement synonyme de développement comme elle le fut pour les pays développés. La croissance des villes n'accompagne pas nécessairement le développement économique. Elle témoigne surtout de l'importance de l'accroissement naturel, des flux migratoires, notamment de l'exode rural et de l'attraction économique et surtout psychologique exercée par la ville. Comme le montrait déjà Milton Santos au cours des années 1960, il est difficile de dissocier les causes de type *pull ou push factor*. L'urbanisation se réalise dans un premier temps sans industrialisation et tertiarisation correspondantes.

Cependant la citadinisation des populations est un signe de progrès : les conditions sanitaires sont plus favorables que dans les campagnes, l'accès aux équipements est meilleur, la scolarisation plus aisée, l'industrialisation et la tertiarisation des économies créent des emplois, même s'ils sont informels, alors que le chômage et le sous-emploi sont endémiques dans les campagnes.

L'urbanisation un phénomène universel

La transition urbaine, processus par lequel une population passe d'une distribution géographique essentiellement rurale à une distribution surtout urbaine, permet de rendre compte des inégalités entre les différents taux d'urbanisation des états dans le monde et de mettre en relation ces inégalités avec celles des taux de croissance urbaine. Aux taux d'urbanisation élevés correspondent de nos jours des taux de croissance urbaine très modérés ou faibles et vice versa.

En effet, ces différences rendent compte des décalages observés sur le long terme dans l'entrée de ce processus. Tout comme le processus de la transition démographique, la transition urbaine se divise en plusieurs phases qui montrent que la croissance urbaine se poursuit à des rythmes inégaux : une phase A caractérisée par un taux d'urbanisation qui stagne ; une phase B caractérisée par un taux qui augmente faiblement, mais la répartition du peuplement commence à se modifier très sensiblement avec le passage d'une économie agraire à une économie industrielle et tertiaire, une phase C où il y a une accélération de type exponentiel du processus jusqu'à un seuil de 50 %. Puis, la croissance se maintient encore pendant un certain temps avant de se stabiliser ; l'essentiel de la population vivant en ville.

Ce processus ne s'est pas produit au même moment partout dans le monde. C'est en Europe et en Amérique du Nord qu'il est d'abord apparu, puis il a concerné l'Amérique latine. L'Asie et l'Afrique ne sont entrées qu'au cours de la seconde moitié du XXe siècle dans la transition urbaine. Le stade d'avancement est donc corrélatif du niveau de développement sauf quelques exceptions liées à des phases de croissance économique exceptionnelle. La rente pétrolière explique des croissances urbaines très rapides et des taux d'urbanisation exceptionnels dans les pays du Golfe par exemple.

On observe aussi des décalages à l'intérieur des sous ensembles géographiques : la Grande-Bretagne a précédé la France dans le mouvement d'urbanisation. La France en 1900 est à 60 % rurale alors que la Grande-Bretagne est déjà à cette date majoritairement urbaine... Si l'on compte une majorité d'urbains en Arabie saoudite (80 %), en Ethiopie les urbains sont moins de 20 % de la population totale

En outre la durée de la transition urbaine est variable d'une société à l'autre : elle a été longue pour l'Europe, elle est de nos jours rapide pour l'Afrique où les taux de croissance urbaine sont très élevés. En effet, plus la durée de la transition urbaine est courte, plus le taux de croissance urbaine est ample.

Au total, si un lien semble se dessiner entre l'importance des villes et le développement économique, bien des nuances sont à faire. Les héritages conservent tout leur poids. Les taux d'urbanisation forts de l'Amérique latine sont à mettre en rapport avec une colonisation ibérique pour qui la ville « fut au commencement de l'ordre colonial » « Toute ville ébauchée, si modeste soit-elle est un point de gagné » écrit F Braudel.

Dans les pays développés, une corrélation positive existe entre un peuplement plus tardif et un taux d'urbanisation élevé comme le montre l'exemple des États-Unis d'Amérique.

Permanence de l'attractivité des grandes villes

La ville d'un million d'habitants et plus devient le cadre de vie de la majorité des citadins. En 1950 on comptait 75 villes millionnaires, de nos jours environ 500. Toutes occupent une place importante dans leur pays. La plus grande ville est souvent la capitale politique du pays, mais ce n'est pas toujours le cas.

Le concept de « mégapole » désigne la très grande ville ; celui de « mégalopole » est un concept forgé par J. Gottmann au début des années 1960, pour désigner, aux États-Unis, la coalescence entre Boston et Washington de plusieurs très grandes villes. En dehors de cette « mégalopolis » américaine, deux autres mégalopoles sont identifiées dans le monde : la Dorsale européenne entre Londres et Milan et la mégalopole japonaise entre Tokyo et Nagasaki ; d'autres sont en train de se former entre Los Angeles et San Diego, entre Chicago et Toronto, entre Sao Paulo et Rio.

Le classement des mégapoles a été bouleversé au cours de ces cinquante dernières années. C'est l'une des manifestations des déséquilibres démographiques et socioéconomiques mondiaux. En 1950, les pays développés concentraient 10 des 15 plus grandes villes du monde, legs de la précocité du développement économique et urbain. En 1995 les États-Unis en conservent encore deux dont New York ; les grandes villes de l'Europe disparaissent du classement alors que Londres était la deuxième ville du monde en 1950. Dix des plus grandes villes du monde sont maintenant en Amérique latine et en Asie dont deux au Japon, Tokyo étant la plus grande ville du monde.

La carte de la répartition des grandes villes a donc considérablement changé depuis le début du XX siècle.

Mais le rôle de la grande ville (le seuil généralement retenu est de deux millions d'habitants mais une ville en dessous de ce seuil peut aussi assurer un rôle de grande ville) dans ses relations avec le territoire dans lequel elle s'inscrit et dans ses interrelations avec les autres grandes villes du monde est différent selon les pays et leurs niveaux de développement correspondant.

Villes et réseaux

Réseau urbain et hiérarchie urbaine

Le réseau urbain est l'expression de la hiérarchie urbaine d'un territoire. Il indique la façon dont la société s'approprie son territoire. Les différentes villes du réseau sont reliées entre elles par des liens hiérarchiques ou verticaux de manière à assurer les services nécessaires au fonctionnement de la société et sont les pôles à partir desquels les flux de tous types innervent le territoire. La nature des services dispensés par la ville est fonction de sa place dans la hiérarchie urbaine. Autrefois, les localisations des villes étaient souvent associées aux grandes vallées, car celles-ci permettaient d'établir des communications ; de nos jours comme l'écrit Thérèse Saint-Julien « c'est le réseau urbain qui impose actuellement les tracés des voies de communications et c'est la hiérarchie urbaine qui commande l'organisation des nouvelles infrastructures »

W. Christaller, géographe allemand, a dans la théorie des lieux centraux (*figure*) cherché à expliquer le nombre, la taille et les espacements des villes au sein d'un territoire en définissant les lieux centraux ou places centrales comme des centres dispensateurs de biens et de services aux populations.

Pour mener ces explications, il s'est fondé sur des postulats : les biens et les services de même niveau se concentrent dans des places centrales de même niveau et une hiérarchie s'établit entre les divers niveaux : une place centrale de niveau supérieur offre à la fois des biens et services spécifiques à son rang, mais aussi tous les services identifiant les niveaux inférieurs. Cela lui a permis d'aboutir à un schéma théorique de la distribution des lieux centraux, mais là encore en se fondant sur d'autres hypothèses : la population se répartit de manière uniforme dans l'espace, les conditions de transport sont partout identiques et la population dispose du même pouvoir d'achat.

Il a ainsi montré que plus les places centrales sont de niveau inférieur plus elles sont nombreuses et inversement et que le réseau urbain fonctionne selon un principe de verticalité : une grande ville s'appuie sur ses centres de relais inférieurs qui eux – mêmes contrôlent de très nombreux autres relais.

Ce lien entre taille des villes, nature des services, portée géographique des activités, aires d'influence de chacune des villes crée une répartition régulière des villes en fonction de leur taille et un encadrement total du territoire par emboîtement de leur zone d'influence.

Les aires de marché dans un système de lieux centraux selon le principe de marché

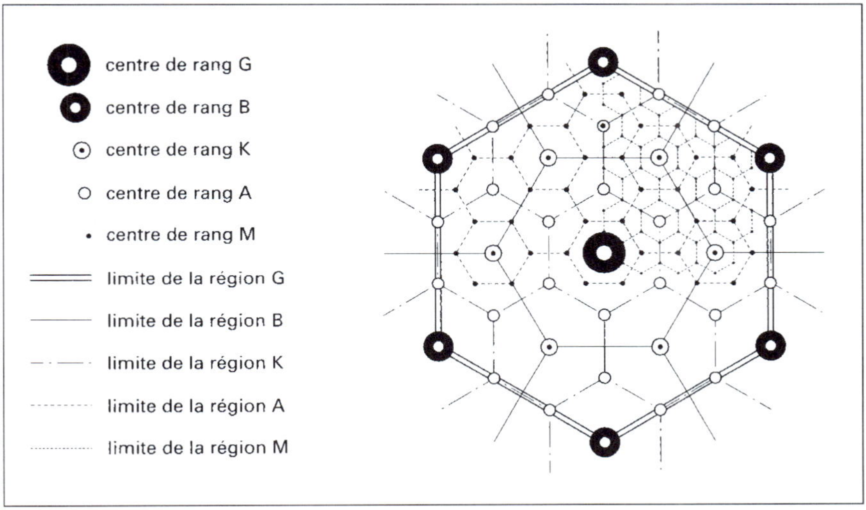

Source : W. Christaller, *Die zentralen Orte in Südddeutschland*, G. Fischer, 1933.

Plusieurs types de réseaux urbains organisent les territoires. Le « type parisien » caractéristique du territoire français désigne un réseau dominé par une « place centrale de niveau supérieur ». L'Espagne et l'Italie ont un réseau « bicéphale », respectivement Madrid et Barcelone d'une part et de l'autre Milan et Rome. Le réseau de « type rhénan » caractéristique de l'Allemagne est polycéphale.

Cette situation trouve ses origines dans l'histoire des pays concernés : par exemple la centralisation française a contribué au déséquilibre démographique, mais aussi fonctionnel très impressionnant entre Paris et les autres grandes villes du territoire. Les politiques dites de rééquilibrage du réseau urbain menées en France au cours de la décennie 1960-1970, visaient à rétablir un certain équilibre fonctionnel entre la capitale et les villes de second rang (Lyon, Marseille, Lille, Bordeaux, Toulouse, Nantes, Strasbourg, Metz-Nancy) qualifiées de « métropoles d'équilibre ».

Cette théorie des lieux centraux est critiquable sur quelques points, notamment parce qu'elle ne tient pas compte d'éventuelles spécialisations des villes et parce qu'elle n'est plus suffisante pour rendre compte de la complexité des liens nouveaux entre les villes et le poids grandissant de leur rôle. L'évolution actuelle conduit en effet à une plus grande interdépendance entre des villes de même niveau, surtout entre grandes villes qui sont liées ainsi par des liens horizontaux, dans le cadre de la métropolisation. La mondialisation des échanges conduit à l'émergence de nouveaux réseaux. Toutefois le principe hiérarchique qui guide les réseaux urbains ne disparaît pas. En fait on a un fonctionnement à plusieurs niveaux scalaires.

Les têtes du réseau mondial

La présence de fonctions dites « stratégiques et rares » confère un rôle mondial à certaines villes définies comme des métropoles. Ce sont des fonctions liées aux services péri-productifs (organismes financiers, services techniques, recherche, transports rapides et de qualité bien intégrés aux réseaux mondiaux, télécommunications) et des fonctions abstraites (direction, gestion, marketing, universités). P. Julien définit ainsi les douze fonctions stratégiques « Art, banques et assurances, commerce de gros, commercial industriel gestion, information, informatique, recherche industrielle, recherche publique, services, télécommunications, transports ». Les métropoles ont aussi une position privilégiée de *hub* ou nœud au sein des réseaux mondiaux, continentaux ou nationaux à larges mailles

Ces fonctions de très haut niveau renseignent donc sur le rayonnement des villes ; pour certaines d'entre elles celui-ci est mondial. Le concept de « ville globale » désigne ainsi quelques très grandes métropoles qui dans le monde sont à la tête des grands réseaux mondiaux et au centre des grands flux mondiaux, ce qui souligne l'importance sans cesse renouvelée des réseaux de transport matériels et immatériels, réseaux qui contribuent à la contraction de l'espace. Elles sont d'ailleurs très peu nombreuses, une dizaine dans le monde, dont New York, Tokyo, Londres. Économiquement, elles dominent le monde et le monde s'organise autour d'elles.

D'autres grandes villes comme Paris, Francfort ont aussi des fonctions élargies. D'autres métropoles sont dites incomplètes ou bien sont très spécialisées dans une seule fonction. En France, Toulouse est spécialisée dans l'industrie aéronautique et a des liens avec Hambourg, Lille s'affirme en tant que carrefour européen. Dans les pays en voie de développement la grande ville aux fonctions spécialisées se contente d'une influence nationale ; toutefois quelques-unes émergent, comme Sao Paulo. Mais l'urbanisation du tiers monde « est trop souvent une explosion sans moyens. » (L. Carroué).

La métropolisation, indissociable de la mondialisation, est donc à l'origine d'une nouvelle organisation des réseaux urbains qui s'appuient de moins en moins sur la proximité territoriale mais qui s'insèrent de plus en plus dans un réseau de villes fonctionnant à l'échelle mondiale.

Ce processus de concentration de fonctions sélectives dans les grandes villes, aux sommets des hiérarchies urbaines, nationales et internationales est une tendance lourde.

Les villes deviennent « les espaces moteurs de la mondialisation dont la trame, les réseaux et la hiérarchie fondent un dispositif d'échelles spatiales emboîtées, locales, régionales, continentales et mondiales » (L. Carroué).

Dans le cadre de cette évolution on aboutit à une situation complexe où se mêlent différents types de réseaux, animés par des liens hiérarchiques ou de spécialisations, surtout effectives, au sommet de la hiérarchie urbaine car les diverses strates de villes ne fonctionnent pas de manière identique. Les relations entre villes globales ne cessent de se développer au point de s'associer par-dessus les états et forment un « archipel mégalopolitain mondial » dans le cadre de la mondialisation. Mais les métropoles tirent aussi leur puissance de leur contrôle du réseau urbain national, de l'existence de systèmes productifs nationaux dynamiques. Les métropoles mondiales gèrent, en fait, des territoires emboîtés. Des aires de plus en plus vastes et puissantes sous-tendent leur force économique.

L'espace de la ville

La centralité polynucléaire

Le centre de la ville se caractérise par un urbanisme de prestige et concentre des fonctions de plus en plus spécialisées. L'architecture et les formes urbaines des quartiers centraux, vitrines de la ville, montrent une certaine standardisation des paysages urbains. Le centre des affaires ou *Central Business District*, est l'inscription dans le paysage de la grande ville de la métropolisation. Toutefois il n'y a pas de modèle unique du centre car il est aussi le reflet de l'histoire urbaine de chaque pays. En Europe, il se remarque par la présence d'un patrimoine historique important alors qu'aux États-Unis y dominent très souvent de hauts gratte-ciel. La fonction résidentielle y est souvent en recul à cause d'une forte spéculation foncière. Les quartiers centraux se vident de leur population en dehors des heures de bureaux : c'est le phénomène de City.

Mais le manque de place et l'importance prise par les fonctions stratégiques expliquent que la centralité est devenue polynucléaire. Des centres périphériques se développent à proximité des nœuds de communications, des échangeurs autoroutiers, des plates-formes aéroportuaires, des téléports.

C'est le cas par exemple dans l'agglomération parisienne où se sont créés des centres périphériques tels que ceux de la Défense, du technopôle de Paris-

Londres, une métropole mondiale

Londres est une métropole mondiale. La concentration des fonctions rares y est tout à fait exceptionnelle. Capitale politique, culturelle, première place financière du Royaume-Uni la ville est aussi un nœud mondial avec ses trois aéroports, une place d'affaires internationale complète opérant à des niveaux d'excellence : banques, assurances, réassurances, affrètement, marché des changes, commerce de l'art. Le déclin de l'économie britannique n'affecte en rien l'importance de la place londonienne qui dépend pour l'essentiel de son rayonnement international. La seule City avec ses 300 000 emplois sur 2,6 km^2 génère la moitié de la contribution des services aux comptes courants de la balance des paiements britannique. Ses 18 millions de m^2 de bureaux concentrés dans les seuls quartiers centraux de la City, de West End et des Docklands, les loyers sont les plus chers d'Europe. L'attraction qu'exerce la ville sur les hommes d'affaires, puisqu'elle demeure la ville européenne qu'ils plébiscitent, constitue un bon indicateur de son rayonnement. Une telle concentration de fonctions stratégiques trouve ses fondements dans le rôle mondial qu'a eu Londres quand elle a été la capitale d'un empire couvrant le quart des terres émergées, rôle qu'elle a su conserver et qui lui donne dans l'Union européenne un statut à part. La centralité londonienne est à la fois internationale, nationale et régionale puisque Londres polarise une région du Sud-Est, la plus riche et la plus dynamique du pays.

Sud et autour de la plate-forme multimodale de Roissy-Charles de Gaulle. Disposant de plus d'espace et de relations rapides avec les divers territoires que la métropole encadre, ceux-ci fixent des activités de pointe dans des parcs industriels ou des technopôles. Peu à peu viennent s'y adjoindre des quartiers résidentiels et des espaces de loisirs. Les banlieues ou *suburbs* s'étalent ainsi sur de grandes distances. On voit ainsi émerger aux États-Unis en site vierge des *edge cities*, avec les mêmes caractéristiques fonctionnelles que les centres villes, mais la densité du bâti est plus faible. Centres commerciaux, immeubles de bureaux situés à proximité des échangeurs autoroutiers ou à faible distance d'un aéroport, ont suivi les populations installées dans les périphéries urbaines.

Parallèlement, l'hypercentre, vitrine de la puissance de la métropole, est l'objet de vastes opérations de rénovation urbaine. Les exemples sont nombreux : Chicago, Londres avec la requalification des Docks, Lille et son centre nouveau Euralille dans une moindre mesure.

La fragmentation du tissu urbain

La concentration croissante des activités et des hommes pose la question de la gestion des grandes villes. Celles-ci sont de plus en plus dévoreuses d'espace à l'image des interminables périphéries pavillonnaires des villes nord américaines, des lotissements des villes françaises et anglaises. Ce phénomène généralisé d'étalement urbain a été analysé par von Klaasen qui en a fourni une explication : après une phase d'urbanisation caractérisée par la concentration, la ville s'étale dans un mouvement de suburbanisation, qui débouche sur la désurbanisation. À la suite de l'étalement, les coûts pour tous les équipements devenant très élevés s'opère un mouvement inverse de réurbanisation par réhabilitation du centre (gentrification) et de son patrimoine. C'est le « cycle de vie urbain »

L'étalement s'accompagne de mouvements centrifuges de population. Il conduit à une redistribution des dynamiques démographiques à l'intérieur de l'aire urbaine. Le centre perd de la population tandis que les périphéries en gagnent d'une part par solde migratoire positif et d'autre part, par solde naturel positif car elles accueillent des populations plus jeunes. La répartition de la population dans la région parisienne au cours de ces dernières décennies illustre ce phénomène de déconcentration de la population : Paris intra-muros maintient seulement sa population alors que les villes nouvelles, notamment, en gagnent. La situation est similaire pour le Grand Londres.

L'étalement explique enfin une demande grandissante en réseaux de transport pour gérer les mobilités quotidiennes (flux pendulaires), en équipements pour assurer les approvisionnements en eau, en électricité, en gaz et pour évacuer les eaux usées et traiter les déchets. Il faut aussi répondre à une demande de logements.

Si ces besoins sont dans l'ensemble maîtrisés dans les pays développés, les dysfonctionnements sont graves dans les grandes villes du tiers monde marquées par l'insuffisance des équipements collectifs. Des ceintures d'habitat sous intégré prennent des noms différents selon les sociétés (bidonvilles, favelas…) mais toutes sont la manifestation des décalages existant entre une très forte croissance urbaine, l'étalement de la ville et les moyens financiers dont disposent les États pour contrôler la situation.

Les autorités urbaines sont amenées à conduire des politiques d'aménagement urbain pour maîtriser la croissance urbaine Par exemple, des villes nouvelles sont créées à une certaine distance de la ville-centre (Londres, Paris) ; d'autres mesures sont destinées à l'amélioration des équipements et à la protection des populations urbaines confrontées à des risques liés à l'environnement naturel ou aux activités économiques.

Les dysfonctionnements des grandes villes des pays en voie de développement

La pauvreté du plus grand nombre imprime sa marque originale sur les espaces urbains. Toutes les grandes villes des pays en voie de développement ont connu la prolifération des bidonvilles qui a accompagné l'essor de leur population. Les mécanismes de production des logements modernes ont progressivement exclu une grande partie des habitants dont les revenus étaient inférieurs au seuil nécessaire pour entrer dans le système de la promotion immobilière capitaliste, puis celui du logement social produit par l'État. La première réponse a été l'installation des plus pauvres dans des baraques précaires construites à la hâte sur des terrains envahis. Le bidonville est devenu un élément constant dans les paysages urbains. Par la suite, les moins pauvres des pauvres chaque fois plus nombreux ont provoqué l'apparition d'un nouveau processus d'extension de l'espace construit, l'urbanisation non réglementaire, terme proposé par Pierre Signoles à propos du monde arabe mais généralisable à l'ensemble des pays du sud. Le premier obstacle pour les populations démunies est dû aux conditions d'accès au sol urbain. Sous leur forme légale, les lotissements aménagés sont trop chers et réservés aux classes aisées. Les propriétaires des terres agricoles aux abords des grandes villes ne peuvent pas espérer une valorisation totale par ce processus. Ils pratiquent alors des « lotissements clandestins » où le terrain est divisé en parcelles sans aucune infrastructure d'accompagnement et les lots vendus à bas prix à une population qui y construit sa propre maison de dimensions réduits, sans confort... Une dualité s'installe entre la ville légale, bien organisée, avec ses quartiers de cité-jardins, ses immeubles au milieu d'espaces verts et la ville illégale, sans équipements, où s'entassent les pauvres.

D'après M. Rochefort *in* P. Bruyelle (coord.), *Les très grandes concentrations urbaines*, SEDES, coll. « DIEM », 2000.

Ville et environnement

Espace construit, artificiel, la ville s'inscrit dans un cadre physique sur lequel elle agit, qu'elle contribue à transformer voire à dégrader. Ce cadre qui n'est pas neutre, est perçu, vécu par les citadins comme élément de l'identité urbaine et élément du patrimoine.

On ne peut envisager la ville d'un côté et l'environnement physique de l'autre car des interrelations complexes lient les deux, comme le souligne Augustin Berque en insistant sur le « rapport d'altérité dans une mutuelle nécessité qui fait qu'on peut parler de la naturalité de la ville et l' urbanité de la nature ».

La ville, et notamment la grande ville, plus encore « la ville géante » modifie son environnement physique.

Le climat urbain

La ville modifie la circulation de l'air en raison de sa « rugosité » ; elle produit de la chaleur, des poussières et de la pollution. Ces différents éléments contribuent à créér un climat urbain spécifique, fonction aussi de la topographie et de la taille.

Ce climat urbain se distingue du climat régional par des températures plus élevées. On parle alors de l'îlot de chaleur urbain. Les raisons de cette situation sont multiples, la ville absorbe plus de radiations solaires en raison de la présence du bâti, des toitures parfois sombres, en outre. Le rafraîchissement y est réduit par suite de la rareté des surfaces en eau et des couvertures végétales qui justifient la faible importance de l'évapotranspiration. La chaleur est aussi produite par les activités urbaines et la circulation. La présence et l'ampleur de l'îlot varient avec les conditions climatiques régionales et avec les données météorologiques, ainsi il est plus marqué lors d'une période anticyclonique dépourvue de vent. Les conséquences de la présence de l'îlot de chaleur sont nombreuses :

– diminution du nombre de jours de gel ;

– diminution de l'humidité relative ;

– diminution du nombre de jours de brouillard mais cet aspect ne peut être généralisé car les villes très polluées voient leur nombre de jours de brouillard croître ;

– établissement de brise de campagne qui souffle de la périphérie vers le centre amenant en été une certaine fraîcheur ;

– modification du régime des précipitations : l'augmentation de la rugosité par le bâti favorise l'ascendance et provoque une augmentation des précipitations. La pollution atmosphérique augmente aussi celle-ci en diffusant dans l'atmosphère de nombreux noyaux de condensation. L'influence de l'îlot de chaleur intervient de manière complexe. Quand l'air est stable, l'îlot de chaleur contribue à réduire les précipitations, quand l'air est instable, les précipitations augmentent. Ainsi en juillet 1994 les précipitations ont varié de 1 à 6 entre la périphérie et le centre de Paris (rôle des orages).

Eau et environnement urbain

De l'eau rejetée à l'eau intégrée

L'eau a été longtemps perçue comme néfaste, source de maladie en ville, il s'agissait alors de la transporter, de l'évacuer au plus vite. La ville a donc peu à peu tourné le dos aux espaces d'eau considérés seulement comme des égouts et par tant, comme des lieux nauséabonds et dangereux. Ainsi à Marseille les cours d'eau ont contribué par leur pollution à disqualifier les secteurs traversés. Or, le but actuel des politiques urbaines est d'intégrer ces cours d'eau à la ville et d'en faire un des éléments du patrimoine. Désormais on insiste sur la plurifonctionnalité des espaces d'eau : ludique, paysagère, sportive, sociale. Il s'agit de promouvoir les ruisseaux, de revaloriser la place de l'eau, ce qui est une manière de réintroduire des espaces de nature en ville, de rétablir des rapports sociaux, en recréant et en établissant une forme de sociabilité oubliée autour de la rivière. La réintroduction d'une certaine continuité physique et sociale dans l'espace urbain est donc le corollaire de la revalorisaton de l'eau en ville.

La lecture hydrologique de la ville

Traiter de l'eau en ville implique une lecture hydrologique de celle-ci. Le cycle de l'eau en milieu urbain permet d'envisager certains effets de l'urbanisation, des aspects qualitatifs et quantitatifs de la circulation des eaux. Le fonctionnement des bassins versants urbanisés renvoie à l'analyse du parcellaire, à celle des types d'implantation des infrastructures et des réseaux. D'autres éléments doivent être pris en compte, la nature des zones de stationnement, l'implantation des grands types de construction, l'influence des structures morphologiques urbaines et la gestion des sols, le rôle hydrologique des espaces humides en domaine urbain.

Les effets sur l'urbanisation de la mise en valeur de l'eau sont aussi à considérer par le biais de la valeur foncière des secteurs concernés, de l'organisation des quartiers environnants, de l'évolution des activités économiques et des équipements spécifiques. L'implantation d'une station d'épuration, le développement des raccordements de réseaux sur une station existante ; l'accroissement des rejets directs d'eau de ruissellement, la création de bassins ou de retenues sujets à l'eutrophisation sont autant d'éléments à envisager.

La mise en scène de l'eau dans le paysage urbain représente un autre volet important : mise à jour de cours d'eau, création de réseau artificiel.

Les réseaux

L'eau doit aussi être envisagée au travers des réseaux, réseau d'eau potable, réseau d'assainissement. En France la réalisation des réseaux constitue de fait (car ce n'est pas une obligation pour les communes) une condition de la construction des terrains. Ce sont les réseaux d'assainissement qui posent le plus de difficultés. Ils sont coûteux, dépendants de la topographie. Par rapport à l'urbanisation, les réseaux peuvent être analysés selon trois aspects : leur prise en compte dans les documents d'urbanisme, le recouvrement des coûts, la coopération intercommunale.

Le réseau est à la fois un indicateur du degré de développement de la ville, le reflet des politiques urbaines et des pratiques de gestion. Un réseau d'assainissement est d'abord un ouvrage technique qui implique coûts d'exploitation et de maintenance. Les réseaux qui nécessitent une vision globale de l'espace urbain, doivent aussi être envisagés dans le cadre d'une future croissance urbaine.

L'entretien et la connaissance du réseau sont indispensables pour sa durabilité. Le modèle réseau impose de connaître l'espace urbain en surface et en souterrain. C'est donc un bon révélateur de l'organisation politique, économique, sociale. Dans beaucoup de cas, le choix des matériaux lors de la construction des ouvrages ne tient pas compte des exigences climatiques, ce qui explique qu'ils soient rapidement hors d'usage. En outre, leur calibrage est souvent insuffisant. Les défauts des réseaux sont à la fois une cause et un symptôme de la crise urbaine.

Les réseaux ne fonctionnent pas seulement comme un lien physique joignant entre eux tous les raccordés mais aussi comme lien d'appartenance à une même communauté, à un même territoire organisé : la ville du légal, la ville officielle. Ils contribuent à créer un sentiment d'appartenance à la ville.

L'absence de raccord aux réseaux d'assainissement ou à celui de l'eau potable dans les villes des pays en développement et dans les quartiers les plus pauvres augmente encore le sentiment d'exclusion, révèle une rupture socio-spatiale, tandis qu'en installant un réseau d'eau et d'assainissement, les autorités reconnaissent de fait l'existence de ce quartier et parfois sa légalité, c'est un signe de reconnaissance des citoyens et de leur droit.

Dans les villes des pays en voie de développement, les réseaux sont souvent sous dimensionnés, ils existent dans les quartiers des villes créés lors de la colonisation en Afrique par exemple, mais ils sont notoirement insuffisants, bien des quartiers récemment implantés ne sont pas raccordés. L'approvisionnement en eau est généralement difficile aussi bien en quantité qu'en qualité. Le traitement des eaux usées est souvent insuffisant et l'essentiel des eaux polluées est rejeté dans la rivière ou directement dans la mer. La mauvaise qualité des eaux et la présence d'eaux usées contribuent à répandre des maladies (épidémies de choléra, de dysenterie) et/ou à entretenir nombre de maladies tropicales d'origine parasitaires qui ont besoin d'eau dans une étape de leur développement.

Espaces verts en ville, la nature en ville

La nature en ville, les espaces verts, les arbres constituent un élément du paysage urbain et un indicateur de la qualité de la vie urbaine. Ces espaces verts sont plus ou moins présents et étendus en ville en fonction du type de ville, selon les quartiers et le type d'habitat. Globalement, la ville moderne a largement introduit l'élément végétal, les villes disposent d'une trame verte. Les cités-jardins et les jardins familiaux se sont multipliés.

Les espaces verts sont classés selon leur taille, au-delà de 10 hectares existent des parcs polyvalents qui disposent souvent d'équipements variés, pièces d'eau, musées, espaces de jeux, pistes cyclables et pistes cavalières. C'est le cas à Paris des bois de Boulogne et de Vincennes. Les parcs compris entre 3 et 10 hectares peuvent aussi disposer d'équipements spécialisés, tel le parc floral de Vincennes qui attire des visiteurs venant de l'ensemble de l'agglomération parisienne, tandis que les jardins de quartiers, de 5000 m^2 à quelques hectares ont une aire d'influence bien plus réduite.

Ils sont diversement perçus et vécus par la population, les urbanistes les ont longtemps considérés comme des garnitures relativement accessoires, de plus en plus ils sont parties prenantes des choix d'urbanisation. Ils ont cependant de multiples fonctions, le jeu (pour les enfants notamment), le repos, la détente, les loisirs, l'éducation à la nature. Ils sont plus ou moins fréquentés en fonction de leur situation, de leur distance par rapport aux lieux d'habitation. Des travaux américains ont montré que l'usage de l'espace vert était considérable si celui-ci n'est pas à plus de cinq minutes à pied du lieu d'habitation. La dimension de l'espace vert conditionne souvent la fréquentation, et le type de fonction.

La ville « verte » étalée, selon le modèle américain est de plus en plus remise en question parce que, très consommatrice d'énergie et d'espace, elle conduit à l'inverse de ce que l'on désigne en écologie sous le terme de « ville durable ».

Risques urbains

La ville est un espace à risques. Elle est vulnérable en raison de l'imbrication des activités, de la complexité des réseaux et probablement aussi par suite de la complexité des systèmes techniques qui contribuent à fragiliser davantage les systèmes sociaux. J. Dubois-Maury et C. Chaline soulignent avec raison que « le risque est une production sociale, la résultante de la dynamique urbaine ».

Les risques qui peuvent être naturels, technologiques ou sociétaux demandent de bien connaître les facteurs à l'origine des dangers, ceux-ci sont soit des aléas physique (météorologiques, hydrologiques, morphogéniques.), soit des aléas d'origine technologique (explosion, incendies... fuites diverses) ou des facteurs sociétaux (conflits, terrorisme). Les solutions destinées à gérer ces situations sont multiples, il s'agit de prévoir, de traiter, c'est la protection et de prévenir, ce dernier aspect impliquant des choix d'aménagement qui prennent la vulnérabilité de l'espace urbain. Les choix et les réponses varient selon le groupe social, en fonction du niveau de développement et selon la relation que le groupe entretien avec son environnement, ainsi à San Franscico, ville soumise à de forts risques sismiques, en dépit de la connaissance de celui-ci par les populations, la peur n'a pas freiné la croissance urbaine. Bien qu'ayant une connaissance élevée du risque, la population utilise des solutions individuelles modestes (stockages de denrées non périssables, trousse de survie. Réorganisation de l'espace intérieur de l'habitat afin de limiter les chutes d'objets lourds.). En outre, certains quartiers aisés se sont développés sur le trajet de failles actives en toute connaissance de cause, la vue sur la baie étant plus importante que la prise en compte du risque. L'État de Californie a commencé à renforcer le réseau routier existant afin de pouvoir assurer les secours en cas de catastrophe, il a aussi commencé à harmoniser les outils de langages de télécommunication entre les différents services de secours (police, pompiers, militaires, SAMU...) et les différentes autorités chargées de gérer une crise potentielle.

La perception du risque et sa gestion sont bien différentes dans une ville japonaise ou en Europe, cela dépend du type d'aléa, de l'histoire et des rapports complexes existant entre aléa et société ainsi que des structures politico-économiques. Dans les pays en développement la gestion souvent embryonnaire, témoigne des faiblesses de l'État, du dysfonctionnement plus ou moins marqué de l'administration, de la connaissance insuffisante du danger de la part de populations. Dans quelques cas cependant des efforts de prise en compte du risque commencent à porter leurs fruits, le traitement du risque volcaniques en Amérique du sud, progresse.

Les risques technologiques liés à la production, au stockage au transport de matières toxiques ou dangereuses (incendies, explosion...), à l'usage du nucléaire concernent les villes des pays riches où l'industrialisation a fixé en périphérie des villes des activités qui se sont peu à peu trouvées intégrées dans le tissu urbain, c'est le cas des usines chimiques et notamment de l'usine AZF de Toulouse, mais aussi du couloir de la chimie de Lyon.

La directive européenne Seveso II (1996) transcrite dans chacun des pays membres de l'Union européenne, impose à l'exploitant et à l'État un certain nombre de devoirs (contrôle préalable à l'ouverture, contrôle permanent ensuite, réalisation d'une étude d'impact, d'une étude des dangers), le rapport à l'habitat se pose. Le périmètre définissant le risque fort concerne parfois la globalité de l'espace communal. Que faut-il faire alors ? Déplacer l'usine ? Ou déplacer la population ?

SYNTHÈSE

Les citadins sont de plus en plus nombreux dans le monde. Les villes structurent les territoires à différentes échelles, concentrent le pouvoir économique. Certaines d'entre elles, les métropoles, organisent l'archipel mondial. Les différences existant entre les niveaux fonctionnels des grandes villes, les difficultés de vivre en ville sont les reflets des disparités économiques mondiales. À un phénomène de concentration croissante des populations dans les villes, notamment dans les plus grandes, correspond à l'échelle de l'aire urbaine un mouvement de déconcentration qui explique l'étalement grandissant des villes où les préoccupations environnementales prennent une place croissante.

Pour en savoir plus

J.-P. CHARVET et M. SIVIGNON (dir), *Géographie humaine*, Armand Colin, coll. « U », 2002.	Consulter tout particulièrement le chapitre 6 qui aborde la question des villes dans la mise en réseaux des lieux.
P. BRUYELLE (dir), *Les très grandes concentrations urbaines*, Sedes, 2000.	Ouvrage opérant des distinctions entre villes des pays riches, villes en voie de développement.
N. CATTAN, D. PUMAIN, C. ROZENBLAT, T. SAINT-JULIEN, *Le système des villes européennes,* Anthropos, 1999.	L'ouvrage analyse les caractéristiques et l'originalité de l'urbanisation européenne, les effets de la mise en réseaux des villes.
R. MARCONIS, *Urbanisation et urbanisme en France : les métropoles de province*, La Documentation française, 2002.	Les diverses fiches présentées, accompagnées de photos, mettent l'accent sur les aménagements réalisés par les villes de province, notamment pour affirmer leur centralité.
J.-P. PAULET, *Géographie urbaine*, Armand Colin, coll. « U », 2000.	L'ouvrage fait le point sur les questions touchant à l'urbanisation croissante, l'éclatement de la ville et les problèmes qu'il pose et à l'espace vécu qu'est la ville.
J. DUBOIS-MAURY, C. CHALINE, *Les risques urbains,* Armand Colin, coll. « U », 2002.	Une bonne mise au point sur le thème des risques en villes.

6

LA MONDIALISATION

Alors que le terme mondialisation est de plus en plus utilisé, il est paradoxalement rarement clairement défini. Si on insiste souvent sur ses aspects politiques ou économiques, sa dimension territoriale reste largement sous-estimée alors qu'elle repose d'abord et avant tout sur la mise en relation de plus en plus complète des différents ensembles géographiques planétaires. Enfin, ce processus historique multiséculaire d'extension progressive du système capitaliste occidental dans l'espace géographique mondial suscite de vives discussions, souvent contradictoires.

Un phénomène ancien profondément renouvelé (page 102)

Née en Europe occidentale avec le capitalisme marchand, la mondialisation en est à son troisième stade historique qui repose sur un système de plus en plus ouvert, concurrentiel, dérégulé et financiarisé aux interdépendances assymétriques.

Une organisation du monde hiérarchisée, polarisée et inégale (page 109)

Ce processus est instable et conflictuel. Il alterne des phases de stabilité et d'instabilité selon les rapports de forces géoéconomiques et géopolitiques entre les grands pôles prétendant à l'hégémonie mondiale. À ceci s'ajoutent des écarts démographiques et de développement de plus en plus explosifs entre les centres, représentés par les pays développés, les périphéries intégrées et les marges exclues de tout progrès qui regroupent environ la moitié de la planète.

Les réponses et les critiques de la mondialisation actuelle (page 111)

Face à l'explosion des inégalités géographiques dans un monde de plus en plus interdépendant et face à l'apparition de véritables débats touchant au cœur même de la civilisation humaine, les critiques, résistances et tensions multiformes se multiplient soit pour remettre en cause certains excès, soit pour rompre totalement avec le modèle dominant proposé.

Un phénomène ancien mais profondément renouvelé

Les trois phases de la mondialisation

La première phase de mondialisation apparaît au XVe siècle avec les Grandes Découvertes et le développement d'un capitalisme marchand en Europe occidentale. Elle est relayée entre 1840 et 1914 par une deuxième phase caractérisée à la fois par la Révolution industrielle et par la création des empires coloniaux (impérialisme) qui impriment leurs profondes empreintes aux sociétés, cultures et territoire des trois quarts de la planète. Déjà le rôle stratégique des innovations, la révolution des transports qui accélère la circulation des informations, des hommes et des marchandises, la puissance des acteurs privés ou l'intervention déterminante des États les plus importants apparaissent comme des permanences.

Après une période de crise structurelle et de repli entre 1914 et 1945, une troisième phase débute à partir des années 1950. On passe alors progressivement d'une économie internationale reposant sur l'échange de biens et de services entre États-nations à une économie multinationale privilégiant les investissements directs à l'étranger et la mobilité géographique croissante des activités productives pour, enfin, déboucher sur une économie-monde aux interdépendances toujours plus étroites mais profondément assymétriques. En particulier, le capital financier en vient à occuper une place si totalement démesurée que l'on peut parler à l'échelle historique d'un nouveau régime d'accumulation financière. Entre 1990 et 2000, la capitalisation boursière mondiale, polarisée à 86 % par la Triade, grimpe ainsi de 41 à 114 % du PIB mondial. Loin d'être une fatalité, ce phénomène géographique s'explique par des facteurs d'ordre politique et économique. Son organisation et son contenu libéral sont définis par les grands organismes internationaux (FMI, OMC, OCDE, Banque mondiale...) sous l'impulsion des États les plus puissants – en particulier les États-Unis – qui les mettent en place et les composent.

Les transnationales gèrent l'espace mondial à leur profit

Nées avec le capitalisme industriel, les firmes transnationales – c'est-à-dire les entreprises d'une certaine taille présentes simultanément dans plusieurs pays – connaissent un essor vigoureux dès la fin du XIXe siècle puis dans l'entre-deux-guerres pour représenter aujourd'hui 63 000 maisons-mère contrôlant 820 000 filiales. Par leur poids économique, financier, industriel et technologique, elles sont au cœur de la mondialisation : elles représentent ainsi 20 % du PIB et réalisent directement un tiers du commerce mondial, et un autre tiers indirectement, en mobilisant 75 millions de salariés dans le monde.

Cependant, la véritable *World Compagny* pensant son espace en terme totalement mondialisé demeure mythique alors que les firmes binationales demeurent rares (Royal Dutch Shell et Unilever sur Royaume-Uni/Pays-Bas). En effet, les transnationales, malgré la multiplication des fusions, gardent un fort ancrage national sauf dans les petits pays à la base économique assez restreinte ; les cent premières réalisent encore la moitié de leurs activités dans

La montée en puissance des transnationales en vingt ans : le poids des filiales à l'étranger (en milliards de dollars, en % et en milliers)

	1982	1990	2000	Diff. volume	Diff. %
Chiffre d'affaires	2 462	5 467	15 680	+ 13 218	+ 537%
Actifs totaux	1 886	5 744	21 102	+ 19 216	+ 981%
Exportations	637	1 166	3 572	+ 2 935	+ 461%
Nombre d'employés (milliers)	17 433	23 721	45 587	+ 28 154	+161%

leurs pays d'origine. Ceci n'a rien d'étonnant : l'affirmation et la défense d'un pouvoir et d'un intérêt économique ont besoin d'un ancrage fortement territorialisé et de l'appui géoéconomique et diplomatique d'un État. À ceci s'ajoute souvent une erreur de perspective géographique : la fusion statistique des ventes et des salariés à l'étranger cumule des implantations multiples pesant assez peu face au cœur du dispositif national qui garde sa fonction de centralité stratégique au sein du groupe. C'est pourquoi le terme de transnationale est plus approprié que celui de multinationale.

Cependant, si les transnationales sont en concurrence forte pour le partage des marchés et des productions, elles s'accordent sur l'essentiel, à savoir la définition des conditions économiques, juridiques et politiques générales les plus favorables à leurs activités et à leurs profits. Ce consensus général sur leurs objectifs, le poids dont disposent leurs noyaux dirigeants et leurs capacités idéologiques à présenter la défense de leurs intérêts particuliers comme étant de caractère universel leur permettent d'exercer un pouvoir d'influence historiquement inconnu jusqu'ici comme en témoigne le *World Economic Forum* de Davos réunissant tous les ans l'élite économique et politique mondiale.

L'étude des transnationales par les géographes doit mettre l'accent à la fois sur leurs capacités à maîtriser l'espace mondial et ses distances ainsi que sur leurs valorisations très sélectives des différents territoires dans des emboîtements d'échelles géographiques successifs. Cette capacité, qu'ont les transnationales d'exploiter à leur profit l'unicité du monde pour en intégrer jusqu'aux endroits les plus reculés sur le mode de l'instantanéité, tout en jouant sur l'extrême diversité de ses différentes composantes géographiques, justifie pleinement le terme de mondialisation.

Mais ces acteurs doivent réaliser en permanence un certain nombre d'arbitrages plus ou moins complexes : risques géopolitiques (crises, guerres, révolutions), poids et degrés d'ouverture, de dynamisme et de concurrence des différents marchés, rentabilité des capitaux, niveaux

Origine géographique des cent premières transnationales en 2000 : (nombre de firmes, chiffre d'affaires en billions de dollars et %)

Firmes	États	CAf total	% Pays	Firmes	États	CAf total	% Pays
27	États-Unis	1 339,5	31,4	3	Italie	106	2,5
18	Japon	1 276,8	30,0	4	Canada	51,8	1,2
9	Allemagne	372,2	8,7	1	Venezuela	33,9	0,8
11	Royaume–Uni	282,6	6,6	3	Australie	33,1	0,8
11	France	275,5	6,5	1	Corée	26,4	0,6
4	Suède	185,1	4,3	2	Belgique	20,4	0,5
4	Pays-Bas	137	3,2	1	Norvège	9,1	0,2
5	Suisse	109,8	2,6	104	Total	4 259,2	100

d'équipement et de formation, proximité culturelle... Ainsi, leurs logiques d'implantation s'articulent à trois stratégies principales qui produisent une nouvelle division géographique du travail organisée à des échelles de plus en plus vastes.

– dans l'agriculture, l'agroalimentaire, les mines et l'énergie (pétrole, gaz) se développent des stratégies d'approvisionnement visant à contrôler les productions, leurs transformations, le transport et la vente ;

– dans les produits manufacturés à haute valeur ajoutée (biens d'équipement et biens de consommation élaborés) se développent essentiellement des stratégies de marché. La production sur place et ses services périproductifs (formation, maintenance, adaptation clients...) se substituent rapidement aux importations afin de s'imposer sur des marchés nationaux ou régionaux exigeants et concurrentiels ;

– dans les activités en voie de banalisation technologique et technique dans lesquelles les coûts de main d'œuvre sont importants apparaissent des stratégies de délocalisation. Elles transfèrent certaines productions vers les pays à bas coûts salariaux en vue de fournir le marché d'implantation et, surtout, de réimporter vers les pays développés consommateurs (textile, jouets, électronique grand public...).

On doit cependant souligner les nombreuses limites atteintes par un tel exercice. Si la mise en relation des espaces est de plus en plus intense et directe, il n'y a aucun télescopage des différents niveaux d'échelles géogra-

Les transnationales dans un monde instable : montée des risques géopolitiques et risque-pays

Au-delà des facteurs purement réglementaires, les contextes géopolitiques locaux, nationaux et continentaux conditionnent étroitement la protection et la rentabilité des investissements des transnationales (IDE). Aux risques concurrentiels, technologiques ou commerciaux que les firmes doivent classiquement gérer se superposent les risques politiques. Ils peuvent être définis comme l'ensemble des évènements (révolutions, coups d'État, guerres et guerres civiles, émeutes, sécessions...) pouvant entraîner des pertes économiques, commerciales ou financières pour la transnationale.

Mais l'exposition de celle-ci est très différente selon la nature de l'activité et parfois la nationalité de la firme. Plus les volumes de capitaux sont considérables et moins ils sont mobiles géographiquement, plus les risques sont considérables : une usine de montage électronique ne répond pas aux mêmes logiques que l'ouverture d'un nouveau champ pétrolier ou minier ou la création d'infrastructures électriques qui se rentabilisent à quinze ou vingt ans.

La montée des inégalités et tensions internationales leurs pose de redoutables difficultés d'anticipation qui les oblige à recourir à une évaluation fine des situations géographiques et à la couverture des risques politiques et économiques à l'exportation ou à l'investissement par des assureurs spécialisés.

En 2000, l'Américain Rio Tinto a évalué les principaux facteurs de risques géopolitiques : expropriation, guerre civile, nationalisation, renégociation ou annulation des contrats existants, modification des permis miniers, transformation des lois et des politiques de taxation, restriction des opérations de change.

phiques. La mise en réseaux continue de reposer sur des relations géographiques fondées sur des contiguïtés fonctionnelles qui ne peuvent être purement restreintes au seul couple local/mondial. Les catégories géographiques classiques de régions, nations, États ou continents gardent toutes leurs pertinences. L'organisation des transnationales doit s'adapter à une valorisation emboîtée des différentes échelles géographiques. Enfin, la mondialisation correspond d'abord à un renforcement des intégrations économiques continentales – la continentalisation – dont témoigne la création de l'Union européenne ou de l'Alena (États-Unis, Canada, Mexique) ou le renforcement de l'Asean en Asie de l'est.

Le développement des flux d'échanges

Ce système de plus en plus ouvert, concurrentiel et dérégulé repose aussi sur une croissance sans précédent de la circulation des marchandises, des informations et du capital dans l'espace géographique. Cependant, malgré les extraordinaires progrès des technologies et des transports, il n'y a absolument pas abolition du temps et de l'espace. La capacité à se doter d'infrastructures logistiques efficientes demeure géographiquement très inégale selon les États

Part des dix premiers marchés mondiaux des changes en 2000

Pays	%	Pays	%
Royaume-Uni	31,1	Suisse	4,4
États-Unis	15,7	Hong Kong	4,1
Japon	9,1	Australie	3,2
Singapour	6,2	France	3
Allemagne	5,4	Canada	2,6

Source : BRI.

et régions, d'où le développement de phénomènes de surintégration et de surexclusion. Enfin les réseaux logistiques, qui tissent leurs toiles à la surface du globe, s'avèrent fragiles techniquement et demeurent des enjeux géopolitiques majeurs (canaux de Panama et de Suez, contrôle des détroits stratégiques, piraterie maritime en Asie...).

L'explosion des flux financiers

Avec l'apparition d'un nouveau régime d'accumulation financière, le secteur de la banque, des assurances et des fonds de pension devient de plus en plus autonome, parasitaire et spéculatif en transformant monnaie, dettes et actions en marchandises qui s'échangent à court terme entre des places financières interconnectées en permanence. Alors que la capitalisation boursière des pays développés est multipliée par 3,3 entre 1990 et 2000, les transactions quotidiennes sur le marché des changes doublent. Cette extrême mobilité géographique des capitaux, qui est au cœur de la spéculation et de la volatilité des marchés, est souvent productrice d'extraordinaires rentes qui déstabilisent cependant le reste de l'économie mondiale. Mais, cette géographie de l'argent est spatialement très polarisée. Premièrement, seuls les pays les plus riches, les acteurs économiques les plus puissants et les catégories sociales les plus aisées du monde disposent de l'essentiel de la richesse et peuvent la mobiliser pour l'injecter dans la finance. À la concentration géographique des richesses répond en effet une extraordinaire polarisation sociale au profit des classes dominantes et oligarchies : la valeur cumulée du patrimoine des 200 personnes les plus riches double entre 1994 et 2000 et seulement 3 % des foyers mondiaux détiendraient 70 % de la richesse mondiale en 2001. Le système technique des places financières – quartiers ou villes spécialisées regroupant les bourses, les banques et assurances... – bien que connectées en réseaux est très hiérarchisé : 85 % des flux mondiaux sont gérés par les vingt premières places localisées dans les grandes métropoles des pays les plus riches.

La montée du commerce international

Si entre 1970 et 2000, les exportations mondiales augmentent fortement et passent de 17 % à 21 % du PIB mondial, il faut attendre les années 1990 pour que le degré d'ouverture des économies développées, saisi ici par le taux d'exportation, retrouve celui de 1913 (15 %) après la très forte baisse de l'entre-deux-guerres (1950 : 9 %). Par contre le contexte et la structure en sont très différents. Au plan sectoriel, on bascule en volume et en valeur d'une domination des flux miniers et agricoles vers les flux manufacturés et les services. Au plan géographique une double articulation apparaît : les pays développés réalisent, d'abord entre eux, les trois quarts du commerce mondial contre 25 % aux pays en voie de développement et ils tissent des liens d'interdépendance assymétriques avec les territoires périphériques qui continuent de fournir à bon compte matières premières minérales et agricoles dont les prix connaissent un effondrement structurel depuis les années 1960 dans le cadre de ce que l'on appelle l'échange inégal. Enfin, on assiste à la spécialisation croissante des pays hautement développés dans la fourniture de prestations intellectuelles à l'ensemble de l'économie mondiale comme en témoignent les royalties issues de la propriété intellectuelle (brevets, logiciels, droits d'auteurs...) et les activités de conseil aux entreprises (conseil, audit, expertises). Alors qu'au XIXe siècle tous les grands pays industriels, puis au XXe siècle les Dragons asiatiques, se sont développés à l'abri de barrières douanières protectrices, aujourd'hui la stratégie d'ouverture au commerce mondial prônée par l'OMC met en contact des pays à structures sociales, économiques et territoriales très différentes. De fait, elle s'avère très couteuse pour les pays les plus faibles.

L'efficacité des réseaux logistiques

La mobilité géographique du capital, de l'information, des hommes et des marchandises repose sur l'efficience des réseaux logistiques. Dans les échanges mondiaux de services, les transports représentent 310 milliards de dollars, les flux touristiques 440 et les télécommunications 670 en 2000. Depuis 1975, le trafic maritime mondial augmente de 65 %, grâce en particulier au doublement des produits manufacturés conteneurisés alors que les capacités de la flotte mondiale sont multipliées par vingt et un entre 1950 et 1998. Si l'espace terrestre ne se réduit pas, la capacité des hommes à maîtriser le rapport distance-temps ne cesse de s'améliorer, en particulier grâce à la numérisation des données et informations. Cependant, ce processus non seulement ne supprime aucunement les différenciations géographiques mais tend au contraire à les survaloriser. On passe ainsi de plus en plus d'une distance métrique planétaire homogène à une distance systémique du fait de la modernisation et de la densification inégales des réseaux d'échanges. Car le transport n'est pas seulement un problème technique : la création d'une chaîne logistique complète fournissant le bon produit ou service nécessite des infrastructures techniques amont et aval, un ensemble organisationnel intégré et efficient et un maillage dense de l'espace en équipements multimodaux.

Ces critères géographiquement sélectifs participent aux profonds déséquilibres géoéconomiques de la planète. En 1999, quinze États polarisent environ

Évolution du poids de quelques grands ensembles mondiaux dans les exportations mondiales (en %)

	1948	1953	1963	1973	1983	1993	1999	Diff. 1948/ 1999
Europe occidentale	31	34,9	41	44,8	39	43,7	43	+ 12
Amérique du Nord	27,5	24,6	19,4	17,2	15,4	16,8	17,1	– 10,4
Dragons	3	2,6	2,4	3,4	5,8	9,7	10	+ 7
Japon	0,4	1,5	3,5	6,4	8	10	7,7	+ 7,3
Amérique latine	12,3	10,5	7	4,7	5,8	4,4	5,4	– 6,9
Europe de l'Est	6	8,2	11	8,9	9,5	2,9	3,9	– 2,1
Chine	0,9	1,4	1,3	1	1,2	2,5	3,6	+ 2,7
Moyen-Orient	2,1	2,1	3,3	4,5	6,8	3,4	3,1	+ 1
Autre Asie	5,8	4,5	3,1	2,1	2,7	2,6	3	– 2,8
Afrique	7,4	6,5	5,7	4,8	4,4	2,5	2	– 5,4

70 % des services de transports mondiaux. On retrouve des pôles logistiques spécialisés dans la redistribution régionale comme (Singapour, Hongkong les pays de la Triade et quelques pays émergents (Corée, Chine). En revanche, on assiste à la marginalisation de certains pays en développement, le coût excessif des transports étant directement préjudiciable aux activités sociales et économiques : dans les pays les moins avancés (PMA) sans littoral, le coût du fret peut représenter jusqu'à 40 % de la valeur des importations contre 6 % en moyenne mondiale. De même, la diffusion exponentielle de l'Internet dessine une géographie ultra sélective car il suppose réuni des conditions économiques, techniques et culturelles rédhibitoires qui renvoient directement au niveau de développement des États et des sociétés : électrification, réseaux de télécommunication, équipements informatiques, demandes sociales et culturelles solvables, carences techniques et technologiques de la main d'œuvre… Alors qu'un quart de la population mondiale n'a pas accès à l'électricité et la

moitié aux lignes téléphoniques, le quartier de Manhattan possède un nombre de lignes téléphoniques équivalant au continent africain. De fait, les oppositions structurelles se renforcent puisque les pays développés sont en train de se doter des réseaux à haut débit de 155 à 622 millions de bits de puissance afin de répondre à la saturation de leurs équipements de télécommunications .

Une organisation du monde hiérarchisée, polarisée et inégale

De nouvelles interdépendances profondément asymétriques

La mondialisation est un processus instable et conflictuel comme en témoignent les deux guerres mondiales qui ravagent le XXe siècle puis la

Le dualisme du transport maritime au miroir de la mondialisation

Ce profond dualisme social, technique et économique se retrouve à l'œuvre dans les transports maritimes. Du fait de ses nombreux atouts (grandes capacités à longues distances, économie en énergie, souplesse), trafic maritime mondial explose puisque ses volumes augmentent de 67 % entre 1970 et 2000 (+2,3 % /an) et les capacités de la flotte sont multipliées par vingt-deux entre 1950 et 2001.

Mais pour des raisons de rentabilité et de profit, ce dynamisme s'appuie sur les pavillons de complaisance (*open registry flags*) : les avantages réglementaires, fiscaux et sociaux qu'ils présentent pour un armateur non résident baissent les coûts de 50 à 75 %. Une quinzaine de micro-États, représentant 0,4 % de la population mondiale (Panama, Libéria, Grèce, Bahamas...), marchandent leur souveraineté en acceptant d'enregistrer sans moyen de contrôle technique des navires plus ou moins vétustes, voire parfois des ruines flottantes comme l'Erika rongé par la rouille. Ils passent ainsi de 9 % à 58 % de la flotte mondiale depuis 1955 et leurs tonnages augmentent de près de 80 % entre 1980 et 2000. Ce système profite aux États et aux entreprises des grands pays développés puisque 46 % des navires et 62 % des tonnages des trente-cinq premiers États maritimes naviguent sous pavillons de complaisance. Mais le prix à payer en termes de sécurité environnementale en devient si insupportable que ce système est de plus en plus contesté.

À l'opposé, l'explosion des échanges de biens manufacturés à moyenne et haute valeur ajoutée entre les grands pays industriels se traduit aussi par l'essor du transport de conteneurs qui assure sécurité, fiabilité, vitesse et intermodalité. Comme dans le transport aérien, le secteur est dominé par une poignée de grands armateurs (P & O Neydlloyd, Hanjin DSR...), organisés en alliances, dont la flotte de 3 200 navires dessert un réseau de lignes régulières qui relient par rotations permanentes deux ou trois grands ports par grandes façades maritimes de la Triade (Singapour, Hong Kong, Kaohsiung, Rotterdam, Pusan, Hambourg, Long Beach...) qui eux mêmes redistribuent ensuite ces flux à l'échelle régionale.

Guerre froide. Il alterne des phases de stabilité et d'instabilité selon les rapports de forces géoéconomiques et géopolitiques entre grands pôles dominants prétendant à l'hégémonie mondiale. Dans la phase actuelle, l'impérium des États-Unis s'appuie sur sa puissance financière, militaire, technologique et scientifique, sur son dynamisme économique et social et sur sa capacité à imposer ses modèles culturels, idéologiques et politiques. Mais il rencontre de nombreuses oppositions multiformes, en particulier en Asie et dans le monde arabo-musulman. À ceci s'ajoutent des écarts démographiques et de développement de plus en plus explosifs entre les centres, représentés par les pays développés, les périphéries intégrées et les marges exclues de tout progrès social et économique qui regroupent environ la moitié de la planète.

En effet, si la mondialisation tisse de nouvelles interdépendances, celles-ci sont totalement asymétriques. Les pays développés, avec 20 % de la population mondiale, contrôlent 81 % du PNB et de la consommation, 86 % de la capitalisation boursière, 95 % du marché des dettes, 72 % de l'industrie, 85 % de la recherche et de l'enseignement, 75 % du commerce, 80 % des services de transports et des IDE mondiaux. En particulier, avec la révolution scientifique et technologique, les pays développés se réservent la fourniture des prestations abstraites à l'ensemble de l'économie mondiale et se constituent un monopole sur la propriété intellectuelle (brevets, logiciels, droits d'auteurs...) et les activités de conseil et d'expertises.

Les rapports d'intégration centres-périphéries dessinent un système mondial nettement hiérarchisé. Aux États hégémoniques dominants (États-Unis, certains pays d'Europe occidentale, Japon) répondent les États intégrés autonomes (Dragons asiatiques, Chine), les États déconnectés (Russie, Inde), les États intégrés dominés (pays émergents, pays de l'Est en transition, pays pétroliers ou fournisseurs de matières premières et de main d'œuvre salariée) et les États délaissés, voire punis (« États-voyous » selon les États-Unis : Irak, Libye, Cuba...).

Le dispositif polarisé et fragmenté d'un système duel

La mondialisation repose en effet sur une extrême concentration du pouvoir politique, économique et financier mondial aux mains d'un nombre très réduit d'acteurs : gouvernements des grands États, banquiers, assureurs, négociants, spéculateurs et dirigeants d'organismes internationaux ou des transnationales. La mobilité géographique accrue des activités des transnationales ne signifie en aucune manière que la mondialisation intègre de manière homogène les hommes et les territoires. On assiste au contraire au déploiement de fortes spécialisations concurrentes, de polarisations, de ségrégations et d'évitements aux échelles mondiales, nationales et régionales. Ses composantes géographiques en sont redoutablement polarisées sur quelques grandes métropoles des pays les plus développés.

Alors que 85 % des flux financiers mondiaux sont gérés par seulement vingt places boursières, vingt-cinq aéroports polarisent 67 % du trafic aérien mondial de passagers et quinze États reçoivent 66 % des flux touristiques. Seulement trente États, souvent les plus riches, accueillent 90 % du stock mondial des investissements des transnationales (IDE). À eux seuls, les États-Unis accueillent un stock d'IDE trois fois supérieur à l'ensemble des pays en voie de développement car la mondialisation est d'abord une affaire interne aux pays développés. Dans les pays en voie de développement, quinze pays accueillent 80 % du stock d'IDE alors que les logiques d'évitement frappent la moitié de la planète. Aux échelles nationales, plus le pays est pauvre et sous-équipé, plus les IDE se polarisent sur les espaces métropolitains les moins inefficaces : ainsi, au Viêt-Nam, 80 % des IDE sont à Hanoï et Ho-Chi-Minh Ville.

Mais pour fonctionner, ce système a aussi besoin de ses espaces de non-droits juridiques, réglementaires ou sociaux eux mêmes très concentrés. À côté des pavillons de complaisance, 70 paradis fiscaux voient transiter 50 % des actifs financiers circulant dans le monde tandis que 850 zones franches productives du tiers monde mobilisent 27 millions de salariés.

La dynamique de la mondialisation repose en effet sur une double logique d'intégration, d'un côté, et de marginalisation, voire d'exclusion de l'autre qui débouche sur des processus de fragmentations territoriales (métropolisation) et sociales (chômage, sous-emplois, exclusion). Dépassant la simple reproduction des inégalités géographiques produites par les stades précédents de la mondialisation, il est dans la nature même de ce nouveau stade – libéral, dérégulé et financiarisé – de produire une structure duelle.

Ainsi, le monopole des firmes des pays développés se traduit dans les questions de santé par un abandon des recherches pharmaceutiques intéressant les trois quarts de l'humanité : entre 1975 et 1997, seulement 13 des 1 223 nouvelles molécules lancées dans le monde sont destinées à traiter les maladies infectieuses causant des ravages dans les pays en développement. Alors que jamais notre planète n'a été aussi riche, la moitié de la population du globe vit avec moins de deux dollars par jour. Ces contrastes alimentent ainsi de puissants flux migratoires. Selon le Bureau international du travail de l'ONU, le stock mondial de travailleurs migrants passe de 45 à 150 millions entre 1965 et 2000, soit environ 2,5 % de la population mondiale, auxquels s'ajoutent 25 à 30 millions de migrants illégaux et le rôle spécifique de nombreuses et anciennes diasporas (grecque, syro-libanaise, srilanquaise, chinoise…). Mais ces flux sont aussi fortement polarisés puisque seulement vingt États regroupent 88 % des transferts financiers mondiaux des travailleurs expatriés qui, en retour, jouent un rôle économique, politique et culturel considérable dans le développement de leur région et pays d'origine (apport de capitaux, ouverture, formation, qualification, équipements…).

Les réponses et les critiques de la mondialisation actuelle

Tout ceci débouche sur de formidables tensions sociales, géoéconomiques et géopolitiques qui donnent au climat mondial cet aspect apparemment désordonné et instable dont témoigne en permanence l'actualité.

Les transferts financiers des travailleurs expatriés vers les pays d'origine en 1999 (en millions de dollars)

Pays	Millions de dollars	Pays	Millions de dollars	Pays	Millions de dollars
Inde	9 326	Jordanie	1 544	Croatie	985
Mexique	4 224	Pakistan	1 461	Nigeria	947
Turquie	3 542	Bangla-desh	1 217	Rép. Dominicaine	847
Égypte	2 798	Brésil	1 213	Sri Lanka	832
Liban	2 503	Yémen	1 123	Indonésie	796
Maroc	2 165	El Salvador	1 086	Tunisie	736
Chine	1 672	Algérie	1 045	Total des 20	40 062

Une mondialisation à relativiser

Il convient cependant de nuancer l'impact et le niveau de la mondialisation actuelle : 52 % des échanges mondiaux s'effectuent sur des bases continentales, seulement 10 % de la production agricole sont l'objet de transactions internationales alors que le stock d'IDE ne représente que l'équivalent de 14 % du PIB mondial. De même, les transnationales doivent développer des stratégies géographiques très fines et diverses afin de se mouler dans l'extrême complexité des territoires mondiaux (cultures et habitudes des consommateurs et citoyens).

Alors que les différents modèles nationaux de capitalisme gardent une grande spécificité, il n'existe pas de consommateur mondial du fait des cultures et des modes de vie. La conjoncture économique mondiale est un mythe car elle est la moyenne d'évolutions – positives ou négatives – profondément ancrées dans des espaces nationaux et, au total, l'économie mondiale apparaît en définitive comme un emboîtement d'économies plus ou moins interconnectées et interdépendantes. En 2000, la consommation des ménages représente ainsi les deux tiers du PIB des États-Unis et les trois quarts des ventes des entreprises industrielles espagnoles s'effectuent sur leur marché national.

Le rôle central des États et des spécificités nationales

Si la mondialisation introduit de multiples facteurs de déstabilisation, les systèmes socioéconomiques, culturels et productifs nationaux qui constituent les fondements des États-nation demeurent spécifiques. La nature, la qualité et l'efficacité si différenciées des différents systèmes productifs, héritées des première et deuxième phases de la mondialisation, expliquent que la création d'un marché planétaire unique mettant en concurrence les territoires débouche sur des processus structurels de domination/désintégration. Les pays hautement développés accentuent leur avance face au reste de la planète grâce à l'équilibre et à l'étroite imbrication entre les sphères de la reproduction sociale, de la production matérielle et des services périproductifs qui assurent l'efficience générale du système. À l'inverse, les pays en développement disposent d'une reproduction sociale déficiente (malnutrition, santé, sous-formation), d'une reproduction étatique à la dérive, d'une sphère de la production matérielle déséquilibrée héritée de la colonisation (agriculture et mines hypertrophiées, problèmes énergétiques) et de services périproductifs inexistants, parasitaires (import-export) ou sous-intégrés (économie informelle de survie). Les anciens pays socialistes en transition doivent reconvertir des systèmes productifs tronqués pour des raisons historiques (très net retard initial) ou idéologiques (choix de développement par l'industrie lourde) : les sphères de la reproduction sociale et les services productifs y ayant été totalement sacrifiés par l'hypertrophie de la production matérielle industrielle dans une logique de rattrapage. À l'opposé, dans les nouveaux pays industriels (NPI), l'action volontariste étatique a été déterminante dans le décollage industriel en jouant à la fois sur les sphères de la production matérielle (choix sectoriels, création d'entreprises nationales, financements massifs...) et de la reproduction sociale (formation, qualification, santé, logement, infrastructures...).

C'est pourquoi les États gardent une large marge de manœuvre face à la mondialisation en assurant la défense de leurs intérêts géoéconomiques et géostratégiques souvent divergents, les besoins collectifs de leurs populations (alimentation, santé, éducation, culture, travail, gestion des ressources) et de leurs entreprises (commandes publiques, aides aux investissements ou à la recherche et l'innovation, accès aux marchés extérieurs...), et la cohésion sociale, la solidarité ou l'aménagement de leurs territoires.

Cependant, les logiques hypersélectives d'intégration à la mondialisation peuvent parfois soumettent les différents territoires nationaux à de fortes tensions internes. Mais ce violent processus exogène sert alors souvent de révélateur aux déséquilibres endogènes préexistants comme en Belgique, en Indonésie ou en Chine. De nombreux pays en développement sont malades, non pas du trop plein mais de la faiblesse, de la privatisation ou de l'absence d'État et d'État de droit et de son corollaire, la démocratie politique, économique et sociale. Contrairement à tout le discours libéral anti-État il apparaît en effet un étroit rapport entre niveau de développement, prélèvements fiscaux, investissements publics, qualité des fonctions et efficacité économique et sociale.

Des résistances nombreuses et multiformes

Ce troisième stade de la mondialisation se heurte aussi à des résistances multiformes de plus de plus nombreuses. Confrontées au Sida, l'Afrique du Sud et le Brésil mènent une lutte acharnée contre les transnationales pharmaceutiques afin d'accéder à coût raisonnable aux progrès de la recherche médicale en faisant jouer les clauses d'urgence sanitaires prévues dans les conventions de l'OMC (accords Trips). Les catastrophiques plans d'ajustement

Rapport entre efficacité de l'État et recettes fiscales du gouvernement central (en % du PIB 1998)

Monde	75,8	Pays moins avancés	52,3
OCDE	77,5	Afrique sub-saharienne	51,2
Total Pays en Développement	68,7	Asie du Sud	64,1
Revenus élevés	77,6	Europe Est	69,8
Revenus moyens	68	Amérique latine	70,1
Revenus faibles	51,4	Asie de l'Est	71,6

structurel imposés par le FMI et la Banque mondiale sont dénoncés par le G15, qui réunit les grands pays en développement (Algérie, Argentine, Mexique, Brésil, Égypte, Inde, Indonésie, Malaisie...).

Surtout, face à l'explosion des inégalités géographiques dans un monde de plus en plus interdépendant, et face à l'apparition de véritables débats touchant au cœur même de la civilisation humaine (réchauffement climatique, épuisement de certaines ressources, déforestation, questions sanitaires cf Sida, Organismes Génétiquement Modifiés...), les critiques et les résistances d'une opinion publique mondiale en émergence se multiplient soit pour remettre en cause certains excès, soit pour rompre totalement avec le modèle dominant proposé. Car au plan géographique, ce système n'est en rien « mondial », c'est-à-dire universel, tant sont exclus nombres d'États et de peuples de la définition de son architecture et de ses finalités et du partage de ses richesses.

SYNTHÈSE

Si l'analyse de la mondialisation met surtout l'accent sur les facteurs politiques et économiques, ses dimensions géographiques demeurent trop souvent sous-estimées alors qu'elles constituent le cœur même de ce processus. Loin d'être universelle, c'est-à-dire réellement mondiale, elle produit une nouvelle organisation du monde hiérarchisée, polarisée et duelle qui marginalise environ la moitié de la planète, entre « espaces branchés » sur les capitaux et les flux mondiaux et « espaces évités », victimes de nouvelles exclusions cumulatives. Mais face aux déséquilibres et abus, elle se heurte à des résistances multiformes de plus de plus nombreuses.

Pour en savoir plus

L. CARROUÉ, *Géographie de la mondialisation*, Armand Colin, 2002.	Un ouvrage de synthèse récent
A. MADDISON, *L'économie mondiale. Une perspective millénaire*, Études du Centre de développement, Éditions de l'OCDE, 2001.	Ce travail porte sur une comparaison démographique, sociale et économique des grands pays du monde depuis l'an 1000. Particulièrement utile dans une perspective de longue durée.
P. VELTZ, *Mondialisation, villes et territoires*, PUF, coll. « Économie en liberté », 2000.	Un ouvrage plus théorique d'un économiste sur les nouvelles dynamiques spatiales et organisationnelles affectant les relations entre mondialisation, villes et territoires.
S. CORDELLIER (coord), *Mondialisation, au-delà des mythes*, La Découverte, coll. « Les dossiers de l'État du Monde », 1998.	Un ouvrage collectif de synthèse accessible rédigé par des économistes, des magistrats, des sociologues et des philosophes s'attaquant aux grands mythes de la mondialisation.

7

LES ACTIVITÉS ÉCONOMIQUES

On distingue traditionnellement les activités dites primaires – l'agriculture, la pêche, la sylviculture, les mines –, les activités secondaires – l'industrie – et les activités tertiaires. Ce découpage conserve-t-il encore sa pertinence ? Quelle est, par exemple, la place de l'agriculture alors qu'aujourd'hui elle peut s'appuyer, dans certains espaces géographique, sur des entreprises de type industriel ? D'un autre côté est-il toujours aisé, en raison des profondes mutations techniques, scientifiques et technologiques de distinguer industries et activités tertiaires ? L'immense secteur tertiaire (celui des services) apparaît aussi comme un « fourre-tout », regroupant des activités qui ne sont pas classées dans les deux autres catégories : l'administration, les transports, les fincances, le commerce, le tourisme. L'analyse de ces activités témoigne de la diversité des situations et notamment des différences entre pays riches et pays pauvres.

Les espaces et les activités rurales (page 118)

Il s'agit de définir ce que l'on entend par rural, de souligner le poids de l'agriculture dans le monde et d'en montrer le caractère contrasté.

Les espaces et les activités industrielles (page 125)

Le processus industriel se complexifie. Le poids inégal de l'industrie et son rôle dans l'aménagement du territoire sont analysés.

Les services : l'exemple du commerce (page 133)

Ayant connu des bouleversements récents liés au développement des technologies et à la mondialisation, le commerce servira d'exemple représentatif du secteur tertiaire. Sont étudiées les formes traditionnelles et modernes ainsi que leur impact sur l'organisation de l'espace.

Les espaces et les activités rurales

L'espace rural : un espace contrasté

Le terme d'espace rural est d'usage récent. Précédemment, on parlait de la « campagne » que l'on opposait à la « ville ». Puis l'émergence du terme « espace » en géographie a peu à peu imposé celui « d'espace rural », moins connoté peut-être par l'agriculture. Le terme de « campagne », moins neutre, revient toutefois à la mode.

L'espace rural : un espace difficile à cerner

La notion d'espace rural est imprécise. Généralement on définit d'abord la ville, puis on considère tout l'espace non urbanisé comme rural. Mais il existe, dans le monde, au moins une centaine de façons officielles de définir la ville, donc la campagne. On retient souvent un seuil de taille limite pour la ville, mais il varie selon les pays : 200 habitants dans les pays scandinaves, 2 000 habitants agglomérés en France, 10 000 habitants en Espagne et même 40 000 en Corée du Sud !

Si l'on s'en tient à une définition qualitative, trois critères sont le plus souvent retenus : une densité de population relativement faible, un paysage à couverture végétale prépondérante (champs, prairies, forêts) et une activité agricole relativement importante, du moins par les surfaces occupées. On pourrait encore ajouter un équipement en commerces et services plus médiocre qu'en ville.

La difficulté à définir cet espace révèle en réalité sa forte hétérogénéité : il n'existe pas un, mais des espaces ruraux dont les caractéristiques démographiques, socioéconomiques, paysagères sont dissemblables.

La répartition de la population : des campagnes vides aux campagnes pleines

Les campagnes présentent des densités de population extraordinairement variées. Certaines apparaissent effectivement presque vides ou du moins peu peuplées. Hors quelques régions plus intensément cultivées, les campagnes d'Afrique sud-saharienne, d'Australie, d'Asie occidentale, d'Amérique latine ou même d'Amérique anglo-saxonne dépassent rarement 20 habitants au km^2, le plus souvent moins de 10 et parfois même moins de 2. En revanche, dans les pays de vieille civilisation agraire, comme l'Asie et l'Europe, les densités sont généralement plus élevées. En Asie, des espaces montagnards ou forestiers presque vides voisinent avec les fourmilières humaines de la Grande Plaine de Chine du nord (400 à 500 hab./km^2) ou des deltas et plaines littorales irriguées de l'Inde, du Bangladeh, de la péninsule indochinoise, de Java où les densités atteignent ou dépassent 800 hab./km^2, équivalant celles de beaucoup de villes. En Europe, les densités sont moins fortes (entre 20 et 100 hab./km^2) et la population est généralement mieux répartie, même si des campagnes peu peuplées (moins de 10 hab./km^2) occupent les espaces périphériques (nords scandinave et britannique) ainsi que la « diagonale du vide » de l'Ardenne à la Castille.

Des dynamiques démographiques contrastées

Les ruraux forment aujourd'hui la moitié des habitants de la planète, soit environ 3 milliards de personnes. Certes leur nombre a plus que doublé entre 1900 et 2000, malgré un ralentissement du rythme de la croissance depuis les années 1970, mais comme l'augmentation de la population urbaine est plus rapide encore, leur poids dans la population mondiale diminue rapidement : en 1800, 90 % du total mondial, en 1900, 85 %, en 1950, 70 % ; au tournant du millénaire, leur part est tombée à 50 % et elle devrait descendre à 40 % en 2025.

Cependant, le contraste est fort entre les pays en développement et les pays développés. Dans les premiers, la population rurale augmente encore rapidement (multiplication par deux dans les 50 dernières années) et représente 90 % des ruraux du globe. En effet, dans les pays en développement la fécondité, bien qu'actuellement ralentie, reste supérieure à celle des citadins : tradition, religion (islam dans les pays arabo-musulmans, catholicisme en Amérique latine) favorisent la famille nombreuse ; l'éloignement de la ville, centre des nouveautés, une scolarisation plus faible, notamment chez les filles, et la moindre fréquence du travail des femmes hors de leur foyer ne permettent pas la maîtrise de la contraception. Comme la mortalité diminue rapidement grâce au progrès de l'encadrement sanitaire, le solde naturel (solde des naissances sur les décès) reste très positif.

Certes, dans les pays en développement, de nombreux ruraux émigrent vers les villes, mais la population perdue chaque année par les départs reste inférieure à celle qui est gagnée par l'excédent naturel : la population rurale continue donc de croître. Comme celle-ci vit encore majoritairement de l'agriculture, la surface disponible par agriculteur, déjà très limitée (1 hectare ou moins en Afrique sud-saharienne et en Asie), diminue. L'exode rural, si souvent déploré, contribue donc en réalité à soulager la campagne de son surcroît de main-d'œuvre et à améliorer, ou du moins à une pas aggraver, le sort de ceux qui restent : on doit se souvenir que, dans le monde, deux pauvres sur trois sont des ruraux.

On doit enfin préciser que la population rurale n'évolue pas au même rythme dans tous les pays en développement. En Afrique sud-saharienne, grâce à une fécondité presque naturelle, elle augmente quatre fois plus vite qu'en Asie où la fécondité a beaucoup baissé, notamment en Chine. Au Maghreb et au Moyen-Orient, elle croît à peu près comme en Asie, car si la fécondité reste forte, l'exode rural est intense. En Amérique latine, en revanche, elle n'augmente plus : le solde naturel, très affaibli par une forte diminution de la fécondité, ne compense plus l'exode rural.

Dans les pays développés, la population rurale, après avoir plus que doublé entre 1800 et 1950, a diminué depuis de 15 % du fait d'un affaissement de la fécondité, qui a touché les campagnes comme les villes, et d'un exode rural soutenu, alimenté à la fois par la mécanisation de l'agriculture et l'attraction des villes, créatrices d'emplois industriels et tertiaires. Cependant, dans certains pays d'Europe occidentale, la campagne a cessé de perdre des habitants depuis une vingtaine d'années ; certains y voient une « Renaissance rurale » due à une nouvelle attractivité de la campagne elle-même, alors que d'autres constatent ce renouveau se situe essentiellement autour des villes, dans des communes périurbaines où viennent s'installer des citadins en mal de campagne et de terrains à bâtir bon marché.

Des activités diversifiées : des campagnes paysannes aux « campagnes sans paysans »

On associe généralement « campagne » et « agriculture ». Il est vrai que l'espace rural reste, en dehors de la forêt, majoritairement consacré à l'agriculture et que certaines campagnes restent très massivement paysannes. En Chine, dans le monde indien et en Afrique sud-saharienne, 60 % à 65 % de la population active totale travaillent dans l'agriculture, ce qui implique que celle-ci fait vivre 80 % des ruraux. En revanche, en Asie du Sud-Est, plus industrialisée, les agriculteurs ne forment plus que 55 % de la population totale ; en Chine, les entreprises communales, essentiellement rurales et industrielles, procureraient aujourd'hui environ 100 millions d'emplois. Dans le monde arabo-musulman, les agriculteurs ne forment plus qu'un tiers de la population active totale, soit environ la moitié de la population rurale. En Amérique latine, 20 % seulement des actifs sont agriculteurs : ceux-ci sont désormais minoritaires à la campagne.

Dans les pays développés, les agriculteurs ne comptent que pour 5 % des actifs totaux et moins de 20 % des actifs ruraux. En France, la campagne compte deux fois plus de cadres moyens et supérieurs et trois fois plus d'ouvriers que d'agriculteurs. Dans les pays de l'Europe de l'Est et de l'ex-URSS, les agriculteurs forment encore 15 % des actifs totaux, mais la décollectivisation produit une rapide diminution de leur nombre. En somme, les campagnes se « désagricolisent ».

Le processus de mondialisation économique et culturel atteint désormais quasiment toutes les campagnes de la planète. Certains modes de consommation propres à la ville s'y généralisent : coca-cola, jean, moto, voiture, radio, télévision, internet ont touché ou vont toucher la totalité des campagnes et réduire les distances (notamment psychologiques) entre ville et campagne ; sans les faire disparaître toutefois, car les campagnes dépendent du cadre spatial, économique, politique, social et culturel du pays dont elles font partie, cadre qui n'est pas près de s'effacer. On a vu par exemple comment le niveau de développement d'un pays se répercute sur le poids de sa paysannerie ou la dynamique démographique de ses campagnes. Mais bien d'autres facteurs interviennent tels que l'organisation et la densité du réseau urbain qui irriguent les campagnes, le degré d'ouverture du pays sur l'extérieur, la politique d'aménagement du territoire rural (lorsqu'elle existe), le niveau de scolarisation des campagnes et, naturellement, le type d'agriculture pratiquée.

Agriculture et espaces agricoles

L'agriculture se définit comme « l'ensemble des travaux transformant le milieu naturel pour la production des végétaux et des animaux utiles à l'homme » (dictionnaire Le Robert). L'espace agricole est donc l'espace sur lequel s'exerce cette activité. Il ne se confond pas avec l'espace rural puisque l'agriculture peut s'exercer en milieu urbain (cultures maraîchères, jardins domestiques) et d'autres activités que l'agriculture peuvent s'exercer en milieu rural.

L'agriculture : un poids important mais inégal dans l'économie et dans l'espace mondial

L'agriculture reste le premier employeur mondial puisqu'elle occupe actuellement 45 % des actifs (contre 60 % dans les années 1960), soit 1,3 milliard de personnes. Les agriculteurs se localisent essentiellement dans les pays en développement : 515 millions en Chine, 340 dans le monde indien, 175 en Afrique sud-saharienne, 50 au Maghreb et au Moyen-Orient, 45 en Amérique latine. Dans ces mêmes pays, l'agriculture tient une place considérable, mais inégale dans l'emploi, comme on l'a indiqué plus haut : plus de 60 % des emplois en Chine, dans le monde indien et en Afrique sud-saharienne, plus de 50 % en Asie du Sud-Est, 35 % au Maghreb et au Moyen-Orient, 20 % en Amérique latine. Le nombre des agriculteurs s'est accru de 400 millions dans les 30 dernières années, soit une augmentation moyenne de près de 45 % mais qui s'est révélée particulièrement forte en Afrique sud-saharienne (+75 %) et en Asie (+55 %).En revanche, dans les pays occidentaux le nombre des agriculteurs diminue rapidement : il n'en reste plus qu'une vingtaine de millions qui pèsent désormais moins de 10 % dans la population active. On en compte encore une trentaine de millions dans les ex-pays de l'Est où ils ne forment plus que 15 % de la population active.

La valeur de la production agricole mondiale n'est cependant pas en rapport avec le poids des agriculteurs dans l'emploi puisqu'elle ne représente que 5 % du total, contre 35 % au secteur industriel et 60 % au secteur tertiaire, et sa place se restreint chaque année (10 % du PIB mondial en 1965). Et là encore, l'inégalité est forte. L'agriculture entre encore pour le quart du PIB en Inde, le sixième en Chine et en Afrique sud-saharienne c'est-à-dire là où les agriculteurs sont nombreux et où les autres secteurs sont encore relativement peu productifs. Dans les économies des pays développés, elle ne représente plus désormais que 2 % du PIB, malgré l'amélioration constante de la productivité due au progrès dans les matériels (mécanisation, motorisation, etc.), dans les techniques (de cultures, d'alimentation animale, etc.), dans la formation des hommes et dans la recherche : en effet, les autres secteurs ont amélioré encore plus vite leur productivité. Aujourd'hui, à quelques exceptions près, on peut donc dire que moins les agriculteurs pèsent lourd dans l'emploi d'un pays, moins l'agriculture tient de la place dans son PIB, plus son niveau de vie est élevé.

De très nombreux produits agricoles s'exportent : 45 % du café, du cacao, du thé et du caoutchouc récoltés dans le monde font l'objet d'un commerce international. Ce sont cependant les céréales (blé, maïs, riz), le sucre, les oléagineux (colza) et les protéagineux (fournisseurs de protéines comme le soja) qui forment les échanges les plus importants en volume : chaque année, 100 millions de tonnes de blé, autant de céréales secondaires (surtout du maïs) et 50 millions de tonnes de graines oléagineuses sont exportés. La croissance des échanges est spectaculaire : depuis les années 1960, le volume des exportations a été multiplié par trois et leur valeur par douze, malgré une baisse relative des prix. Pourtant, les produits agricoles ne représentent plus que 8 % des échanges mondiaux, contre 26 % en 1960.

L'espace agricole occupe 38 % de la surface du globe, le reste étant occupé par la forêt (32 %) et par des terres incultes ou artificialisées (30 %). Il se partage entre des terres cultivées (terres labourables et cultures permanentes comme vergers et vignes) qui s'étendent sur 1 500 millions d'hectares (12 % de la surface du globe) et des terres utilisées par l'élevage qui couvrent 3 400 millions d'hectares (26 %).

Cet espace se dilate constamment. Par exemple, les surfaces cultivées se sont accrues de 125 millions d'hectares dans les 30 dernières années (l'équivalent de quatre fois la surface agricole de la France), essentiellement dans les pays en développement. Dans ces pays où la population agricole augmente, on procède à d'intenses défrichements aux dépens des forêts et on irrigue de nouvelles terres. En Amérique latine les terres cultivées se sont ainsi accrues de 35 %, en Chine de 30 %, en Asie du Sud-Est de 25 %, en Afrique sud-saharienne de 20 %. Dans la dernière moitié du XXe siècle, les surfaces irriguées ont quadruplé dans le monde ; elles couvrent en moyenne actuellement 17 % des terres cultivées, mais 35 % en Chine, dans le monde indien et plus du quart au Maghreb et au Moyen-Orient.

Une activité sous contraintes biophysiques

L'agriculture est une activité originale. Travaillant sur une matière première vivante, elle est soumise à certaines contraintes biologiques car la matière vivante est moins malléable et plus fragile que la matière inerte. Faisant pousser des plantes dans un sol et sous un climat, elle se trouve soumise à des contraintes physiques plus ou moins fortes.

Les plantes, organismes vivants ont besoin d'énergie, de gaz carbonique, d'eau et de substances chimiques. L'énergie est donnée par la lumière solaire et transformée par les plantes en énergie chimique qui leur sert à transformer le gaz carbonique de l'air en glucides et acides aminés ; en retour, les plantes libèrent de l'oxygène : l'ensemble du processus s'appelle l'assimilation chlorophyllienne. Les glucides et acides aminés servent eux-mêmes à la fabrication des substances organiques de la plante. L'eau, pompée dans le sol, sert à la fois de source d'oxygène, d'hydrogène et de véhicule pour les produits élaborés. Les éléments minéraux solubles sont également puisés dans le sol et transportés par l'eau. Par la respiration, une partie de la matière organique (les sucres) est « brûlée » ce qui dégage de l'énergie utilisable par la plante, libère de l'eau (c'est la transpiration) et du gaz carbonique rejetés dans l'atmosphère.

La plante, et l'agriculteur, sont donc tributaires à la fois du climat, du sol et du relief. Les climats, en effet, offrent des potentialités plus ou moins grandes à l'agriculteur selon qu'ils sont chauds ou froids, secs ou humides. D'un point de vue agricole, certains milieux sont considérés comme difficiles : milieux froids (pas assez de chaleur), arides (pas assez d'eau), montagneux (pas assez de surfaces planes) ; d'autres sont jugés « maniables » : milieux intertropicaux et subtropicaux (qui disposent à la fois de chaleur et d'humidité), milieux tempérés où l'humidité est suffisante et où la quantité de chaleur, relativement faible, est compensée par de longues journées pendant la saison végétative. L'agriculteur va donc tenter d'utiliser au mieux les atouts du milieu naturel et d'en desserrer au maximum les contraintes.

L'art de l'agriculteur consiste donc à choisir les plantes et les animaux les mieux adaptés au climat sous lequel il travaille, au sol dont il dispose, aux pentes que lui impose le relief. Depuis longtemps, il a appris à multiplier les plantes en les bouturant, en les greffant, en sélectionnant les meilleurs plants ou les meilleures graines. Au cours du dernier siècle, et récemment grâce au développement des biotechnologies, la recherche a donné de nouveaux moyens pour améliorer les plantes : hybridation (croisement de deux plantes de variétés différentes), clonage, micropropagation (culture *in vitro*), modifications génétiques (OGM).

D'autres techniques permettent de lutter contre les ennemis des cultures : insectes comme le phylloxera ou le doryphore, rongeurs (mulots), champignons (mildiou), mauvaises herbes, etc. On mène contre eux une lutte préventive (rotation des cultures qui limite les mauvaises herbes, OGM qui permettent à la plante de se défendre elle-même, etc.) et, une fois l'ennemi dans la place, une lutte curative à l'aide des pesticides : herbicides (désherbants), fongicides (contre les champignons parasites), insecticides, etc. L'amélioration des plantes et le renforcement des moyens de lutte contre les ennemis des cultures ont permis de doubler, tripler, parfois quadrupler les rendements.

Du côté de l'élevage, les progrès, un peu moins spectaculaires (les animaux se multiplient plus difficilement et plus lentement que les plantes), n'en sont pas moins rapides. Les animaux sont nourris plus efficacement grâce aux aliments concentrés et plus rationnellement grâce à une alimentation précisément dosée. Ils sont sélectionnés, croisés pour donner plus de lait ou plus de viande. L'insémination artificielle permet d'accélérer les croisements et de multiplier les possibilités de sélection. La transplantation d'embryons de mères « donneuses » vers des mères « porteuses » et, depuis 1996 le clonage, multiplient les possibilités.

Les agriculteurs ont également appris à agir sur le milieu lui-même. L'irrigation, connue depuis l'antiquité, consiste à apporter l'eau là où elle manque totalement ou partiellement. Elle permet de cultiver des espaces jusque-là incultes et/ou de mieux maîtriser la croissance de la plante, de réaliser plusieurs récoltes dans l'année sur la même parcelle et donc d'augmenter très fortement les rendements. Contre le froid, les agriculteurs utilisent des serres ou des tunnels plastiques chauffés à la mauvaise saison ; dans les vergers et les vignobles qui risquent le gel, ils utilisent des systèmes de chauffage ou de brassage de l'air. Contre le vent, ils plantent des haies qui freinent sa vitesse. Contre la pente, ils créent des terrasses, soutenues par des murets, qui évitent l'érosion. Les sols enfin, traditionnellement enrichis par du fumier, le sont aujourd'hui surtout par des engrais industriels à base d'azote, de phosphates et de potasse qui font croître les rendements d'une façon spectaculaire.

Une activité sous contrainte socioéconomique

Pour aboutir à une production, l'agriculteur met en œuvre trois facteurs de production : terre, capital, travail. Il peut posséder la terre personnellement ; il peut la louer à un propriétaire ou auquel il paie un fermage, indépendant des résultats obtenus dans l'exploitation ou avec lequel il partage les produits ou les gains de l'exploitation (métayage). La terre peut aussi appartenir ou à une collectivité traditionnelle qui la répartit régulièrement entre ses membres ou à une collectivité socialiste (Cuba, Corée du Nord).

L'agriculture nécessite également des capitaux importants pour acheter éventuellement de la terre et, surtout aujourd'hui, du matériel, des animaux, des bâtiments. Dans les pays développés et dans quelques pays en développement, l'agriculture est devenue une « industrie lourde » par les capitaux qu'il faut y investir. Le travail est fourni soit par l'exploitant et sa famille (exploitation familiale), soit par une association d'exploitants (par exemple GAEC : Groupement agricole d'exploitation en commun), soit par des salariés dans les grandes exploitations.

Pour produire, l'agriculteur va mettre en œuvre les facteurs de production dont il dispose, en fonction des objectifs qu'il se donne. Son système de production peut viser soit à la simple satisfaction des besoins alimentaires de sa famille dans un système d'autosubsistance, soit à la maximisation de son revenu monétaire par la vente de ses produits, soit à d'innombrables objectifs intermédiaires.

Cependant l'agriculteur dépend aussi d'un secteur amont et d'un secteur aval. Le premier lui fournit ses outils, ses machines, ses engrais, ses semences, ses pesticides, ses aliments du bétail, ses produits vétérinaires, son carburant, etc. Il lui offre également un encadrement administratif (Direction départementale de l'agriculture et de la forêt en France), professionnel (conseillers divers, agronomes, organismes de recherche, etc.), financier (banques), syndical, et des possibilités de formation initiale et continue. Le secteur amont contribue également à orienter ses choix par les conseils donnés, les prêts accordés, etc.

L'agriculteur dépend également d'un secteur aval, le marché, qui lui permet de vendre ses produits. Théoriquement, les prix sont déterminés par la loi de l'offre et de la demande, mais en fait leur formation est particulière en agriculture. En effet, la production peut varier d'une année à l'autre en fonction des aléas naturels : dans le cas d'une offre supérieure à la demande, les prix peuvent brusquement s'effondrer ou, à l'inverse, en cas d'une demande supérieure à l'offre, monter vertigineusement. En outre, certains États (États-Unis) ou groupes d'États (Union européenne) ont longtemps soutenu les prix de leurs produits agricoles et ont aidé leurs agriculteurs à vendre bon marché hors de leurs frontières ; aujourd'hui, ils leur versent directement des primes qui faussent le marché car la plupart des pays ne peuvent pas (pays en développement) ou ne veulent pas (Australie, Nouvelle-Zélande) soutenir leur agriculture.

Dans les pays développés surtout, les prix dépendent aussi des intermédiaires situés entre consommateurs et agriculteurs, qui organisent des filières par produits plus ou moins longues : expéditeurs, transporteurs, transformateurs ou autres. Certaines filières sont dominées par de très grandes firmes, (Cargill pour les céréales, United Brands pour les fruits, Unilever pour les huiles) qui achètent, transforment et revendent les produits.

Enfin, la grande distribution, regroupée dans des centrales d'achat, joue un rôle de plus en plus important : fortement concentrée (en France, les grandes surfaces détiennent 60 % du marché des produits alimentaires et cinq grands distributeurs assurent 90 % de ce marché), elle exerce, depuis une vingtaine d'années, une très vive pression sur les agriculteurs et les transformateurs pour faire baisser les prix ; elle oriente également les achats des consommateurs par la publicité. Les consommateurs, à leur tour, s'organisent également de plus en plus dans des associations de défense (60 millions de consommateurs en France, par exemple) qui tentent de peser à la fois sur la qualité et sur les prix.

Une agriculture contrastée et contestée

L'agriculture présente des visages extraordinairement différents. On a souligné à plusieurs reprises la distance qui sépare les pays en développement, du moins la plupart d'entre eux, des pays développés. Sur d'autres plans les écarts sont également flagrants : différences de structures (moins de 1 hectare par actif agricole en Asie, 60 en Amérique du Nord), de productivité (20 fois inférieure dans les pays en développement à celle de la France) et d'encadrement (par les organismes professionnels, administratifs, financiers, de formation et de recherche), de soutien des prix ou d'aides aux agriculteurs (près de la moitié du revenu de l'agriculteur européen vient d'aides diverses).

Les problèmes agricoles ne se posent pas non plus de la même façon dans les pays développés et dans les autres. Dans les premiers, l'agriculture est accusée de dégrader le paysage (destruction des haies), de polluer les eaux et de les eutrophiser, de tuer la faune et la flore des sols, le tout par une utilisation abusive de nitrates, de pesticides et une concentration exagérée d'animaux, donc de déjections. Aux OGM, on reproche les risques de dissémination hors des champs dans lesquels ils sont cultivés. Un sentiment grandissant d'insécurité alimentaire s'est installé à la suite d'affaires médiatisées : poulets « à la dioxine », bœuf aux hormones, farines animales, et ESB (« vache folle »), peste porcine, fièvre aphteuse, etc... On reproche aussi aux produits agricoles de s'affadir, de ne plus avoir de goût.

Ces problèmes sont évidemment loin d'être anodins, surtout ceux qui portent sur le paysage, la pollution des eaux, l'éventuelle dissémination des OGM. Mais beaucoup plus graves que nos problèmes de « malbouffe » ou de « surbouffe » apparaissent ceux des « sans bouffe ». Bien que la production agricole mondiale soit en constante augmentation (+ 3 % par an depuis 30 ans), 815 millions de personnes sont en état de sous-nutrition dans le monde surtout en Afrique sud-saharienne et, localement, en Chine, dans le monde indien, dans certains pays d'Amérique latine. Si, chez nous, l'agriculture intensive a effectivement trop forcé sur les engrais industriels, les pesticides, et trop entassé les animaux, dans ces pays, la réduction de la sous-nutrition doit passer par une augmentation des rendements et donc par l'utilisation de plus d'engrais, de plus de pesticides et probablement plus d'OGM résistant par exemple à la sécheresse et au sel. Au Mexique, en Inde, en Chine et en Asie du Sud-Est, l'utilisation d'engrais industriels et de pesticides, couplée avec l'emploi de variétés à haut rendement de blé, de riz, de maïs et avec le développement de l'irrigation, a été le pilier de « la révolution verte ». Bien que souvent critiquée, cette « révolution verte » n'en a pas moins permis à l'Inde et à la Chine (2,5 milliards d'habitants !) d'arriver, au moins globalement, à l'autosuffisance alimentaire, alors que l'on prévoyait que l'Inde allait à la famine...

Les espaces et les activités industrielles

Du secondaire au système productif : un renouveau conceptuel

Les profondes mutations techniques, scientifiques et technologiques rendent progressivement l'opposition « industrie/services » obsolète puisque les services regroupent aujourd'hui de 60 % à 75 % de la population active et du produit intérieur brut des pays développés.

Certains auteurs parlèrent même parfois d'« économies post-industrielles », ce qui constitue une erreur de perspective. En effet, historiquement, jamais la quantité et la valeur des biens industriels produits n'a été aussi considérable. Entre 1950 et 2000, la production manufacturière mondiale double et ses exportations augmentent de 180 % pour représenter 63 % des échanges mondiaux. Les industries nées de la première révolution industrielle (charbon, acier, mécanique, textile, navale...) et de la deuxième (automobile, chimie pharmacie, matériel électrique, aéronautique...) se modernisent alors que l'innovation fait sans cesse apparaître de nouveaux biens (nouveaux matériaux, biotechnologies, robots, automatismes, informatique, télécommunications...).

En fait, le processus industriel se complexifie. Il devient de plus en plus intellectuel, comme en témoigne l'augmentations du nombre d'ingénieurs, de techniciens et de cadres, alors que la fabrication matérielle, de plus en plus automatisée, entraîne une diminution des postes d'ouvriers non qualifiés. Alors que de nouvelles fonctions se développent dans l'industrie même (essais, méthodes, recherche, organisation, gestion), de nombreuses activités, dites de services, répondent aussi aux besoins croissants de l'industrie (audit, commerce, finance, publicité, marketing...).

Pour tenter de résoudre ces redoutables ambiguïtés, les géographes Félix Damette et Jacques Scheibling développent dans les années 1990 le concept de système productif. Dans la sphère socioéconomique, trois principales fonctions sont définies (*figure*). La reproduction sociale et étatique assure la vie quotidienne, la cohésion et l'efficacité du territoire et de la société. Elle regroupe la santé, les administrations publiques, la formation et l'enseignement ou le commerce de détail. En revanche, les deux autres activités sont géographiquement discriminantes. La production matérielle réunit la production agricole et industrielle alors que les services périproductifs participent directement à la production soit à l'amont (services aux entreprises, services financiers, commerciaux, informatiques...), soit à l'aval (commerce de gros, transports).

Un système productif se caractérise donc à la fois par le poids respectif de ses trois composantes principales et tout autant par leurs modes d'articulation interne, le tout définissant des systèmes plus ou moins puissants, dynamiques et efficaces selon le niveau de développement des économies.

Le concept de système productif permet donc de disposer d'une nouvelle grille d'analyse géographique permettant de comparer les différentes structures industrielles et économiques et leurs mutations. Face aux profondes disparités mondiales, quatre modèles systémiques peuvent être identifiés :

– *Les pays hautement développés* accentuent leur avance et leur domination sur le reste de la planète en polarisant les centres de commandement, les produits les plus élaborés, les emplois les plus qualifiés et les innovations majeures. Ceci est rendu possible par l'équilibre et l'étroite imbrication entre les sphères de la reproduction sociale, de la production matérielle et des services périproductifs qui assurent l'efficience générale du système.

– Les *anciens pays socialistes en transition* doivent reconvertir des systèmes productifs qui sont tronqués, c'est-à-dire incomplets ou déséquilibrés. En

Représentation théorique du sytème productif

Sphère productive
Industrie, agriculture

Sphère périproductive
Banques, assurances,transports
commerce inter-industriel

Sphère de la reproduction sociale
-*reproduction simple* : alimentation, santé, logement, formation obligatoire

-*reproduction élargie* : État, formation, recherche, culture

effet, pour des raisons historiques – grave retard initial – ou des raisons politiques et idéologiques – choix socialistes de développement par l'industrie lourde – les sphères de la reproduction sociale et les services périproductifs y furent sacrifiés à une production matérielle industrielle hypertrophiée, mais pourtant bien peu efficace.

– *Les pays en développement* présentent une reproduction sociale très difficile (malnutrition, santé, sous-formation), une reproduction étatique à la dérive (sous-équipement, corruption, népotisme…), une sphère de la production matérielle déséquilibrée (agriculture et mines hypertrophiées, sous-industrialisation, problèmes énergétiques) et des services périproductifs inexistants, parasitaires (import/export) ou sous-intégrés (économie informelle de survie).

– *Les nouveaux pays industriels* montrent que cette situation est réversible grâce, en particulier, à l'action volontariste des États et des élites dirigeantes qui a été déterminante dans leurs décollages industriels (Singapour, Corée du Sud, Taïwan…). Ces États-développeurs ont renforcé à la fois les sphères de la production matérielle (choix sectoriels, création d'entreprises nationales, financements massifs…) et celles de la reproduction sociale (formation, qualification, santé, logement, infrastructures…).

La firme industrielle : son organisation technique et géographique

En géographie économique et industrielle, cette clarification des méthodologies et concepts se traduit aussi par un renouvellement des thématiques de recherche qui insistent beaucoup plus qu'auparavant sur le rôle et les stratégies des acteurs. Le process industriel est en effet mis en œuvre par des entreprises qui sont des entités juridiques, économiques et techniques plus ou moins complexes, de la petite et moyenne entreprise (PME) à la grande firme transnationale. Elles organisent un territoire productif à partir de leurs établissements insérés dans des réseaux internes et externes (fournisseurs, sous-traitants...) fonctionnant dans des échelles géographiques emboîtées, locales, nationales, continentales et mondiales.

L'organisation spatiale d'une firme dépend de son secteur d'activité

Quatre grands ensembles peuvent être identifiés. En dehors des industries extractives liées directement aux gisements à exploiter, la qualité de la main d'œuvre industrielle et des réseaux techniques et sociaux joue un rôle croissant. Les industries techniciennes, ou de haute technologie, s'individualisent par le rôle des ingénieurs, techniciens et cadres dans la conception et la production (aéronautique, pharmacie, informatique). Les industries qualifiées (biens d'équipement industriel, mécanique-robotique, matériel de précision, industrie électrique, ferroviaire...) font appel à de fortes spécialisations ouvrières. Enfin, les industries spécialisées (fonderie, caoutchouc, ameublement, plastiques, textile, agroalimentaire, électronique grand public) emploient massivement des ouvriers non ou peu qualifiés.

Les firmes industrielles développent deux grandes fonctions productives

Les fonctions concrètes regroupent la fabrication (usinage et assemblage des produits), et la logistique (magasinage, manutention, transport) qui assure l'accès aux marchés. Les fonctions abstraites regroupent l'administration – la gestion (management, comptabilité, trésorerie, planification...), la conception (recherche, innovation de procédés et de produits) et le commercial (marketing, vente, maintenance). À chaque spécialité fonctionnelle répond un type d'établissement, un type de main d'œuvre et des choix de localisation privilégiés (*tableau*).

Le recours croissant à des sociétés extérieures

La complexification des processus productifs se traduit aussi par le recours croissant à des sociétés extérieures, on parle alors d'externalisation. Celles-ci assurent des fonctions annexes, jusqu'ici réalisées en internes, qui appartiennent le plus souvent aux secteurs périproductifs amont ou aval : transport, services informatiques, gardiennage, propreté, gestion– comptabilité, assistance juridique, publicité...

La mutation productive des pays développés

Contrairement à une idée trop courante, les pays développés – dont la France – ne connaissent absolument pas de processus de désindustrialisation malgré certaines crises sectorielles ou régionales ponctuelles. On doit même souligner que la maîtrise d'une base industrielle et technologique dynamique demeure un facteur incontournable de puissance et d'hégémonie mondiales. En 2000, les pays développés de l'OCDE réalisent 79 % de la production industrielle manufacturière mondiale et polarisent environ 85 % des services péri-

L'organisation fonctionnelle, technique et spatiale des firmes

Fonction	Type d'établissements	Type d'espace
Administration – gestion	Sièges sociaux	Quartiers d'affaires des métropoles
Recherche-développement innovation	Centres de recherche	Périphéries métropolitaines immédiates, zones dites technopolitaines
Fabrication	Usines	Très diversifié selon la branche...
Commercial – vente – maintenance	Bureaux et ateliers	Périphéries des grandes villes
Logistique transport	Entrepôts	Périphéries des grandes villes, ports, zones aéroportuaires

productifs grâce, en particulier, à leur énorme potentiel scientifique et technologique. La Triade assure en effet 75 % des dépenses mondiales de recherche (Etats-Unis, 36 %, Union Européenne, 27 %, Japon, 15 %) largement devant la Chine (4,9 %) et les NPI asiatiques (3,7 %). Enfin, seulement quinze États réalisent à eux seuls 75 % des exportations industrielles mondiales. On y assiste cependant à de profondes mutations sectorielles, fonctionnelles et territoriales.

Les mutations sectorielles

Les mines, en particulier le charbon, énergie emblématique de la première révolution industrielle, reculent face à l'épuisement des ressources, les importations des pays en voie de développement ou les transferts énergétiques vers les hydrocarbures et le nucléaire. De même, les productions de masse de certains secteurs aux emplois peu qualifiés, comme le textile-habillement, sont transférées vers les pays à bas salaires par la nouvelle division internationale du travail (Mexique, Afrique du Nord, Turquie, Asie...). Par contre, les biens d'équipements, les biens de consommation durable à haute valeur ajoutée et les produits et services de hautes technologies (télécommunication, aéronautique, informatique, logiciels, pharmacie...) y demeurent largement créateurs d'emplois et de richesses.

Les mutations fonctionnelles et socioprofessionnelles

Les postes salariés des fonctions concrètes, en particulier les moins qualifiés, reculent fortement au profit des salariés des fonctions abstraites de la production et des activités périproductives amont et aval. En effet, l'innovation mobilise de plus en plus de chercheurs, ingénieurs et techniciens, l'automatisation bouleverse le monde ouvrier, la transformation des modes de production et la mondialisation renforcent les fonctions d'organisation, de gestion et de coordination et les transports, tout comme la concurrence, les fonctions commerciales et publicitaires. À ceci s'ajoute la complexification croissante du cadre économique général qui exige de nouvelles compétences (cabinets juridiques, d'audit, comptabilité…).

Les mutations territoriales

Ces dynamiques sectorielles et fonctionnelles se traduisent par d'importantes transformations des structures et polarisations géographiques des activités productives. On pourrait bien sûr rapidement classer les espaces à partir de logiques binaires distinguant par exemple espaces attractifs/espaces répulsifs ou centre(s)/ périphérie(s). Mais cette démarche ne rendrait que partiellement compte de la diversité des différents itinéraires régionaux. Il n'y a en effet aucun déterminisme géographique au déclin ou à la croissance. En effet, parmi les vieilles régions industrielles d'Europe occidentale, l'Écosse ou la Ruhr réussissent leur conversion. De même, les réussites irlandaise ou écossaise, le dynamisme d'Helsinki (Nokia dans les télécommunications), de Stockholm ou de Toulouse ou la réussite autrichienne témoignent en Europe occidentale d'une géographie productive multipolaire bien plus complexe que l'image réductrice véhiculée par la fameuse Banane Bleue qui identifiait une dorsale, ou un centre, allant de Londres à Milan.

Les facteurs de crise

Les facteurs de crise sont dus fondamentalement aux degrés de spécialisation sectorielle et fonctionnelle des régions, eux-mêmes héritages de l'histoire économique et des stratégies des acteurs locaux et nationaux. La construction, puis le maintien, de monopoles territoriaux par de grandes firmes s'avèrent souvent catastrophique comme dans la Lorraine ou la Rust Belt américaine de l'acier, certains bassins charbonniers ou la Normandie rurale de Moulinex. De même, la spécialisation durant les Trente Glorieuses de régions entières (les grands bassins parisiens et londonien, la périphérie des Pays-Bas…) sur un modèle sociotechnique taylorien, où dominent les activités peu qualifiées de montage de masse, ne permet pas de faire face à la concurrence des pays à bas salaires du fait des délocalisations. À l'opposé, on assiste à la nette valorisation de certains pôles littoraux qui bénéficient de la littoralisation d'une partie des industries lourdes (Usinor à Dunkerque) et du dynamisme de nœuds logistiques dans le cadre de la mondialisation. Mais surtout, le facteur essentiel de recomposition tient au rôle central joué par les grandes villes dont on a souligné l'importance croissante.

L'aménagement du territoire et la localisation des activités productives

Ces différentes dynamiques interpellent bien sûr les pouvoirs publics, en particulier en ce qui concerne les articulations entre aménagement du territoire et localisation des activités productives. Ces dernières décennies sont apparues trois grandes dérives :

– les collectivités territoriales se sont lancées dans une concurrence féroce pour se doter d'instruments à la mode pourtant aussi vite démodés : zones industrielles, parcs d'activités, pépinières d'entreprises, technopoles, centres d'appel… ;

– les aides financières publiques aux implantations ont explosé en mobilisant des masses considérables de capitaux ;

– une course effrénée aux investissements étrangers, ou IDE, est apparue. Mais comme le souligne l'échec du coréen Daewoo en Lorraine, l'échec du Pôle européen de Longwy (PED) ou le départ d'Écosse de Motorola, premier employeur régional en 2000, ces stratégies de captage demeurent très fragiles car elles confondent effet d'annonce publicitaire, croissance immédiate et véritable développement structurel (formation, qualification, équipement...).

Il apparaît en définitive que face aux profondes mutations des systèmes productifs des pays développés, il n'existe aucun modèle probant de réussite régionale transposable du fait tout simplement de la complexité et de la diversité des structures géographiques. Ainsi, la taille restreinte de l'archipel japonais et le poids des héritages historiques et des mentalités expliquent le réinvestissement permanent – in situ – sur le même dispositif territorial de la mégalopole des dynamiques productives. À l'opposé, le système productif américain valorise dans son redéploiement spatial national à la fois un système ultra-libéral et fédéral, l'immensité de son territoire, des processus ségrégatifs exceptionnels et la forte mobilité géographique de sa population.

L'industrialisation inégale des autres pays

La forte croissance de l'industrie mondiale de ces dernières décennies repose à la fois sur la recomposition des systèmes productifs des pays développés et sur une diffusion sans précédent de l'industrie à des pays qui en étaient jusqu'ici dépourvus. Historiquement, une partie des anciens pays colonisés a tenté, soit dès les années 1930, soit après 1945, de s'industrialiser. Ce processus fut très inégal et donc sélectif car il exigeait la préexistence d'un certain nombre de paramètres internes comme la présence d'une classe dirigeante offensive et d'une bourgeoisie nationale non parasitaire, l'affirmation d'un État efficace promoteur du développement national (État-développeur), l'engagement de ruptures socioéconomiques novatrices (réformes agraires, éducation, santé, équipement...) et la forte protection du marché intérieur et des ressources naturelles. Dans ce cadre général, trois grands modèles sont apparus.

Le processus d'industrialisation par substitution d'importation

À partir des années 1930, l'Amérique latine se lance dans un processus d'industrialisation par substitution d'importation qui permet de compenser les effets de la crise de 1929 puis du second conflit mondial dans le cadre de régimes parfois populistes (Mexique, Brésil). Centrée initialement sur les biens de consommation, cette dynamique va par remontée de filière industrielle se déployer sur l'industrie lourde et les biens durables. Mais ce modèle entra en crise à la fin des années 1960 par manque de crédit, faiblesse des marchés intérieurs et nombreux blocages socioéconomiques. Ces pays juxtaposent aujourd'hui des dispositifs très différenciés : industries privées de qualité bien inégale, industries publiques en voie de privatisation et industries sous contrôle étranger de plus en plus considérables.

Le modèle de développement par promotion des exportations

Face à ce relatif échec, certains pays asiatiques – dépourvus de matières premières et dans le cadre de liens privilégiés avec les États-Unis – adoptèrent un modèle de développement par promotion des exportations de produits manufacturés destinés d'emblée au marché mondial. Il s'appuya sur un cadre politique autoritaire, voire dictatorial, et une forte protection et promotion des industries naissantes. Partant de produits très simples (textile, vêtements, petit électronique), ces États se dotent ensuite d'industries lourdes (sidérurgie, navale, pétrochimie) avant d'investir les hautes technologies (informatique, électronique, composants). Limité dans les années 1950/1960 aux nouveaux pays industriels (Taïwan, Hong-Kong, Corée du Sud, Singapour), ce processus se diffuse dans les années 1970/1980 à de nouveaux pays (Thaïlande, Indonésie, Malaisie puis Viêt-Nam, Chine), classés comme pays émergents. Mais cette logique demeure très dépendante des marchés des pays développés.

Stratégie dite des industries industrialisantes

Enfin, certains pays arabes ont développé une stratégie dite des industries industrialisantes qui mobilisa – parfois sur un modèle socialisant – dans les années 1960/1970 la rente pétrolière (Algérie, Iran, Irak) au profit du développement direct des industries lourdes et des biens d'équipement contrairement aux remontées de filières des autres modèles. Cumulant échec politique, faillite financière, économique et industrielle, ce modèle est pour l'essentiel abandonné alors que les pétro-monarchies du Golfe tentent cependant depuis dix à vingt ans de diversifier leur potentiel vers la pétrochimie et la chimie.

Les modèles du début du XXIe siècle

À partir de ces héritages, on peut en ce début de XXIe siècle distinguer deux grands modèles productifs dans ces espaces.

– *Les semi-périphéries intégrées ou en en voie d'intégration rapide* regroupent les Dragons asiatiques et leurs annexes (Thaïlande, Indonésie, Viêt-Nam...), l'immense Chine populaire en rapide mutation, une partie de l'Amérique latine (Mexique, Brésil, petits États de l'Amérique centrale) et l'Europe centrale en transition. Ces États sont engagés dans une phase taylorienne marquée à la fois par le développement d'une production de masse destinée à répondre à leurs énormes besoins d'équipement et de consommation intérieure et par l'accueil privilégié des délocalisations productives de la Triade pour réexportation. Mais le coût social et environnemental à payer en est très lourd alors que les anciennes cohérences et solidarités territoriales internes explosent menaçant ainsi parfois certaines constructions nationales (Indonésie).

– *Les périphéries en difficulté ou marginalisées* regroupent l'Afrique subsaharienne, le monde arabe, l'Asie centrale et du Sud et les États andins d'Amérique latine. Alors que dans les pays les moins avancés (PMA), le développement industriel est inexistant (stade artisanal ou proto-industriel) ou très faible, partout ailleurs le processus d'industrialisation demeure très fragile et partiel et le système productif spécialisé sur la fourniture de produits minéraux ou agricoles à bas prix pour les pays développés.

Les services : l'exemple du commerce

De tout temps, et encore aujourd'hui sur la plus grande partie de la planète, domine une organisation de l'espace fondée sur le petit commerce traditionnel de proximité. En revanche, dans les pays riches et dans les grandes villes des pays émergents, se developpe une autre organisation spatiale issue des nouvelles logiques du commerce moderne de grande surface d'accès motorisé.

Le commerce traditionnel

Le commerce traditionnel a su longtemps accompagner l'organisation de l'espace tant dans les pays à dominante rurale que dans les pays devenus industrialisés et urbanisés. Le marché, tout autant que le prestigieux commerce de centre-ville restent des ciments et des symboles autant des sociétés rurales que des sociétés urbaines.

L'organisation de l'espace marchand traditionnel

L'essentiel du commerce sur la planète repose sur des relations de proximité imposées par des déplacements pédestres, portant sur des produits acquis en faible quantité mais d'autant plus fréquemment que les maigres ressources monétaires d'une part, la carence des conditions de conservation des produits périssables d'autre part, ne permettent guère de constituer des réserves. Le commerce des produits et services élémentaires est donc par principe dispersé, accompagnant chaque établissement humain : du village de campagne au quartier, voire à l'îlot des zones urbaines.

Sans doute, ainsi que l'a montré Christaller, dès les années 1920, (voir figure p. 90) cette dispersion n'est pas anarchique ; elle obéit à des régularités et des hiérarchies suivant la fréquence des recours, du quotidien à l'exceptionnel, faisant émerger, des villages à la grande ville, toute une série de niveaux de desserte emboîtés qui sont à la base de toute théorie d'organisation spatiale. Pour la France, en simplifiant, l'organisation hiérarchique traditionnelle allait du commerce élémentaire villageois des trente-six mille communes rurales, aux bourgs-centres et petites villes chefs-lieux de canton avec leurs places de marché et quelques dizaines de boutiques, à la ville moyenne chef-lieu d'arrondissement avec un magasin populaire et une centaine de commerces fournissant un plus large choix, jusqu'à la grande ville préfecture, fière de son grand magasin et de son centre ville animé, la capitale Paris coiffant l'ensemble de cette organisation hiérarchique de l'espace. Chacun de ces niveaux était ainsi caractérisé à la fois par un plus grand nombre de commerces accumulés, et surtout par des commerces de recours de plus en plus rare (de l'alimentaire à l'habillement, aux loisirs et au commerce de luxe), de qualité de plus en plus grande, de spécialisation de plus en plus poussée vers lesquels on ne consentait à des déplacements plus longs et plus coûteux qu'en fonction de besoins peu fréquents ou exceptionnels.

Suivant la même logique, on a pu mettre en évidence au sein des villes, une organisation assez similaire avec, suivant la taille des villes, trois ou quatre niveaux de desserte.

Petit commerce et lien social

Ce cadre quasi universel de l'activité commerciale correspond à la petite exploitation familiale, recourant rarement à des salariés ou aides extérieures. Souvent conjuguée avec d'autres activités agricoles, industrielles ou de services, l'exploitation commerciale constitue à la fois un patrimoine familial et un savoir-faire en relation avec une clientèle de voisinage, généralement assez bien connue, partageant le même mode de vie et se rencontrant dans l'échoppe, la boutique, le magasin ou au marché. Le petit commerce est ainsi depuis toujours l'un des plus efficaces agents du lien social local et de référence territoriale aussi bien dans les campagnes que dans les villes du tiers monde ou des pays développés. Les géographes ont montré que la notion même de quartier était largement dépendante des références commerciales de voisinage acquises dés le plus jeune âge.

Ce cadre de la petite exploitation commerciale de proximité reste encore quasi exclusif dans la majeure partie des pays pauvres de la planète et on peut estimer, sans prendre en compte le commerce informel, que près de 100 millions de commerçants sont en liaison avec les 6 milliards d'habitants. Ce petit commerce est en déclin en Amérique et en Europe.

Formes et paysages du commerce traditionnel

Nous distinguerons trois types illustrant la diversité de la relation du commerce traditionnel à l'espace et à la société.

□ *Le commerce informel*

Sous le terme de commerce informel, on désigne tous les échanges de produits ou services qui s'effectuent de gré à gré, « de la main à la main », sans statut, sans enregistrement, sans imposition. Il s'agit de la forme la plus ancestrale de l'échange, issue en général de la pauvreté, de la nécessité ou de l'absence sur place d'autres formes de commerce davantage orientées vers des populations plus aisées. Le commerce informel reste encore largement prédominant sur notre planète en nombre de transactions sous forme de troc de produits ou services ou d'achat monétaire limité. Par essence, il est impossible de le mesurer en chiffre d'affaires mais on a pu l'estimer aux deux tiers des échanges dans certains pays africains. Informel, il n'a ni lieu, ni temps assignés mais il constitue l'un des paysages mouvants les plus typiques de l'animation dans les pays pauvres ou de certains quartiers exclus dans les pays riches.

Le commerce informel domine largement dans tous les pays pauvres d'Afrique, d'Asie et d'Amérique même si l'urbanisation réduit son rôle par la monétarisation des échanges. Dans nombre de pays anciennement socialistes, le commerce informel a été longtemps la compensation obligatoire aux insuffisances du commerce organisé par l'état. Dans nos pays riches, le commerce informel est généralement considéré comme illégal ; il occupe néanmoins dans l'économie des ménages une place non négligeable par le recours à des services divers (travail au noir, garde d'enfants…) pour échapper aux taxes. Il est aussi le berceau de tous les échanges illicites.

Pour les pays pauvres, certains y voient une forme de gaspillage économique dans la mesure où le commerce informel, s'adaptant à une faible demande par une vente à l'unité, multiplie les bénéfices tout au long du circuit de distribution jusqu'au client final qui surpaie le produit acheté en faible quantité. D'autres y voient, sur le plan social, une adaptation de l'offre à la demande de misère permettant la multiplication de maigres ressources garantes de survie et de paix sociale pour les populations pauvres qui ne sont pas ainsi exclues et démunies, chacun ayant à la fois quelques petites choses à vendre ou à acheter.

□ *Les marchés*

Comme les foires, les marchés sont issus d'un lointain passé (foires de Champagne du Moyen Âge, caravansérails...). Ils correspondent à un rapport très original à l'espace et au temps par la concentration de clientèle en quelques heures d'exercice sur des lieux différents occupés successivement. Ils sont répandus sur toute la planète et constituent dans les pays pauvres, et tout particulièrement dans leur immense ruralité, la principale forme d'échange, en dehors du commerce informel avec lequel les formes de transition sont d'ailleurs nombreuses.

En revanche, en France aujourd'hui, les marchés ne comptent plus que pour une part modeste dans les achats des ménages (3 à 5 %), mais ils restent chers à leur cœur car ils symbolisent la qualité et la fraîcheur des produits, l'ambiance perdue des quartiers d'antan et des chaleureuses « poignées de mains » entre voisins. Cet attrait des marchés, tant social qu'économique, les fait aujourd'hui considérer comme des véritables outils d'aménagement pour le maintien de la qualité de vie urbaine et l'animation des quartiers

□ *Le commerce sédentaire*

À la différence du commerce informel et des marchés, le commerce sédentaire s'exerce en un lieu permanent et en un temps déterminé d'ouverture, donne lieu à enregistrement et à imposition. Dans les villes caractérisées par l'abondance de clientèle et de richesses, le commerce s'est très rapidement formalisé (corporations du Moyen Âge) et concentré dans des lieux où l'animation commerciale contribue à créer la perception de la centralité tout autant que les autres organes du pouvoir administratif ou économique

Tout autant qu'aux magasins individuels, le géographe est attentif aux formes de groupement de magasins qui reflètent les différents niveaux de l'organisation de l'espace urbain. On distinguera les noyaux élémentaires de quelques commerces courants correspondant à la desserte de proximité, les noyaux intermédiaires de quartier et le puissant commerce de centre ville, vitrine de la ville, groupant des centaines et parfois plus de mille commerces. Il s'est enrichi au XIXe siècle d'un ou plusieurs grands magasins qui dessinent un « hypercentre » d'activités entouré des magasins les plus luxueux. Au cours du dernier quart de siècle, le centre-ville s'est souvent enrichi, à l'instar des périphéries concurrentes d'un centre commercial orienté vers les loisirs, la culture et les grandes enseignes.

Commerce et urbanité

Pour l'historien H. Pirenne, la ville est « fille du commerce ». Le commerce est intimement lié à la ville : il est en général exercé au rez-de-chaussée des immeubles dont les étages sont dévolus à l'habitation ou à d'autres activités économiques. Au long des siècles, il est devenu l'une des composantes essentielles du paysage et de l'animation urbaine, lui a donné son animation théâtrale ou commerces et gens font le décor et le spectacle, sa vocation de mixité sociale par sa puissance d'attraction des populations diverses dispersées sur toute l'aire de chalandise agrandie par les transports en commun et l'automobile au XXe siècle.

Aujourd'hui concurrencé par le commerce moderne périphérique, le commerce urbain traditionnel de proximité ou de centre-ville est en crise plus ou moins grave dans la plupart des pays européens et dans les downtowns, il ne représente plus guère que 10 à 15 % du commerce des villes américaines. Dans nombre de pays, y compris en France, les pouvoirs publics s'efforcent aujourd'hui par diverses mesures de protéger et de dynamiser le commerce urbain central pour éviter que la perte de vitalité commerciale soit aussi une perte d'urbanité, de la même manière que les campagnes ont été dévitalisées en peu de temps par la quasi-disparition du commerce rural.

Le commerce moderne

Né en Amérique dans les années 1930, généralisé dans les pays riches depuis à peine un quart de siècle et abordant aujourd'hui les pays émergents, le commerce appelé moderne par opposition au commerce traditionnel, repose les problèmes d'organisation de l'espace à des échelles géographiques et culturelles différentes. Il en résulte, dans les pays développés, une recomposition de l'espace, à peine amorcée dans les pays émergents, totalement absente pour la majorité des populations de la planète et dont on ne peut savoir encore aujourd'hui, en raison de la brièveté de l'évolution, s'il s'agit d'une forme de transition ou de renouvellement des rapports du commerce à l'espace et à la société.

Grandes surfaces périphériques et commerce motorisé

Bien après l'Amérique, leur émergence en France ne date que d'à peine plus de trente années avec l'ouverture du premier hypermarché Carrefour en 1963 à Sainte-Geneviève-des-Bois en banlieue parisienne et l'inauguration du premier centre commercial régional à Parly 2 en 1969. Depuis lors l'essentiel des nouvelles implantations commerciales françaises s'est fait au profit de ce commerce moderne, hors la ville, dans les banlieues ou le lointain périurbain, sur les grands axes de circulation automobile. Le commerce moderne s'est ensuite étendu à l'Europe méridionale, puis aux pays émergents d'Amérique latine, aux grandes villes des rivages asiatiques, plus récemment aux pays en transition de l'Europe de l'est et il aborde aujourd'hui le continent africain.

Le commerce moderne, repose sur l'accès motorisé (*No parking, no business*) permettant de concentrer, en un lieu, une clientèle importante, drainée sur un espace exprimé en proximité motorisée, c'est-à-dire cent à mille fois plus vaste que la proximité pédestre en fonction des conditions de circulation et de stationnement. L'installation en périphérie facilite ce rassemblement de clientèles internes et externes à la ville, profite de terrains disponibles et peu chers et évite toutes les contraintes liées aux réglementations urbaines.

Ses techniques commerciales sont nouvelles et adaptées à cette concentration de clientèle motorisée, en particulier par la taille des établissements : grandes surfaces permettant un large choix de produits, le groupement des achats hebdomadaires des familles, la réduction des coûts d'exploitation par le libre-service, la rationalisation des techniques commerciales et, en conséquence, la pratique de bas prix (*discount*) pour une vente de masse attractive d'une large clientèle populaire et moyenne accédant à la consommation.

Il est aussi créateur de nouveaux paysages urbains périphériques. À la différence du commerce traditionnel, intégré à la ville, le commerce moderne se regroupe en des centres commerciaux excluant, pour l'efficacité d'exercice, toute activité autre que commerciale, même si on observe aujourd'hui des essais pour lier commerce et loisirs avec parcs d'attractions et cinémas multiplexes. Le paysage caractéristique est celui du centre commercial, entouré de ses vastes aires de stationnement et ceinturé par les échangeurs routiers. Sous le même toit, le centre commercial rassemble une ou plusieurs grandes surfaces alimentaires et de produits courants, quelques dizaines à quelques centaines de boutiques de grandes enseignes d'habillement, d'équipement de la maison, de loisirs-culture et de restauration. Souvent en France, ces centres commerciaux sont accompagnés dans les « zones d'activité commerciale » localisées sur les axes de circulation des « entrées de villes », d'une interminable juxtaposition de bâtiments commerciaux divers exprimant tous les nouveaux aspects de la consommation de masse jusqu'aux chaînes de restauration et d'hôtellerie.

Ces nouveaux paysages commerciaux périphériques présentent une certaine uniformité visuelle même si on peut à la fois les différencier selon la taille et l'aire de chalandise :

– centre commercial de proximité (une dizaine de boutiques et un supermarché),

– centre intercommunal (un hypermarché et une cinquantaine de magasins),

– centre d'intérêt régional (un grand hypermarché et parfois plus de 200 magasins),

– une autre échelle : celle du *megamall* est née en 1992 aux États-Unis avec le Mall of America de Minneapolis rassemblant 500 établissements commerciaux et de loisirs sur 400 000 mètres carrés avec une aire d'attraction de clientèle sur plusieurs centaines de kilomètres. Dés 1997, le centre commercial Colombo à Lisbonne, aujourd'hui celui de Val d'Europe à Marne-la-Vallée, près d'Eurodisney, introduisent en Europe ce type de « megamall » à échelle nationale, voire internationale.

Le commerce mondialisé

De même que le commerce moderne correspond à la concentration de clientèle sur une plus large échelle spatiale que le commerce traditionnel, l'entreprise commerciale moderne implique la mondialisation. Grandes entreprises mais aussi petits commerces, désormais organisés, ont désormais pour objectif l'internationalisation et l'identification planétaire.

□ *Les grandes entreprises de distribution*

À la différence du commerce traditionnel de proximité, la grande surface implique la grande entreprise comme au XIXe siècle, les grandes usines ont accompagné la croissance des sociétés industrielles. Très rapidement, le grand

Espace et commerce virtuel

De même que le commerce moderne est issu du développement des transports motorisés, le commerce électronique, aussi appelé commerce virtuel, résulte du progrès informatique. Il pourrait n'être considéré que comme une forme particulière du commerce moderne s'il ne niait pas cette relation à l'espace et au temps, si importante pour le géographe : pas de déplacements d'achats, pas de boutiques localisées en des lieux déterminés pour une offre en principe planétaire de produits et services à n'importe quel moment, sans autre forme de contact social qu'au travers de l'écran d'ordinateur. Né aux États-Unis il y a une douzaine d'années avec l'informatisation des ménages et des entreprises, il représente déjà près de 15 % du marché américain. En France, il reste provisoirement cantonné à des achats culturels et ludiques, effectués par des internautes généralement de niveau culturel élevé et d'âge jeune résidant dans les centres des grandes villes.

commerce, désormais appelé distribution, a généralisé la concentration horizontale (multiplication des mêmes formats de magasins avec les mêmes assortiments près de toutes les villes) et la concentration verticale (intégration des fonctions d'intermédiaires entre consommation et production par des « centrales d'achats » opérant aussi bien auprès des grandes sociétés internationales de production que des petits agriculteurs de terroirs). Il s'essaie seulement aujourd'hui à la diversification vers d'autres secteurs de consommation (services bancaires, touristiques...) ou d'autres environnements urbains plus denses et plus complexes (centres villes, quartiers de gares...). Ce développement national rapide, également marqué par l'absorption des concurrents, qui reste, cependant, provisoirement moindre que dans l'industrie, s'est rapidement conjugué avec l'expansion internationale. Une part de plus en plus large du chiffre d'affaires provient de l'expansion internationale qui suit les mêmes formules à succès dans des pays émergents et manifeste les mêmes aspirations à la consommation que la France de la fin du XXe.

□ *Les grandes enseignes franchisées*

Preuve de la souplesse d'adaptation du commerce, la petite entreprise familiale traditionnelle en difficulté est entrée dans des formules d'organisation lui ouvrant les portes du commerce mondial. Le système de franchise représente une intéressante synergie entre la dimension internationale d'une enseigne, soutenue par la publicité, et la dimension locale d'un exploitant, souvent démuni de moyens, mais détenteur d'un magasin bien placé et d'un savoir-faire. L'enseigne apporte conseils, financements, stocks et clientèle moyennement une redevance et un assujettissement aux normes correspondant à la reconnaissance de son image. Par exemple, en France, on recense environ 1 500 enseignes d'origine française ou étrangère qui ont plus de 250 établissements succursalistes ou franchisés dispersés suivant les stratégies dans les centre-villes ou les périphéries françaises et également présentes dans la plupart des grandes villes mondiales.

Commerce moderne et recomposition de l'espace marchand

Le heurt des deux échelles d'attraction : traditionnelle et moderne entraîne simultanément une déstructuration de l'espace marchand préexistant et sa restructuration en fonction des logiques nouvelles.

□ *Les principaux phénomènes de déstructuration*

Le déclin des niveaux de desserte traditionnelle élémentaire dispersée : en milieu rural, la concurrence des centres commerciaux de la ville proche a fait disparaître la quasi-totalité du commerce villageois. Il en résulte une « dévitalisation » des campagnes, touchées également par le retrait des services publics. En milieu urbain et suburbain, la desserte de proximité se contracte de façon analogue et il s'en suit une perte de la notion même de quartier, d'identification au lieu et la montée de l'insécurité.

Le déclin de la desserte intermédiaire peu attractive en regard des nouvelles mobilités : entre la métropolisation des centres commerciaux à la périphérie des grandes villes et la petite ville dotée d'un hypermarché, l'attrait de la ville moyenne s'estompe. Au sein des villes, le même remaniement de la desserte s'opère aux dépens des centres intermédiaires de quartier mal caractérisés entre la desserte élémentaire de proximité et l'accès facile au centre-ville ou aux centres commerciaux périphériques.

La dualité entre centres-villes et périphéries : le centre-ville a perdu sa suprématie en force de vente, la majorité des centres commerciaux étant en position périphérique et parfois de taille comparable au centre ville. Cette dualité est aussi celle des modes d'accès (automobile ou transport en commun), celle des paysages (entre rue commerçante et centre commercial), celle des spécialités commerciales (commerce de centre-ville orienté vers l'habillement, les loisirs et la culture et centres commerciaux).

□ *Les phénomènes de recomposition en cours*

Les centres commerciaux constituent de nouveaux pôles « restructurateurs » de l'espace urbain. Du centre intercommunal au puissant centre régional, de plus en plus accompagné de cinémas multiplexes, ils construisent dans les banlieues et le périurbain, jusque-là peu organisés et animés, des centres d'une vie collective où l'animation commerciale crée le lien social. Ils dynamisent dans leur voisinage (Bègles, La Défense) des équipements commerciaux complémentaires.

L'action des pouvoirs publics, attentive à ne pas déséquilibrer le tissu commercial existant, utilise souvent le centre commercial comme un puissant outil d'aménagement urbain. Tel fut le cas en France lors de la création des villes nouvelles et des premiers grands centres commerciaux d'intérêt régional, plus tard lors de la rénovation des zones urbaines denses dans le cadre d'opérations complexes mêlant centre commercial, immeubles administratifs et de bureaux (La Part-Dieu, Meriadeck), aujourd'hui pour l'adaptation des quartiers de gare aux nouvelles mobilités (Euralille) et plus généralement pour la « redynamisation » de centres villes (Roubaix, Argenteuil) ou de quartiers en difficulté.

Le nouveau consommateur, de plus en plus mobile, et disposant dans sa proximité pédestre ou motorisée d'une infinité d'équipements commerciaux de toute nature les utilise à son gré et suivant ses besoins : commerces de voisinage, marché, commerces de centre-ville avec un ou plusieurs centres commerciaux. Son espace d'approvisionnement prend la forme d'un « archipel marchand » recomposant à sa volonté, la diversité des équipements marchands accessibles en fonctions des nouvelles modalités.

Uniformité, nouvelles identités et nouveaux contrastes de l'espace marchand

La mondialisation des entreprises conduit à la fois à une uniformisation planétaire des nouveaux paysages marchands, à une nouvelle recherche d'identité entre local et global mais aussi à l'accentuation des contrastes de développement.

L'uniformisation est d'abord celle des marques de production de produits pré-vendus par la publicité radio-télévisée mondiale. Dans la distribution de masse, on peut estimer à près d'un tiers les produits mondialisés incontournables (boissons, alimentaire, hygiène, loisirs) mais cette contrainte est plus générale et s'étend même aux commerces des pays les plus pauvres (Coca Cola, cigarettes...). L'uniformisation tient également aux enseignes de distribution dont la présence devient symbolique d'un degré de développement, d'un niveau de centralité, puisqu'elles manifestent la présence d'un certain type de clientèle. L'uniformisation est aussi dans les paysages, grande distribution et enseignes reproduisant autant que possible à l'identique les formules à succès qui conditionnent leur reconnaissance. Cette uniformisation planétaire est souvent perçue comme valorisante et novatrice dans les pays en développement car elle symbolise l'accès à la modernité tandis qu'elle agace dans nos pays où les mêmes enseignes se retrouvent partout, dans les centres-villes et les centres commerciaux, et signifie pour nous standardisation de la consommation.

Cette standardisation suscite en retour une résurgence de l'identité locale. D'une part, les entreprises et enseignes doivent arbitrer entre leur impératif d'identification planétaire et leur besoin de s'adapter le plus finement possible à la clientèle locale pour la fidéliser et se distinguer de la concurrence. D'autre part, les consommateurs apprécient, certes, de s'identifier à certaines enseignes planétaires qui leur plaisent, mais se désolent du manque de personnalisation de l'ensemble. En conséquence, la mondialisation s'accompagne donc aujourd'hui, en plus de l'indispensable référence universelle, d'une mise en valeur parfois factice des identités locales, des produits de terroir et souvent, de façon alternative, de la promotion ludique d'identités exotiques ou mythiques (« effet Disney »).

Dans l'ensemble, il en résulte un accroissement des contrastes entre les pays riches pouvant accéder à une consommation planétaire de produits sélectionnés et l'immense majorité des populations réduites à des achats de nécessité alors que la publicité télévisée qui pénètre dans les endroits les plus reculés n'invite qu'à des rêves inaccessibles.

SYNTHESE

Le poids de l'agriculture dans le monde apparaît encore clairement : elle reste le premier employeur mondial en occupant 45 % des actifs soit 1,3 milliard de personnes. Pourtant les différences sont considérables entre pays riches et pays pauvres. Dans les premiers elle ne représente plus en moyenne que 2 % du PIB. Dans les pays en développement, l'agriculture entre pour le quart du PIB en Inde, pour le sixième en Chine et les agriculteurs sont nombreux, les autres secteurs d'activités restant eux-mêmes assez peu productifs. Au total l'agriculture offre des visages très variés.

L'industrie ne correspond plus à l'image du XIXe siècle, elle s'appuie de plus en plus sur la technique, la technologie, ce qui apparaît bien au travers de l'analyse du fonctionnement d'une firme. Dans les pays développés, l'industrie enregistre des mutations sectorielles, fonctionnelles, territoriales. La situation des pays en développement est tout autre, certains n'ont pas de développement industriel, quand d'autres sont déjà engagés dans un processus complexe, associant industries pour la demande intérieure et industries au profit des pays riches au titre de la délocalisation.

Les services à la consommation, marqués par la modernisation des techniques et la mondialisation en cours des entreprises ont fait naître, à côté du système traditionnel de desserte de l'espace, un système concurrent qui recompose aujourd'hui l'organisation de l'espace dans les pays riches et émergents et accroît les contrastes de développement.

Pour en savoir plus

I. GENEAU DE LAMARLIERE, J.-F. STASZAK, *Principes de géographie économique*, Bréal, coll. « Grand Amphi », 2000.	Cet ouvrage, à la fois théorique et appliqué, présente les concepts, les méthodes et les résultats des travaux de ces dernières années en économie territoriale et en géographie économique.
J.-P. DIRY, *Les espaces ruraux*, Armand Colin, coll. « Campus », 1999.	L'auteur, après avoir défini l'espace rural et décrit les principaux éléments d'une géographie agraire, étudie les mutations agricoles et rurales récentes dans les pays développés puis dans les pays en développement.
R. CHAPUIS, P. MILLE, *Espaces et systèmes agricoles dans le monde*, Armand Colin, coll. « U », 2001.	Après avoir montré la place des agriculteurs et de leurs productions dans le monde, l'ouvrage analyse les composantes des systèmes agricoles (agro-système, socio-système, système productif) et de leur répartition dans le monde.

J.-P. RENARD, *Les mutations des campagnes*, Armand Colin, coll. « U » 2002	L'ouvrage décrit d'abord les transformations générales des paysages, des structures agraires et des espaces ruraux dans le monde puis s'attache aux évolutions régionales.
F. DAMETTE, *La France en villes*, Datar/ La Documentation française, 1994	Un ouvrage de base qui insiste sur la place centrale tenue par les villes et la hiérarchie urbaine dans les mutations de l'économie française.
J.-M. HOLZ, J.-P. HOUSSEL, *L'industrie dans la nouvelle économie mondiale,* PUF, coll. « Major », 2002	Ouvrage de base organisé en deux grandes parties présentant d'abord les dynamiques et les acteurs des mutations industrielles mondiales puis étudiant en détail l'économie des différents pays.
R.P. DESSE, *Le nouveau commerce urbain*, Presses de l'université de Brest, 2001.	Intéressante analyse des nouvelles mobilités d'achat des ménages français.

8

LES OUTILS DU GÉOGRAPHE

Les outils en géographie ne se limitent plus depuis longtemps au commentaire et à la fabrication de cartes. Et on assiste actuellement à une floraison de documents utilisés et/ou créés par les géographes, accentuée par l'utilisation de l'outil informatique. De plus la discipline est confrontée à un dilemme récurrent : utiliser les sources diverses des administrations ou créer ses propres bases de données. Or les sources sont nombreuses et variées : cartes, textes, images diverses, sur support papier ou numérique et Internet permet toujours d'aller plus loin dans la recherche des données.

Les outils spécifiques à la géographie (page 144)

Si les cartes et les atlas sont toujours des outils spécifiques conçus et réalisés par les géographes, ces derniers ont innové récemment en pratiquant la modélisation graphique à partir des règles sur les chorèmes établis par Roger Brunet.

Les outils privilégiés (page 147)

La télédétection a modifié en profondeur les visions de la surface terrestre. Utilisée par d'autres disciplines, elle permet de cerner les modifications dans l'occupation et l'utilisation des sols.

Les outils empruntés (page 149)

La géographie utilise de plus en plus l'analyse de données pour traiter les nombreuses informations statistiques fournies par les organismes officiels ou obtenus par enquête.

Les nouveaux comportements (page 154)

Le traitement numérique de l'information implique de plus en plus des carroyages de l'espace indépendants des découpages traditionnels de l'espace. Parallèlement la modélisation permet de montrer la complexité des territoires.

Les outils spécifiques à la géographie

La majeure partie des travaux de géographes s'accompagne de cartes. Cartes du relief, du climat ou des densités... la liste est longue. Mais ces cartes sont souvent uniques, réalisées pour un thème donné sur un territoire. Et cette diversité est encore compliquée par les choix sémiologiques des auteurs et des cartographes. Mais, quelle qu'en soit la finalité, toute carte doit commencer par un dialogue entre le thématicien et le cartographe. Et ce n'est qu'après cette discussion que débutera la conception scientifique, la fabrication de la légende et enfin la réalisation finale.

La diversité des cartes

Les cartes sont censées reproduire en plan des portions du globe terrestre qui est courbe. Pendant longtemps, le souci des cartographes a été de choisir la projection plane minimisant les déformations en fonction du problème à résoudre. Puis la volonté de dégager des structures a amené certains géographes à s'affranchir de la forme dans de la modélisation graphique pour mieux comprendre les territoires. Dans une démarche totalement différente, les cartes mentales, qui relèvent de la problématique de l'espace vécu, sont utilisées en géographie des représentations. Elles cartographient la vision l'espace par un individu ou par un groupe social et s'abstraient donc des contraintes des projections.

Mais l'essentiel de la production cartographique produite par des géographes reste encore tributaire des fondamentaux que sont l'échelle et la représentation plane de surfaces courbes contrariées par des reliefs plus ou moins importants, ne serait-ce que pour faciliter les compatibilités dans les systèmes géoréférencés comme les systèmes d'information géographiques (SIG).

Les cartes récurrentes

Ces cartes sont des documents aux légendes identiques réalisées sur des territoires différents mais dont la nécessité s'impose *de facto*. Tous les atlas généraux présentent des cartes du relief et des cours d'eau, des cartes climatiques, des cartes de densité. En général, les réseaux de communication, les localisations urbaines, les nomenclatures des régions sont reportés sur les cartes hypsométriques. Mais souvent ces cartes récurrentes ne traitent que d'un seul caractère, et ne réalisent que rarement le croisement de deux variables.

Les cartes composées

La géographie régionale a longtemps considéré comme une figure imposée le croquis régional supposé mettre en évidence des interrelations entre différents facteurs, (en général le milieu naturel et les activités humaines). Ceci devait permettre, sinon de dégager des ensembles plus ou homogènes, en tout cas de diversifier l'espace. Cet exercice semble tombé en désuétude et c'est dommage, car il peut rendre encore beaucoup de service dans le domaine pédagogique. Mais il faut dire que cette pratique avait suscité de tels abus, entraînant une accumulation de signes s'enchevêtrant sans que les logiques du raisonnement soient clairement exprimées qu'un rejet compréhensible s'est manifesté. De telles cartes ont été rendues possibles dans une logique forcenée d'exhaustivité dans le cadre d'un paradigme aujourd'hui révolu.

Mais, sous réserve de cartographier dans une démarche plus hypothético-déductive, de se référer à des modèles spatiaux reconnus, on peut composer des cartes régionales significatives. L'ouvrage, *La géographie universelle* (Reclus) en montre beaucoup d'exemples. Désormais, ce n'est plus « à la main » que de telles cartes sont réalisées mais en utilisant des logiciels adaptés au dessin.

Les atlas

Le terme d'atlas déborde désormais du cadre spatial pour s'intéresser, par extension, à tout recueil de planches y compris en médecine. Les atlas modernes comprennent des éclairages et des commentaires des cartes présentées.

On peut les regrouper en trois grandes catégories :

– les atlas thématiques, consacrés à une même problématique sur des espaces différents ;

– les atlas généraux, souvent appelés « atlas scolaires » mais dont le maniement devrait être obligatoire pour tout étudiant en géographie. Regroupant cartes thématiques et cartes composées, ils cherchent à donner une vison du monde en insistant plus particulièrement sur le pays éditeur et ses voisins en fonction des programmes de l'enseignement ;

– les atlas régionaux cartographient différents thèmes sur le même espace. Ils peuvent former une série de volumes où les thématiques recoupent les territoires ; comme c'est le cas pour les 12 tomes de l'*Atlas de France* (La Documentation française, 1990-2001).

Les modèles graphiques

La démarche hypothético-déductive qu'utilise l'analyse spatiale permet de construire à partir de modèles classiques ou de configurations spatiales simples des modélisations territoriales pour lesquelles les structures mises en évidence comptent plus que la réalité des formes. Mais en aucun cas, il ne s'agit de simplification de cartes composées obtenues en regroupant des informations, mais bien de constructions à partir d'hypothèses scientifiques. La confusion entre les deux démarches a été fréquente et source de bien des déboires dans l'enseignement.

Ces modèles graphiques sont souvent appelés à tort « chorèmes » alors que selon R. Brunet, ce sont des structures élémentaires de l'espace croisant des dynamiques spatiales ainsi que des configurations simples. Tout territoire peut ainsi, soit être décomposé en un certain nombre de chorèmes, soit être construit à partir d'eux. Au-delà de la représentation des structures fortes d'un territoire, cette approche possède une valeur pédagogique en initiant l'étudiant géographe à une démarche modélisatrice.

Les systèmes d'information géographique (SIG)

Le croquis composé revenait intuitivement, sans autres précisions géographiques que la vraisemblance, à superposer diverses couches d'information en jouant sur la sémiologie pour les rendre lisibles. Or c'est un souci constant chez les géographes de pouvoir rendre compte des diverses caractéristiques d'un lieu, que celui-ci soit un axe, une surface, ou un point.

Les SIG répondent à ce besoin dans la mesure où ils sont perçus comme des environnements fournissant des informations géoréférencées sur des objets spatiaux et leurs attributs. Leur principale fonction est de permettre la structuration des données sur des critères comme la distance, la surface, la localisation. Un SIG est un système de gestion de bases de données (SGBD) ordonnées dans l'espace. Il comprend ainsi une base de données organisées en différentes couches (une par variable), une boîte à outil regroupant des logiciels de mise en forme de l'information (y compris des données de télédétection), des outils de gestion plus ou moins élaborés selon les types de SIG et des interfaces graphiques permettant de passer à des fonctions de cartographies assistées par ordinateur (CAO) et de traitement d'image.

Dans ces conditions, la tentation est grande de créer sa propre base de données. Les questionnaires et les techniques d'enquête en fournissent nombre d'exemples. Dans de nombreux cas c'est nécessaire car le problème est localisé avec des spécificités déterminées. L'utilisation se trouve facilitée car les logiciels utilisés (ARC INFO, IDRISI, pour ne citer que les plus fréquents) sont souvent les mêmes dans les différents bureaux et laboratoires, mais cela ne résout pas toujours la compatibilité entre les sources d'origines différentes, les couches d'information n'ayant pas été créées à la même date, et les découpages territoriaux étant souvent non compatibles.

Les couches d'information d'un SIG

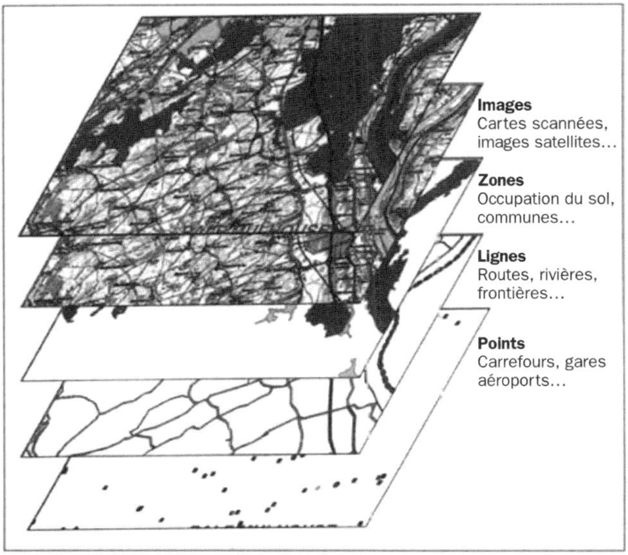

Source : Arc View.

Les outils privilégiés

La description des territoires n'est pas la propriété de la géographie et souvent celle-ci utilise des outils conçus pour d'autres finalités. Les cartes IGN au 1/50 000e sont les héritières des cartes d'État-major et la télédétection est au service de l'agronomie, de la géographie, de la météorologie, comme des forces armées. Tous ces outils ont pourtant comme point commun – parce qu'il « décrive la terre » – d'être privilégiés par la discipline même si elle n'a pas en général de contrôle sur leurs mises en place et leurs accès ; tous sont payants, sauf conventions spéciales.

La dépendance vis-à-vis des cartes

La diversité de la géographie est trop vaste pour qu'il n'y ait qu'un modèle de carte unique. Il est souvent plus utile et rentable d'utiliser, malgré leurs imperfections et des échelles pas toujours adaptées, les cartes fournies par des organismes spécialisés plutôt que de construire ses propres représentations territoriales. Pendant longtemps, les outils de base des études géographiques furent la carte topographique et la carte géologique correspondante. De nombreuses administrations, outre l'IGN et le BRGM, produisent des documents cartographiques de qualité, qui souvent sont disponibles non seulement sur support papier mais désormais sur CD ROM.

L'INSEE publie régulièrement les résultats des recensements à divers niveaux d'agrégations spatiales depuis la commune jusqu'aux départements. Ces cartes fournissent des données élaborées permettant des analyses à l'échelle régionale. Mais les résultats intra-urbains font défauts et doivent alors être évalués autrement pour des études à des niveaux scalaires plus fins.

Dans le domaine de l'environnement, on connaît les cartes de Météo France. L'IFEN (Institut français de l'environnement) publie des cartes « Corine Land Cover ». Grâce à une nomenclature emboîtée et valable du nord de l'Europe au Maroc, on peut appréhender l'occupation du sol à des nivaux fins puisque les pixels élémentaires ont 100 mètres de côté. Ils complètent pour la montagne, les atlas des parcs nationaux tel celui, remarquable, du parc des Ecrins.

On pourrait multiplier les exemples à l'infini. Notons entre autres que l'analyse des cartes publicitaires, de même d'ailleurs que celles des photographies, est utilisée fréquemment par la géographie des représentations : ces documents fournissent des éléments sur l'image que l'on veut donner d'un territoire, tant dans le choix des thèmes que par leur sémiologie sélective et déformante.

La télédétection

La télédétection regroupe l'ensemble des techniques capables de fournir à distance les informations relatives à un territoire en utilisant l'étude de l'émission et de la réflexion des rayonnements électromagnétiques dans l'ensemble du spectre, longueurs d'onde allant des ultras violets aux hyperfréquences. Ces dernières concernent essentiellement l'imagerie radar. Si chaque type de satellite a bien au départ une finalité propre, que traduit la forte fréquence des passages pour les satellites météorologiques, le choix des canaux dans le spectre privilégie quasi systématiquement le visible et le proche infrarouge particulièrement réceptif à la teneur en eau et donc à la biomasse.

La photographie aérienne correspond, quant à elle, à l'enregistrement sur une surface sensible de certaines radiations du spectre fournies par l'image de la terre.

La répétitivité de la télédétection

Si l'IGN effectue régulièrement de couvertures complètes du territoire dans le visible et l'infrarouge par des photographies aériennes, la durée entre deux passages sur un même lieu est de l'ordre de plusieurs années. Mais si dans les pays développés, la répétitivité permet encore des études diachroniques, elle est beaucoup plus aléatoire dans les pays en voie de développement. D'autre part, les missions aériennes, sauf exception, correspondent à des zones habitées et des parties entières de la terre n'ont jamais été photographiées. Mais pour remonter dans le temps avant les années 1970, elles restent les seuls documents utilisables, même en noir et blanc, pour toute étude sur l'évolution des territoires. Les possibilités offertes par leur scannage permet désormais de les intégrer dans des bases de données géoréférencées et des SIG. Elles gardent encore un grand intérêt aux grandes échelles par la possibilité de restitution stéréoscopique permettant de reconstituer le relief. Mais la surface couverte reste restreinte par rapport aux scènes des satellites d'observations de la terre.

Si jadis, la prise en compte des variations temporelles des territoires se limitait souvent à la comparaison de cartes ou de photographies aériennes d'époques différentes, le recours à l'imagerie satellitaire permet d'améliorer la périodicité. Le passage au-dessus d'un même lieu varie fortement d'un capteur à l'autre, entre plusieurs fois par jours pour les satellites météorologiques à trois semaines pour Landsat et SPOT. Leurs images autorisent, pourvu que le couvert nuageux le permette, un suivi diachronique de la variabilité spatio-temporelle de l'occupation du sol. Mais pour de vastes surfaces, la tendance est à l'utilisation des satellites météorologiques pour dégager des grands ensembles, des surfaces homogènes en jouant sur les rapports et les combinaisons linéaires entre canaux.

Les transformations spectrales

Pour chaque pixel, chaque canal fournit une information numérique susceptible de traitements mathématiques plus ou moins compliqués. On peut ainsi mettre en évidence des changements en soustrayant par exemple deux images prises à des dates différentes. À partir de ces données, on peut réaliser des compositions colorées en superposant les images de trois canaux pris dans les trois teintes fondamentales, rouge, vert et bleu. D'autres méthodes reposent sur les différences de réponses spectrales qui caractérisent divers milieux (sol, végétation, eau, par exemple) qui ont pour but de mieux les discriminer sur l'image finale obtenue à la suite de ces calculs. On peut ainsi calculer des relations linéaires entre différents canaux, déterminer des indices. L'un des plus fréquemment utilisé est le NDVI (*Normalized Difference Vegetation Index*) qui est égal au quotient de la différence entre l'infrarouge et le rouge par la somme de ces mêmes valeurs pour un même pixel. Comme l'infrarouge met en évidence la végétation et le rouge la chlorophylle, le NDVI permet d'apprécier les variations fines de la couverture végétale.

Corrections géométriques et atmosphériques

Les « prises de vue » des satellites ne sont perpendiculaires à la surface du sol qu'au centre de la scène : l'enregistrement d'un rectangle est en fait un parallélogramme. Partout ailleurs on note des déformations qui peuvent parfois être importantes sur les bordures. De plus, les satellites connaissent des variations dans leurs orbites qui sont gênantes en cas de comparaisons entre images. Aussi, avant d'intégrer les images satellitaires dans des systèmes géoréférencés, il faut les corriger géométriquement à partir d'amers dont les coordonnées sont parfaitement connues.

Mais les données sont également faussées par la traversée du signal dans l'atmosphère entre la cible et le capteur. La réflectance, c'est-à-dire le rapport entre l'énergie transmise et l'énergie reçue, s'en trouve donc affectée. Les conséquences de l'absence de corrections inhérentes à la traversée de l'atmosphère nécessitent des précautions en cas de forte teneur en vapeur d'eau due à l'évaporation, par exemple au-dessus d'une masse forestière, quand on utilise le proche infrarouge.

Les outils empruntés

Dès lors qu'il s'agit de quantifier, de classer, de hiérarchiser, les outils statistiques – les plus élémentaires comme la moyenne ou les plus élaborés comme diverses analyses factorielles – dépendent de ce que l'on peut appeler la géographie quantitative. Mais ce sont des outils « banalisés », relevant pour leurs développements des mathématiques appliquées, et utilisés par toutes les disciplines. Pour autant, chaque fois que les individus sont des unités spatiales, ces méthodes débouchent sur des règles cartographiques. Ces approches qui remontent en France au début des années 1970, ont permis de développer une démarche plus scientifique pour l'étude de la complexité spatiale en débouchant sur de nouvelles formes de pensée comme l'approche systémique.

Les indicateurs de tendances spatiales

Les variations par unités de surface que sont les densités, par unités de longueur ou de temps que sont les gradients mettent en évidence des disparités territoriales. Ce sont des outils très utilisés, relativement robustes, faciles à calculer, à interpréter et à cartographier.

La moyenne, parce qu'elle est aisée à mettre en œuvre est l'un des outils les plus frustres. Elle ne dépasse pas le niveau mathématique de la division ! Encore faut-il s'assurer de la loi de la distribution qui doit, pour qu'elle ait une signification, se rapprocher d'une loi normale. En tant que variable de position, elle possède un avantage, sur la médiane entre autre, qui est de pouvoir servir à des calculs ultérieurs : l'écart type, les coefficients de corrélation, les variables centrées réduites sont là pour nous le rappeler.

En géographie, les comparaisons entre moyennes calculées sur des lieux différents autorisent des interprétations mettant en évidence les variations d'un phénomène dans l'espace : la moyenne ici se comporte comme un indicateur de tendance spatiale. Toutefois, que ce soit pour les moyennes ou les densités, l'hétérogénéité des découpages spatiaux introduit des biais et des problèmes de limites que les algorithmes des surfaces de tendance permettent de surmonter.

Par rapport aux variations que détectent les approches précédentes, la variabilité spatio-temporelle apporte un plus car elle permet de définir des probabilités, de cerner les risques par exemple. Les écarts interquantiles, les mesures de la dispersion par l'écart type en sont les outils les plus banaux, sous réserve là encore de l'étude préalable des lois de distribution.

La régression linéaire

La régression linéaire, qui suppose l'existence d'un lien de dépendance entre une variable expliquée et une autre explicative, fournit une première approche de la modélisation statistique. Les droites des moindres carrés de la forme $y = ax + b$, obtenues directement dans les cas les plus fréquents, ou sinon par transformation logarithmique ou de fonction puissance, fournissent un modèle d'ajustement dont la qualité peut être estimée par le coefficient de corrélation. Cette méthode permet de s'affranchir en partie des effets de taille résultants de l'hétérogénéité des divisions territoriales, ce qui est un cas relativement fréquent.

Les coefficients de la droite de régression fournissent en général des résultats peu intéressants à moins de comparer deux territoires avec les mêmes variables. Si le coefficient de corrélation donne une indication précieuse sur la qualité du lien, les résultats géographiques les plus pertinents sont fournis par l'analyse des résidus et leur cartographie. Celles ci permettent d'estimer et de localiser les variations par rapport au modèle proprement dit, de travailler au niveau des unités spatiales de bases et donc de définir des différenciations dans l'espace à des niveaux scalaires plus fins. La cartographie des résidus permet par exemple, de différencier les adrets des ubacs dans l'étude des températures en fonction de l'altitude, de réaliser des cartographies fines au niveau des quartiers en géographie urbaine, alors que le modèle linéaire fournira respectivement le gradient thermique ou la structure globale de la ville selon les variables envisagées.

Les analyses factorielles

Souvent en géographie, les individus vont être des unités spatiales ou des lieux répartis plus ou moins régulièrement à la surface d'un territoire et caractérisés par un grand nombre de variables. Dans ces conditions, le recours aux analyses multivariées s'impose.

Leur rôle en tant qu'outil a été fondamental en permettant de traiter de grands tableaux de chiffres et de dégager des structures portant sur plusieurs dizaines de variables concernant potentiellement des centaines d'individus comme des communes, des villes… Pour la première fois, on pouvait traiter simultanément les CSP, les structures par âges, par exemple, pour toutes les communes d'un département.

Les deux les plus utilisées par les géographes sont l'analyse en composantes principales (ACP) et l'analyse factorielle des correspondances (AFC). Or, si elles sont proches, dans leur esprit, elles diffèrent par les distances utilisées pour mesurer les écarts entre les variables d'une part et les individus d'autre part : la distance euclidienne pour la première, celle du khi 2 pour la seconde. Mais au-delà de ce problème mathématique, il faut bien savoir qu'elles ne sont pas interchangeables et que le choix de l'une ou de l'autre dépend de la structure du tableau de départ, du type de variables à traiter, du codage, binaire ou non, que l'on se fixe.

Cependant, leur utilisation comme outil de classification par partition du plan factoriel n'est pas recommandée et on préférera, avec les mêmes distances, utiliser les classifications hiérarchiques qui sont souvent couplées avec elles dans les logiciels d'analyse de données.

La finalité des analyses factorielles

Le but des analyses factorielles est de dégager des structures fortes, de concentrer l'information en un certain nombre de facteurs ou d'axes selon la terminologie utilisée, en minimisant la perte de variance expliquée. Ces facteurs qui correspondent à des structures fortes du tableau variables/individus sont ainsi hiérarchisés, le premier concentrant le maximum d'information, le second un pourcentage moindre et ainsi de suite. Mais quelque soit l'algorithme choisi, le résultat géographique dépendra du choix des variables et de leurs pertinences. Aussi, en préalable, une réflexion approfondie sur la finalité de la recherche, sur les hypothèses à vérifier est impérative avant de faire le choix de la méthode, de variables qualitatives ou non, des unités territoriales, du codage éventuel à réaliser. La qualité des résultats, leurs pertinences dépend de cette phase préliminaire qui permet, et c'est aussi son rôle, de préciser les hypothèses de départ, d'affiner le projet, de réfléchir au cadre conceptuel de l'étude.

En géographie on peut utiliser les analyses factorielles à deux moments clés du raisonnement. En phase initiale, elles peuvent aider à dégrossir un questionnement, à faire des choix entre des variables redondantes, à éliminer des individus qui par un effet de masse prendraient une part trop importante de la variance expliquée : que l'on pense dans toute étude sur les régions françaises aux poids respectifs de l'Île de France ou de la Corse. Enfin, si l'interprétation de l'analyse doit de se faire prioritairement à partir des listings des résultats, on sait que les projections des variables et des individus sur les plans factoriels fournissent une aide à l'interprétation non négligeable et surtout une forme de représentation relativement facile à lire (mais parfois trompeuse si l'on s'en contente !).

L'analyse en composante principale (ACP)

L'ACP permet de traiter des tableaux complexes mais la distance euclidienne utilisée la rend sensible aux effets de taille. Souvent, il faudra effectuer plusieurs passages pour éliminer les individus susceptibles d'expliquer à eux seuls le premier facteur et ainsi dégager les véritables structures sous jacentes, une fois prise en compte la réalité de l'effet de taille qui généralement ne nécessite pas une analyse factorielle pour être mis en évidence !

Mais, dès lors que l'on a un tableau de nombres avec des variables qui peuvent être disparates, l'ACP s'impose et l'on peut, pour des communes par exemple, traiter simultanément de variables économiques, démographiques, d'équipements etc. On sait que les projections des points sur les plans factoriels constituent une aide précieuse à l'interprétation des axes. Or les variables, dans le cas de l'ACP, sont dans un cercle de rayon égal à un, alors que les individus sont dispersés dans les plans factoriels, ce qui ne rend pas toujours évidente l'interprétation visuelle. Par contre, l'ACP fournit le tableau des corrélations croisées entre variables, ce qui donne des clés de lecture et des renseignements complémentaires permettant de rebondir sur des modèles linéaires et d'éliminer pour un passage ultérieur les variables linéairement liées.

L'analyse factorielle des correspondances (AFC)

La symétrie entre les variables et les individus (unités spatiales ou lieux, par exemple en géographie) rend plus lisible l'interprétation des plans factoriels que dans le cas des ACP, mais les précautions à prendre avant de lancer le programme sont plus draconiennes. En effet, la cohérence des calculs exige que les variables, comme les individus, doivent pouvoir se lire en pourcentage en ligne et en colonne. Aussi les AFC se prêtent bien à l'analyse de tableaux homogènes dans lesquels les variables ont une forte cohérence entre elles, comme des classes d'âges, des CSP ou des surfaces par exemple. Les tableaux de contingence, ceux où l'information peut se coder par des zéros et des uns, entrent dans le champ privilégié des AFC. C'est le cas chaque fois que l'on veut traiter des réponses à des questionnaires, que l'on souhaite traiter simultanément des variables quantitatives et qualitatives. Il faut alors discrétiser les variables et avoir recours à un codage binaire et donc utiliser l'AFC. En revanche, les calculs internes aux AFC ne fournissent pas de renseignements sur les corrélations existant entre elles.

Il est évident que sur ces tableaux on peut également effectuer des ACP. Mais sous réserve des contraintes plus fortes existant sur elles, il est préférable d'utiliser les AFC qui minimisent les effets de masse, et qui s'apparentent plus à une reconnaissance de profils entre variables et dont l'interprétation visuelle est a priori plus aisée. Surtout, la symétrie entre variables et individus font que les deux sont interchangeables. On peut interpréter des lieux en fonction de différents caractères et, inversement, si le problème s'y prête, les caractères en fonction des lieux. C'est évidemment en géographie un avantage certain qui permet de mettre en évidence des processus d'autocorrélation spatiale.

La classification ou la détermination d'aires homogènes

L'autocorrélation spatiale amène à découper l'espace sur des critères de ressemblance et les géographes ont toujours voulu régionaliser, partitionner les territoires, bref faire des classifications Or, l'une des finalités premières de ces classifications est la représentation cartographique, qu'elle soit en plage ou en isoligne. Dans tous les cas, elle vise à déterminer des zones ou les ressemblances sont a priori plus fortes que les différences… À ceci près, toutefois, que les valeurs de part et d'autre d'un seuil sont souvent plus proches que celles situées aux extrémités d'une même classe.

Il est d'autant plus important dans ces conditions de bien préciser les règles de partitionnement. La détermination des seuils ne doit donc pas correspondre à un arbitraire sauf en ce qui concerne des valeurs précises telles le 0° Celsius pour les températures ou des intervalles de cinq ans pour les pyramides des âges. Dans la majorité des cas, il faut que les seuils soient représentatifs de l'ensemble de la distribution et prennent en compte toutes les données.

En utilisant l'écart type, on réalise des classes d'égales amplitudes permettant de surcroît de créer des histogrammes. On met alors en évidence les valeurs les plus fréquentes au détriment des extrêmes. Au contraire, dans le cas de classifications d'égales fréquences, comme celles que l'on obtient à partir des quantiles, l'accent est mis sur les valeurs situées aux extrémités de la distribution. Cette question n'est pas neutre puisque, selon le choix effectué, le commentaire variera. Cela a une certaine importance quand on veut convaincre un interlocuteur du bien fondé de son découpage !

Les classifications ascendantes hiérarchiques (CAH)

Toutes les méthodes de partitions qui précèdent ne s'intéressent qu'à des distributions simples sur une seule variable pour une cartographie d'un seul élément, y compris celles des résidus et des « scores » sur un axe factoriel. Le développement récent de l'analyse multivariée a permis de résoudre le problème de la partition d'un espace en prenant en compte un nombre important de variables. Leurs complémentarités avec les analyses factorielles font que les classifications ascendantes hiérarchiques (CAH) font parti, avec ces dernières, des logiciels de base utilisés en géographie quantitative.

Si les ACP et les AFC dégagent et hiérarchisent les structures sous-jacentes d'un tableau de nombres, les CAH les complètent en donnant, à partir des mêmes données, les bases d'une classification permettant de déboucher sur une cartographie selon toutes les variables impliquant toutes les unités spatiales concernées. Les résultats d'une CAH peuvent se représenter sous la forme d'un arbre : dans une première phase on regroupe en une même classe les deux unités spatiales les plus proches selon des critères d'agrégation pertinents. Puis on détermine ensuite les deux classes qui se « ressemblent » le plus et on les agrège. L'itération, qui n'élimine pas toujours les effets de chaînage, se continue jusqu'au moment où il n'y a plus qu'une seule classe. Chaque regroupement s'accompagne d'une perte de variance qui est en général indiquée par les logiciels. Les critères d'agrégation, une fois fixée la distance, sont nombreux et doivent être clairement exprimés car les résultats varient en fonction d'eux. En géographie, le critère d'agrégation du moment centré d'ordre 2 est le plus utilisé : il consiste à rechercher une partition telle que la variance interne des classes soit minimum (faible dispersion des individus), alors que la variance entre classes est maximum (forte dispersion des classes).

On peut ainsi couper l'arbre selon deux méthodes : soit en fixant arbitrairement le nombre de classes, ce qui peut s'envisager en cartographie pour garder une lisibilité à la carte, soit « sous la forme d'une hiérarchie emboîtée qui permet de définir des partitions à différents niveaux d'agrégation » (Sanders, 1990). Ce type de classification pose des problèmes sémiologiques pour en faciliter la lecture une fois que les classes ont été reportées sur une carte. La gamme des couleurs ou des signes, qui dans le cas d'une distribution simple s'exprime par un dégradé allant des valeurs les plus élevées aux plus petites ne peut s'appliquer ici car il n'y a pas de hiérarchie ordonnée entre les classes. La hiérarchie dans les CAH n'exprime pas des valeurs relatives mais les niveaux d'agrégation des classes. C'est donc selon les branches descendantes de l'arbre que doit se faire le choix sémiologique de façon à montrer clairement l'emboîtement des classes.

Système spatial et complexité territoriale

Née avec la cybernétique et les théories de l'information, l'approche systémique a gagné la géographie au début des années 1980, après avoir été utilisée en biologie et en économie. Parfois conçue comme une théorie des systèmes spatiaux, elle est également un outil de premier ordre pour cerner le fonctionnement d'un territoire, son autoreproduction. À la différence des outils précédents, elle ne vise ni à classer ni à dégager des structures hiérarchisées, mais bien à montrer le jeu des interactions entre contraintes et entre lieux.

Construire pour un territoire donné le graphe sagittal des relations entre les acteurs et les contraintes régissant son fonctionnement devient un outil particulièrement adapté à la géographie régionale dans le cadre d'une approche globale puisqu'on peut mettre sur le même plan des contraintes naturelles, économiques et sociales. Cela permet de dégager des ensembles de contraintes qui souvent organisent l'espace à des niveaux scalaires plus fins (*figure*). Mais c'est également un moyen d'appréhender les processus d'autocorrélation spatiales, de voir les interactions entre lieux.

Comme dans toute approche modélisante, on peut complexifier progressivement le graphe : les « boites noires » peuvent en effet être considérées comme des systèmes internes pouvant être étudiés et intégrés au système global, mais également être conservée telles quelle, « en mémoire » pourrait-on dire, pendant que l'on complexifie par ailleurs le système.

Sous la forme de graphes sagittaux, la modélisation reste formelle tout en gardant ses vertus pédagogiques et heuristiques. Elle constitue alors une aide à la compréhension d'un territoire et à la formulation d'hypothèses. Modéliser mathématiquement un tel système permet de réaliser des simulations. On doit alors selon les principes de Forrester distinguer des variables d'état dont on étudie la variation en fonction du temps à partir d'équations différentielles en considérant ces variations comme des flux entre stocks à différentes dates.

L'approche systémique n'est pas à opposer à l'analyse des données. Les deux approches sont complémentaires. Si la démarche systémique vise à construire progressivement la complexité territoriale, les analyses factorielles cernent les éléments forts et contribuent à concentrer l'information ; des interactions peuvent être modélisées en tant que telles par des équations linéaires.

Les nouveaux comportements

Face à la multiplication des données, le traitement numérique de l'information s'impose et induit de nouveaux comportements qui peuvent avoir plusieurs facettes : la rigueur, la nécessité de la mesure, l'intégration dans une démarche hypothético-déductive, l'accès à la modélisation, mais également la facilité des cartes « presse bouton » que l'on multiplie à loisir, l'abandon avec la couleur des règles de base de la sémiologie, la tentation d'utiliser des cartes déjà élaborées sans se préoccuper par exemple des seuils de classe. Parallèlement, la cartographie s'est modifiée, s'épurant et recourant de plus en plus aux modélisations graphiques tant prisées en géographie régionale.

Représentations systémiques d'interactions entre les lieux et entre contraintes et acteurs

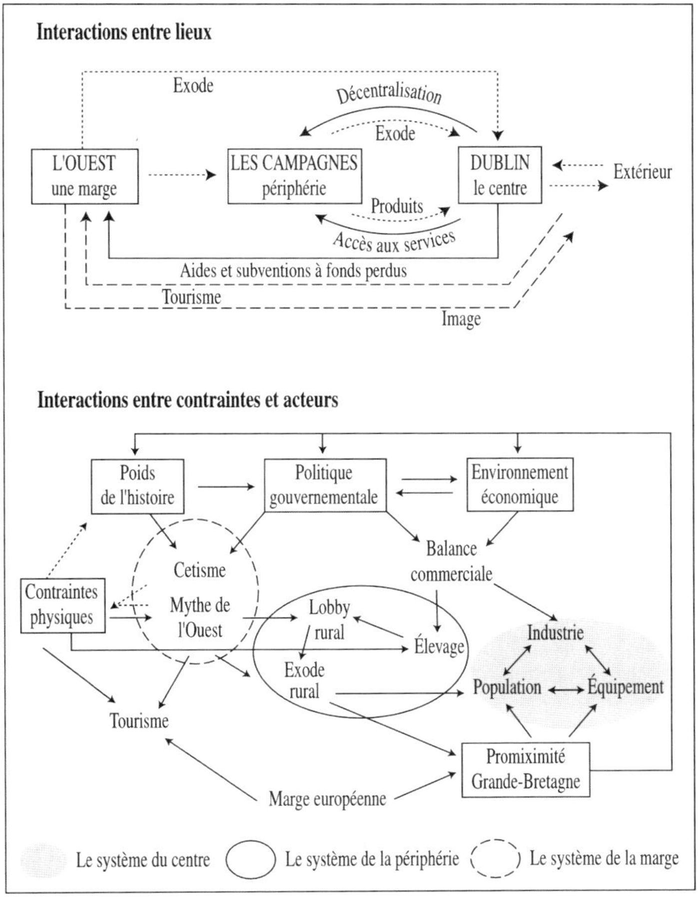

Source : J.-P. Marchand, P. Riquet, *Europe médiane, Europe du Nord*, vol. 9, *Géographie universelle*, Belin, Reclus, 1996.

Mais le traitement numérique de l'information ne se limite pas à l'utilisation de logiciels informatiques permettant de gérer ces données, de les traiter rapidement, de créer des cartes performantes. En préalable, l'approche mathématique passe par l'utilisation de formules de raisonnements permettant de mettre en évidence des lois, de déterminer des probabilités, d'évaluer les qualités des liens entre variables, de fournir les clés d'une modélisation rigoureuse. L'analyse de données, la simulation systémique en sont les exemples les plus frappants. L'informatique ne sert qu'à mettre en forme et accélérer le déroulement des études et des recherches.

Le traitement numérique de l'information

Le géographe a toujours eu le choix entre utiliser des données déjà élaborées ou les créer lui-même. Les bases de données de l'INSEE, de Météo France, le recensement général de l'agriculture, par exemple, sont parmi les plus utilisées. Mais le découpage spatial adapté en général aux tracés des collectivités territoriales, la localisation des stations climatologiques, s'ils fournissent des indications précieuses pour les échelles moyennes et petites ne sont pas toujours adaptés aux niveaux scalaires les plus fins auxquels se réfèrent les opérations d'aménagement. Une question nouvelle est ainsi posée par l'information numérique, celle de l'agrégation/désagrégation des données selon des découpages spatiaux.

Le carroyage de l'espace

Le découpage de l'espace en unités administratives sert de base à de nombreuses applications en analyse de données. Dans ce cas, les unités spatiales élémentaires sont de tailles différentes ce qui entraîne des effets de masse. Pour remédier à ces effets, et faciliter les calculs ultérieurs, on peut dissocier la maille d'échantillonnage des divisions territoriales. Cette non-adéquation des limites territoriales à des outils comme la télédétection ont conduit à carroyer l'espace selon des mailles carrées plus ou moins fines. L'utilisateur peut, s'il le souhaite, déterminer la taille de mailles, définir lui même les processus d'agrégation en mailles de tailles plus grandes. À chacun de ces carrés élémentaires est affecté une valeur numérique sur lesquels on va pouvoir définir des moyennes, des fréquences, effectuer des opérations de lissage, appliquer des surfaces de tendances, déterminer des surfaces de potentiels. Dans cet ordre d'idée, les cartes par anamorphose, en particulier celles qui utilisent une distance temps, montrent les rapprochements des territoires, représentés par les déformations des mailles en fonction des gains de vitesse à partir d'un point.

La signification géographique du pixel

Ces carrés élémentaires sont assimilables aux pixels qui, en télédétection, sont les plus petites surfaces homogènes constitutives d'une image enregistrée et définie par les dimensions de la maille d'échantillonnage. Or ces pixels varient selon le capteur. Ceux de SPOT ou de LANDSAT (10 à 30 mètres selon les canaux ou les traitements) ne sont pas significatifs en eux-mêmes et ne prennent sens que dans le cadre de mosaïques qui indiquent clairement les différenciations spatiales aux échelles fines. On y décèle les routes, les haies, les parcelles et les îlots urbains. Ces mosaïques permettent de dégager des structures spatiales dont la parcelle est l'unité géographique opérationnelle de base mais qui est rarement réductible à un seul pixel. Les linéaments ne sont visibles que s'ils ont une certaine épaisseur. Sur des scènes plus vastes, leur agrégation donne l'image d'un paysage complexe dont la réalité est plus statistique que continue.

Au contraire, le pixel des satellites météorologiques (NOOA-AVHRR ou METEOSAT) est actuellement de l'ordre du kilomètre carré : il intègre donc une forte hétérogénéité spatiale, un paysage, des structures spatiales, des pratiques sociales, une histoire (remembrement par exemple). L'agrégation de plusieurs pixels mettra en évidence des unités paysagères homogènes, des ruptures nettes, des réseaux urbains. Ainsi, selon la maille du carroyage, les continuités et les ruptures spatiales ne seront pas analysées de la même manière.

Quelles que soient les objectifs du découpage et le procédé technique, le carroyage revient ainsi à « pixeliser » un territoire et la taille du maillage, les actions d'agrégations/désagragations ont des conséquences du même ordre que celles constatées pour les pixels des satellites.

Ces calculs sur des mailles de même surface repose sur l'hypothèse qu'existent des processus d'autocorrélation spatiale et que dès lors on peut agréger des carreaux voisins sans perdre trop d'information. Or si le carroyage de l'espace autorise de nombreux calculs et permet de dégager des régularités dans l'espace, ce n'est pas sans prendre quelques précautions dans l'interprétation. La signification des regroupements de carreaux élémentaires n'est pas la même au centre et sur les limites de l'échantillon. Des effets de bordure peuvent se manifester car, aux limites extérieures, le pixel voisin n'existe pas et a donc une valeur nulle, ce qui implique une perte de lisibilité et un biais certain dans les calculs et donc dans leurs interprétations. On retrouve ce phénomène dans les analyses factorielles.

L'introduction de la troisième dimension

Les techniques de carroyage, en donnant une valeur à chaque pixel permettent une représentation verticale. On crée ainsi un néo-relief permettant de représenter en 3D les variations spatiales d'un phénomène, dès lors qu'un algorithme de lissage a permis de gommer l'aspect géométrique d'une telle représentation. La figure ci-dessous représente les sites naturels pris en compte par les guides verts Michelin. À chaque maille de Y sur Z de côté

Représentation d'un paysage en 3D à partir d'un carroyage de l'espace

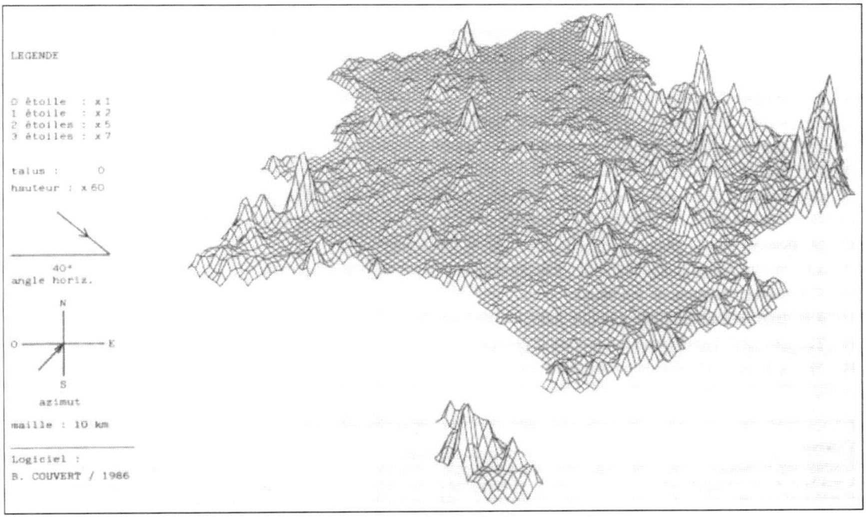

Source : Le Berre *et alii*, *Mappemonde, Géographie universelle*, 1987/4.

correspond la somme des étoiles affectées dans le carré aux sites particulièrement beaux. On voit ainsi apparaître une représentation de la France touristique qui privilégie les côtes, le midi et les montagnes, mais qui interpelle par l'absence de certaines régions comme les Alpes du Sud ou par la survalorisation des Ardennes.

Les modèles numériques de terrain (MNT) reviennent à numériser le relief, et sont à la géographie moderne ce qu'était le bloc diagramme de Martonne. Ils peuvent être réalisés à partir de données fournies par l'IGN, ou fabriqués directement pour une étude bien localisée en digitalisant les courbes de niveau d'une carte topographique. Ils permettent grâce à des logiciels adéquats de varier les angles de vue, de se prêter à des simulations en faisant varier par exemple des hauteurs en eaux dans le cas de risques de crue. En drapant sur le MNT, des photographies aériennes ou des images satellitales, on redonne une lisibilité à des paysages en y incorporant le relief et la couverture du sol.

La modélisation

Pour Peter Hagett, un modèle est « une représentation schématique de la réalité élaborée en vue d'une démonstration ». Ainsi un modèle n'est pas automatiquement écrit sous forme d'équations. La modélisation graphique selon Roger Brunet en est un exemple. Encore faut-il séparer la démarche modélisante du modèle en tant que représentation d'une organisation territoriale.

La démarche modélisante

Elle suppose une démarche hypothético-déductive où, face à une situation donnée, un certain nombres d'hypothèses peuvent être formulées de façon théorique. Les résidus sont ce que le modèle n'explique pas. Et souvent en géographie, le rôle de ces derniers est important. Ils peuvent correspondre à des particularités locales, à des changements scalaires. Quand on effectue, par exemple en montagne, la régression entre la température et l'altitude, on obtient une équation voisine de $T = -0{,}6H + T°$ où la pente représente le degré adiabatique de l'air et T° la température au niveau de la mer. Mais les résidus positifs avec des températures plus élevées que ne le laisserait entendre la régression sont en adret, les résidus négatifs en ubac.

Cette démarche vaut pour les approches systémiques qui n'ont été que rarement formalisées mathématiquement.

Le modèle en tant qu'outil

La géographie utilise un certain nombre de modèles qui lui sont propres et qui servent à comprendre les organisations territoriales. En restant au niveau de la régression linéaire, la loi rang-taille : $\log P = aR + b$ avec P la population des villes et R leur rang selon que cette population exprime une loi constatée (mais pas toujours expliquée) entre les villes d'un même pays.

La théorie des places centrales fournie un certain nombre de modèles classiques comme ceux de Von Thünen, Christaller ou Lötsch. Mais ces modèles sont peu opératoires et sont donc plus des outils de compréhension de l'espace que des outils permettant d'écrire des scénarii. On peut cependant considérer les hypothèses de base, celle de la plaine isotrope et celle de la concentration des activités et des hommes en un point comme des outils correspondants au « toutes choses égales par ailleurs » des logiciens. Cette hypothèse de la plaine uniforme se retrouve implicitement quand on réalise des cartes de températures ramenées au niveau de la mer. On suppose que le relief est un artefact empêchant de voir nettement les facteurs zonaux, les oppositions de façades, la continentalité... toutes choses mises en évidence sur ces cartes mais à des échelles plus petites !

Modèles descriptifs, modèles prédictifs

La majorité des modèles utilisés en géographie sont essentiellement descriptifs, que ce soient les modèles classiques d'analyse spatiale ou ceux fournis par les régressions linéaires et les analyses factorielles. Toutefois, dès que l'on passe par les probabilités ou les fréquences, on peut déjà leur donner un rôle prédictif. La carte climatique détaillée du climat, par exemple, est à la fois une carte du passé reposant sur l'hypothèse de stabilité du climat et une carte prospective puisque cette même hypothèse implique que les seuils donnés soient valables pour une période dite « normale ».

Mais les modèles prédictifs, établissant des scénarii possibles restent rares sauf à considérer l'extrapolation de courbes de tendance dans cette catégorie. Seule actuellement l'analyse de système a permis de présenter diverses hypothèses de développement ou de risques. Les recherches actuelles sur les systèmes multiagents vont probablement permettre de développer cet aspect des choses mais ces nouveaux outils sont loin d'être encore en routine... Il est vrai qu'une des difficultés, quand on travaille sur des territoires, est la validation sur le terrain des hypothèses et des résultats du modèle, l'espace n'étant pas un laboratoire où l'on puisse travailler sur échantillon. Aussi les formes de validation les plus usuelles consistent à caler le modèle sur des périodes passées. Mais ainsi le modèle devient autant descriptif qu'explicatif.

SYNTHÈSE

Depuis les cartes, outils traditionnels du géographe, jusqu'à la modélisation, la géographie dispose d'une vaste palette. Certains sont spécifiques aux géographes, d'autres sont empruntés. Certains d'entre eux servent à décrire le monde, à classer, à dégager des hiérarchies. D'autres, au contraire, sont destinés à l'explication, à la compréhension des processus. Quoiqu'il en soit, ces outils doivent être considérés comme des filtres entre la réalité et ce que l'on veut exprimer. S'ils visent à faire le tri, à structurer l'information, le choix de l'échelle, les paramètres à traiter ou à cartographier ils doivent toujours être exprimés clairement. Le choix des outils doit être guidé par la problématique à résoudre : les besoins de l'aménageur ne sont pas ceux de l'enseignant, ni ceux du chercheur dans son laboratoire.

Pour en savoir plus

M. BEGUIN, D. PUMAIN, *La représentation des données cartographiques. Statistiques et cartographie*, Armand Colin, coll. « Cursus », 2000 (2e ed.).	Manuel qui propose des méthodes de représentation associant et valorisant à la fois les règles de l'analyse des données statistiques et les principes de la sémiologie graphique.
R. BRUNET, *La carte mode d'emploi*, Fayard-RECLUS, 1987.	Cet ouvrage, très illustré, constitue une base de réflexion indispensable.
Groupe CHADULE, *Initiation aux pratiques statistiques en géographie*, Armand Colin, coll. « U », 1997 (4e ed.).	Ce manuel traite des moyens d'analyse des statistiques. Il s'agit d'une initiation qui insiste sur le vocabulaire, l'organisation de l'information et les modèles d'analyse.
L. SANDERS, *L'analyse des données appliquée à la géographie*, RECLUS, 1989.	Ouvrage très complet, destiné à des étudiants déjà avancés.
J. STEINBERG, *Cartographie, télédétection, systèmes d'informations géographiques*, Armand Colin, coll. « Campus », 2000.	Cet ouvrage d'initiation présente la cartographie ainsi que la télédétection et les SIG. Il explique de façon concrète l'utilisation des divers outils à travers le commentaire de documents.
J. WILMET, *Télédétection aérospatiale : méthodes et applications*, SIDES, 1996.	Une analyse précise de la télédétection avec de nombreux exemples en illustration.

DOCUMENTS
ET
MÉTHODES

LES MIGRATIONS DES ÉTUDIANTS ENTRE VILLES UNIVERSITAIRES EN FRANCE

Les migrations des étudiants entre villes universitaires représentaient au passage de l'année universitaire 1993-94 à l'année 1994-95 près de 6 % du total des étudiants. Cette proportion varie cependant selon le moment du parcours universitaire pris en considération : de 4 % pour les étudiants passant de la 1e à la 2e année de DEUG, à 10 % au moment du passage en 2e cycle et à 23 % pour ceux qui passent du 2e au 3e cycle. Comment expliquer la forme géographique de ces déplacements[1] ?

Qu'est-ce qui détermine les migrations des étudiants entre pôles universitaires ?

L'analyse de l'ensemble des flux (*document 1*) confirme que deux facteurs principaux exercent une influence décisive sur le nombre des étudiants échangés entre les villes universitaires.

À cet échelon géographique, un effet des masses des villes, celles-ci étant représentées par les capacités d'émission et de réception de chaque pôle universitaire, constitue le déterminant le plus évident de l'importance des flux migratoires. Ces capacités sont en fait proportionnelles aux populations étudiantes des villes. Ainsi peut-on constater sur la carte que par exemple les flux les plus gros se déploient entre Paris et les autres plus grandes villes universitaires et les flux les plus petits entre petits pôles. Les inégalités des flux entre villes semblent tout aussi dépendantes de la distance qui sépare les pôles universitaires. Ce que nous appelons l'effet de la proximité spatiale, et qui correspond à la décroissance continue des probabilités de migration avec la distance, constitue sans aucun doute le second déterminant de la mobilité des étudiants. Ainsi par exemple, Lyon a plus d'échanges avec Grenoble et Saint-Etienne, toutes proches, qu'avec Montpellier ou Besançon qui, bien que grands pôles universitaires, en sont plus éloignés. A l'instar du reste de la population française, les étudiants tendent en moyenne à privilégier les destinations proches par rapport aux destinations lointaines. Cette décroissance des migrations avec la distance est liée à des déterminants économiques ou géographiques objectifs (coût des déplacements, information plus importante sur les destinations proches que sur les destinations éloignées, etc.), ainsi qu'à des facteurs psychologiques plus difficilement mesurables (attachement au lieu d'origine, volonté de maintenir les liens antérieurs avec des parents ou des amis, etc.) et, enfin, à des héritages (migrations antérieures de populations étudiantes ou non étudiantes susceptibles d'accueillir le migrant).

1. Étudiants en cours d'études qui, au passage de l'année universitaire 1993-1994 et 1994-1995 ont à la fois, changé d'établissement et changé de ville universitaire

Doc. 1 – **Les flux de migrants entre villes universitaires**

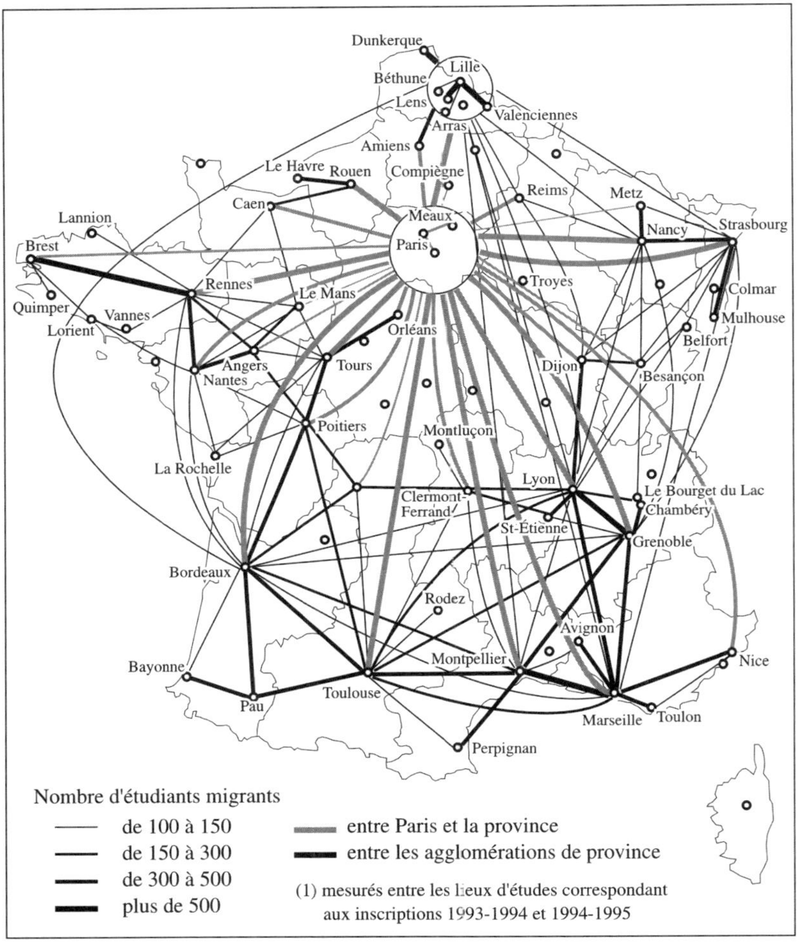

Source : M. Baron, Cl. Grasland, E. Raulin, Th. Saint-Julien, « La mobilité géographique des étudiants des universités » MENRT, DPD, 1998.

On pourrait considérer en troisième lieu l'effet de l'organisation spatiale du système universitaire qui instaure des complémentarités entre les pôles, mettant en adéquation les offres et les demandes de formation universitaire des étudiants des villes de départ et d'arrivée. Ainsi par exemple, les migrations entre Bayonne et Pau ou entre Rodez et Toulouse peuvent être fortement influencées par le fait que ni Bayonne, ni Rodez n'ont tous les cycles d'études, ce qui contraint donc leurs étudiants au départ en cours de

Doc. 2 – **Les soldes positifs des échanges migratoires entre villes universitaires**

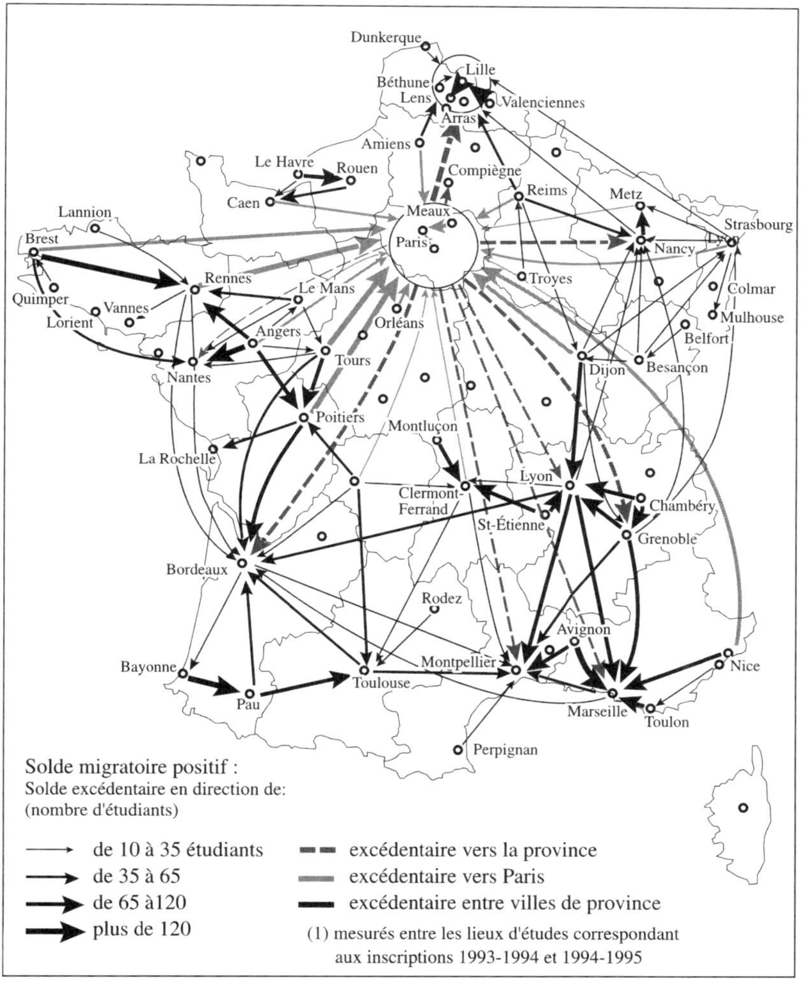

Source : M. Baron, Cl. Grasland, E. Raulin, Th. Saint-Julien, « La mobilité géographique des étudiants des universités » MENRT, DPD, 1998.

formation. On pourrait aussi considérer que les migrations de 3e cycle entre grands pôles universitaires sont d'autant plus nombreuses que chacun offre aux migrants potentiels une très grande variété de choix de spécialisation.

La carte des soldes positifs des échanges migratoires entre villes donne de nombreux indices de cet effet de l'organisation spatiale du système universitaire (*document* 2). On voit sur cette carte que ces soldes correspondent à des flux très hiérarchisés. Ainsi par exemple, Bayonne surtout dotée de 1er cycles alimente un solde positif en direction de Pau qui correspond, pour l'essentiel, à un flux de migrations contraintes par l'incomplétude de son dispositif. À son tour la ville de Pau, dotée d'une université de plein exercice, subit cependant la dure concurrence de Toulouse et de Bordeaux, lesquelles disposant d'une offre beaucoup plus vaste et beaucoup plus diversifiée sont très attractives pour les étudiants ayant commencé leur cursus dans le chef lieu des Pyrénées-Atlantiques. De son côté, Toulouse équilibre ses échanges avec Paris du fait à la fois de la qualité de l'offre de ses établissements universitaires et de la distance qui la sépare de la capitale. Bordeaux domine encore mieux la situation de concurrence avec cette dernière, puisqu'elle voit se diriger vers elle un flux de solde positif en provenance de Paris.

Les facteurs généraux des migrations : comment modéliser la mobilité des étudiants entre villes universitaires ?

On peut tenter de vérifier la validité de ces hypothèses. Les modélisations de type gravitaire classiques intègrent en général les deux premiers effets. Elle permettent d'estimer la partie banale des flux, c'est à dire celle qui, quel que soit le couple de villes universitaires considéré, quelle que soit donc la situation géographique de ces dernières, obéit en moyenne aux mêmes règles d'un bout à l'autre du territoire de la France. On peut donc tenter d'expliquer le nombre des étudiants migrants entre chaque couple de villes i et j par le nombre d'étudiants ayant quitté la ville i (capacité d'émission de la ville d'origine) en 1993-94, le nombre d'étudiants arrivés dans la ville j (capacité d'attraction de la ville de destination) en 1994-95, et la distance qui sépare ces villes. Le modèle retenu a pris la forme précisée dans l'encadré ci-dessous. A l'aide de ce modèle, on peut expliquer 91 % des variations des flux observés pour l'ensemble des étudiants (*tableau*).

Modéliser les migrations des étudiants entre pôles universitaires (modèle d'interaction spatiale)

$F^*_{ij} = a_i . O_i . b_j . D_j . d_{ij}^{-\alpha}$

Avec

F^*_{ij} : flux estimé entre les villes i et j

O_i : capacité d'émission de la ville i : nombre d'étudiants ayant quitté la ville i en 1993-94

D_j : capacité d'accueil de la ville j : nombre d'étudiants arrivés dans la ville j en 1994-95

d_{ij} : distance à vol d'oiseau entre les villes i et j

a_i, b_j : vecteurs de paramètres assurant la conservation des origines et des destinations

α : paramètre à estimer reflétant le frein imposé par la distance aux migrations

Estimation des flux d'étudiants en fonction des masses d'émigrants et d'immigrants et de la distance qui sépare les pôles universitaires

Modèle	Cycle d'inscription de l'étudiant en		nombre d'unités urbaines		R2 Part de la variance des flux expliquée par le modèle	α, frein de la distance
	1993	1994	au départ	à l'arrivée		
A			73	74	91	– 1,14
B	1	1	69	72	86	– 1 ; 48
	1	2	68	59	84	– 1,15
	2	2	55	58	83	– 1,07
	2		52	47	91	– 0,95
	3	3	46	49	91	– 0,99

A : modèle général établi pour l'ensemble des étudiants migrants.
B : modèles spécifiques établis pour les étudiants migrants à l'occasion d'un même stade du parcours d'étude.

On note que les flux croissent avec les capacités d'émission et de réception des villes et diminuent avec la distance qui les sépare (α =-1,14).

En constatant précédemment que les taux d'émigration des étudiants variaient en fonction de leur position dans un parcours d'étude, on a indirectement retrouvé les effets de l'organisation spatiale du système universitaire sur ces migrations On peut donc faire l'hypothèse que, à chacun des stades de ce parcours, les migrations étudiantes relèvent de modèles spécifiques (*tableau*). À l'aide des mêmes trois variables que celles introduites dans le modèle général, on évalue les migrations pour chacune des sous populations étudiantes. On vérifie bien ainsi les effets de cette organisation sur les migrations. D'un sous ensemble à l'autre, les modèles ne sont pas exactement les mêmes. On constate d'une part, que le frein de la distance à tendance à se desserrer au fur et à mesure que l'on s'élève dans les cycles d'étude (les valeurs de α varient de -1,4 pour les migrations en cours de 1er cycle à -0,9 pour les migrations suscitées par l'entrée en 3e cycle). Pour poursuivre leur formation en 3e cycle, les étudiants acceptent ou sont contraints de migrer en moyenne plus loin qu'au cours des phases précédentes. On note aussi, d'autre part, que l'estimation des migrations par le modèle est meilleure pour les migrations de 3e cycle. Les variations des migrations interurbaines estimées par le modèle (R^2) passent de 84 % pour les migrations effectuées au passage du 1er au 2e cycle à 91 % pour les migrations ayant lieu au passage du 2e au 3e cycle. On peut en déduire que, pour les déplacements antérieurs, des déterminants autres que ceux relatifs à l'offre de formation, à la demande et à la distance des pôles interviennent davantage.

L'inégale attractivité des villes universitaires et les facteurs régionaux ou locaux des migrations

Quel que soit le modèle, les écarts entre les flux observés et les flux estimés, qui peuvent être cartographiés, trouvent leur explication dans des facteurs moins généraux, plus locaux ou plus régionaux qui, toutes choses égales pour les trois variables retenues dans le modèle, rendent certains pôles plus attractifs que d'autres ou, à l'inverse, plus répulsifs que le modèle ne le laissait supposer. On pense en particulier à des facteurs de différenciation qui viennent renforcer l'attraction relative de certains pôles universitaires tels que, l'attrait exercé par des professeurs ou des équipes de recherche de grande renommée localisés en certains lieux, le renom de certaines ambiances universitaires, l'attrait du sud qui, toutes choses égales par ailleurs, fait privilégier une inscription dans une université méridionale. A l'inverse, des facteurs négatifs tels que la mauvaise image d'une ville, le spectre d'une offre de médiocre qualité, réelle ou supposée, etc., peuvent contribuer à ce que les étudiants les plus mobiles aient tendance à bouder un certain nombre de pôles universitaires.

LES PERSPECTIVES DÉMOGRAPHIQUES EUROPEENNES À L'HEURE DE L'ELARGISSEMENT

Doc. 1 – **Statistiques démographiques 2000-2030**

Scénario d'élargissement (Pays concernés)	Superficie	Population en 2000	Population en 2030	Taux de croissance	Densité en 2000	Densité en 2030
	Km^2	Milliers	Milliers	%	Hab/km^2	Hab/km^2
Union européenne (Allemagne, Autriche, Belgique, Danemark, Espagne, Finlande, France, Grèce, Irlande, Italie, Luxembourg, Pays-Bas, Portugal, Royaume-Uni, Suède)	3 237 951	376 729	357 425	– 5,1	116	110
Élargissement Oriental (+ Bulgarie, Chypre, Estonie, Hongrie, Lettonie, Lituanie, Moldavie, Pologne, République Tchèque, Roumanie, Slovaquie, Slovénie)	4 358 065	486 499	459 175	– 5,6	112	105
La Grande Europe (+ Albanie, Bosnie-Herzégovine, Croatie, Islande, Macédoine, Norvège, Suisse, Turquie, Yougoslavie)	5 871 619	589 183	584 875	– 0,7	100	100
L'Europe hors des murs (+ Algérie, Arménie, Biélorussie, Egypte, Géorgie, Israël, Jordanie, Liban, Libye, Maroc, Russie, Syrie, Tunisie, Ukraine)	29 919 916	978 787	1 024 875	+ 4,7	33	34

Sources : INED, IFRI.

Doc. 2 – **La fécondité en Europe en 1998 (classement des pays des différents scénarios d'élargissement)**

Nombre d'enfants par femme	Union européenne	Élargissement Oriental	La Grande Europe	L'Europe hors des murs
1,1		Lettonie Bulgarie		
1,2	Italie Espagne	Estonie Rép. tchèque Slovénie		Russie
1,3	Grèce Autriche Allemagne	Hongrie Roumanie		Bielorussie Géorgie Ukraine
1,4		Lituanie Slovaquie		
1,5	Belgique Pays-Bas Suède Portugal	Pologne	Suisse	Arménie
1,6			Bosnie Herzégovine	
1,7	France Luxembourg Royaume-Uni Finlande Danemark	Moldavie	Croatie Yougoslavie	
1,8			Norvège Macédoine	
1,9	Irlande			
2,0		Chypre	Islande Albanie Malte	
2,4				Liban
2,5			Turquie	
2,8				Tunisie
2,9				Israël

3,5				Maroc Égypte
4,0				Algérie Libye Jordanie
4,5				Syrie

Source : INED

Présentation des documents

La sélection précédente est composée de deux types de documents distincts :

– les documents 1 et 2 ont été construits à partir de données statistiques, recueillies auprès de deux organismes : l'Institut national des études démographiques (INED) et l'Institut français des relations internationales (IFRI). Les données chiffrées sont issues de leurs publications. L'INED réactualise chaque année les indicateurs démographiques de base pour tous les pays du globe, dans sa revue *Populations et Sociétés* (juin-juillet 2001). L'IFRI publie annuellement un ouvrage intitulé, *Ramses (Rapport annuel mondial sur le système économique mondial et les stratégies)*, présentant un bilan de l'actualité internationale, illustré par un certain nombre de documents statistiques et cartographiques (*Ramses 2001*).

– le document 3 est extrait de la revue, *Hommes et Terres du Nord*, d'une publication de Jean-Pierre Renard datant de 1993.

Les trois documents décrivent la situation démographique européenne, avec une approche plutôt prospective. Il est en effet question de l'avenir démographique de l'espace communautaire en fonction des différentes possibilités d'élargissement. Ces scénarios territoriaux n'engagent que les auteurs et ne se calent pas précisément aux négociations en cours entre l'Union européenne et ses voisins. Ces cadres permettent de porter une réflexion intéressante sur l'avenir démographique européen, en fonction de ses limites géographiques. Il convient maintenant de présenter chacun de ces documents :

– Le document 1 présente quatre scénarios d'élargissement des frontières communautaires, partant de la situation actuelle (Union européenne) pour tendre vers une configuration très improbable (L'Europe hors des murs). Les deux propositions intermédiaires sont néanmoins envisageables, car les pays les concernant font aujourd'hui débat dans les instances communautaires, certains étant d'ailleurs candidats déclarés à l'intégration. Les données statistiques permettent d'observer la croissance démographique à moyen terme, grâce à la comparaison du nombre total d'habitants en 2000 et des estimations en 2030. Les taux de croissance ainsi calculés révèlent des tendances démographiques très différentes d'un scénario

Doc. 3 – **Centre(s) et périphéries en Europe : la pieuvre**

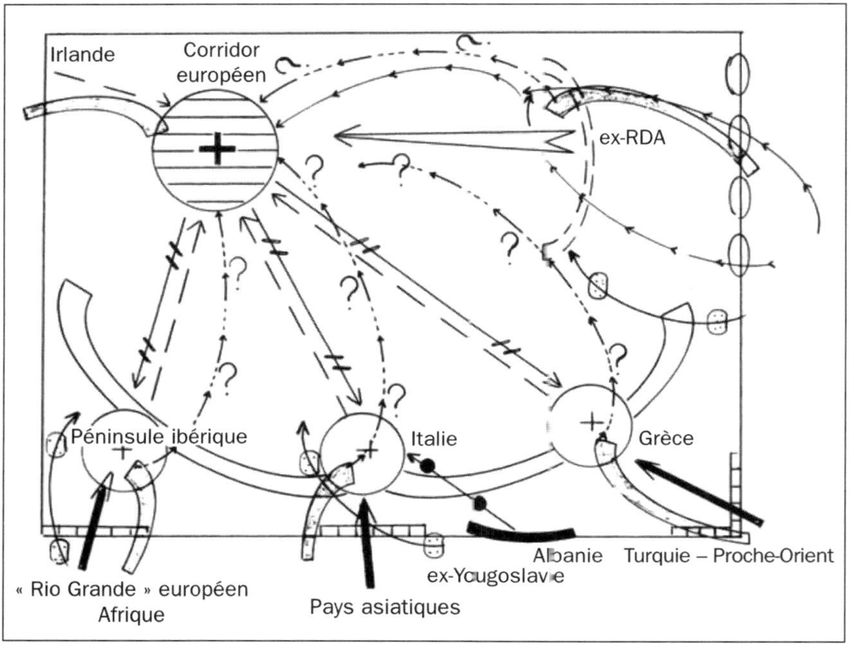

I. Les territoires

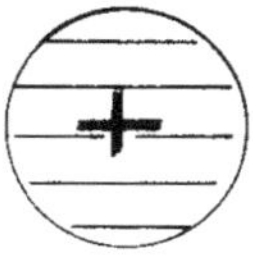

« Heartland » européen.
Corridor rhénan et prolongements.

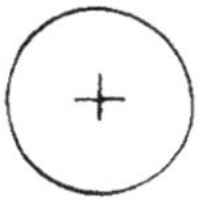

Périphéries devenues terres d'immigration.

Suds intégrés de l'Union européenne.

Nouvelle périphérie orientale en cours d'intégration.

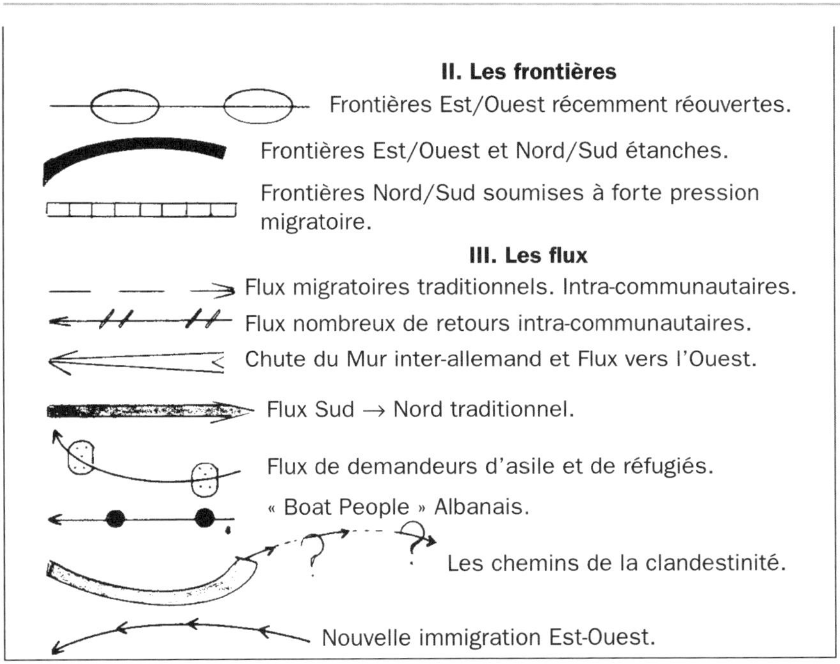

Source : RENARD J.-P., 1993, « Populations et frontières dans l'Europe communautaire », *Hommes et Terres du Nord*, n° 1993-1, pp. I-IV.

à l'autre. L'ensemble est complété par les niveaux de densités comparés aux mêmes dates.

– Le document 2 classe les pays selon leur niveau de fécondité. L'indicateur conjoncturel de fécondité (ou nombre moyen d'enfants par femme) révèle l'extrême diversité des situations nationales, allant de 1,1 enfant par femme pour la Lettonie et la Bulgarie à 4,5 pour la Syrie. Si l'on considère la fécondité comme indicateur de la vitalité naturelle d'une population, la comparaison des différents scénarios dresse des perspectives complètement différentes selon le cadre géographique d'analyse.

– Le document 3, bien que plus ancien, identifie les principaux flux migratoires à destination de l'Union européenne. C'est une représentation schématique des grandes régions d'immigration en Europe et des différents itinéraires empruntés par les migrants. L'actualité récente conforte la pertinence de ce document. Il permet donc de décrire une des composantes de la croissance démographique européenne. Les questions migratoires sont aujourd'hui très sensibles, et ne peuvent être déconnectées des hypothèses d'élargissement de l'espace communautaire.

Commentaire des documents

A l'aube de ce siècle nouveau, la population de l'Union européenne est affectée par un vieillissement marqué, témoin concret d'une baisse réelle de sa vitalité démographique. Les prévisions établies à l'horizon 2030 confortent ces tendances, si l'on se réfère au cadre territorial et politique actuel. La mise en œuvre plus ou moins rapide du processus d'élargissement et les contours futurs de l'Union auront inévitablement des impacts sur ses caractéristiques démographiques. En effet, l'intégration des voisins actuels de l'Europe communautaire se traduit par une modification des composantes naturelles de la croissance démographique, car les niveaux de natalité et de fécondité, de mortalité et d'espérance de vie, sont très disparates d'un pays à l'autre. De même, les relations migratoires avec les régions limitrophes sont centrales dans la réflexion sur l'avenir démographique de l'Europe, puisque de réels champs de pression se sont constitués aux portes de l'Union. Le commentaire de ces documents propose de décrire et analyser les perspectives démographiques de l'Europe, à travers le filtre des différents scénarios d'élargissement.

Le modèle démographique européen

L'Union européenne et les populations de ses États-membres tendent vers un modèle démographique commun. Les variables de ce dernier sont depuis longtemps mises à jour : faible vitalité naturelle, mortalité rejetée sur les plus grands âges, cellules familiales de plus en plus réduites. Le ralentissement de la croissance démographique en constitue le résultat principal, avec un recul de – 5,1 % prévu pour les trois prochaines décennies. Cette diminution est alimentée par des pays tels que l'Allemagne, l'Italie, l'Espagne et la Suède. Certains d'entre eux sont caractérisés depuis longtemps par une fécondité basse (1,2-1,3 enfants par femme) alors que d'autres convergent vers ce modèle depuis peu (Suède). Les niveaux de fécondité sont globalement bas, en tout cas inférieurs au seuil de renouvellement des générations, même pour l'Irlande qui enregistre les meilleurs résultats. Cette décroissance a pour effet logique une diminution de la densité. Cette tendance de fond de l'évolution démographique européenne s'explique par un vieillissement important. La pyramide des âges de l'Union se réduit progressivement à la base, sous l'effet de l'érosion de la fécondité, tandis que le sommet prend de plus en plus de volume. Le recul des classes d'âges les plus jeunes résulte de l'alignement des comportements démographiques sur un modèle de faible fécondité. Le renforcement sommital traduit les progrès de l'espérance de vie. L'avenir est plutôt sombre puisque le processus de vieillissement se poursuivra inéluctablement au cours des trois prochaines décennies. Les migrations pourraient changer la donne, en cas de frontières perméables, mais la quasi totalité des pays de l'Union ferme les frontières, n'autorisant l'immigration qu'à certaines conditions. Ces pratiques, harmonisées dans l'espace « Shengen », ont ouvert la voie à quelques filières d'immigration clandestine. Les champs de pression migratoires sont toujours importants au sud et à l'est de l'Europe, pour alimenter ces flux illégaux.

Le vieux continent et ses voisins

L'environnement démographique de l'Union européenne est un élément clé de la mesure des enjeux de l'élargissement. Les pays candidats, ou plus largement les régions voisines immédiates susceptibles d'intégration, offrent une diversité de situations, dont les effets se font déjà sentir sur les comportements migratoires. A l'est (scénario « élargissement Oriental »), la situation démographique est assez simple à décrire car homogène. Elle se caractérise par des niveaux de fécondité très bas, des taux d'accroissement naturel négatifs depuis le début des années 1990. L'élargissement à ces pays accentuera les tendances démographiques de l'actuelle Union, avec une décroissance estimée à – 5,6 % entre 2000 et 2003. Les Pays Baltes, la République tchèque, la Hongrie, la Roumanie et la Bulgarie risquent d'enregistrer les baisses de population les plus fortes dans les trente ans à venir. L'ouverture des frontières de ces pays a cependant engendré de nouveaux courants migratoires. L'Allemagne, l'Autriche, la Suède accueillent davantage de Roumains, de Polonais, de Hongrois, de Tchèques, de Slovaques, avec des flux qui se sont amplifiés. Si le grand exode est-ouest annoncé avec la chute du mur de Berlin n'a pas eu lieu, un champ de pression migratoire s'est bien constitué à l'est de l'Union européenne. Au sud (de Gibraltar au Bosphore), la vitalité démographique est beaucoup plus soutenue. Le potentiel de croissance est très important et les taux annoncés à l'horizon 2030 sont plus favorables (de – 0,7 % à + 4,7 % selon les scénarios). Ils s'expliquent en partie par un niveau de fécondité très important, dont les indicateurs enregistrent toutefois une baisse sensible depuis 20 ans. L'évolution des niveaux de vie, une profonde mutation socio-culturelle, une plus large diffusion de la contraception sont les principaux moteurs de ce changement. Plus anciens et plus traditionnels, les flux migratoires sud-nord se maintiennent. Les pôles récepteurs se sont toutefois déplacés vers le sud de l'Union Européenne, puisque la péninsule ibérique, l'Italie et la Grèce sont venus relayer la France, l'Allemagne et les Pays-Bas. Ainsi, les plus fortes progressions démographiques régionales enregistrées dans l'Union Européenne coïncident généralement avec un bilan migratoire excédentaire et supérieur à l'accroissement naturel. Les régions capitales des Etats-membres en sont les principaux témoins.

L'ère du déclin démographique

Le début des années 2000 confirme l'ère du déclin démographique européen. Les données régionales produites par Eurostat (Office statistique de la Commission européenne) indiquent que les espaces concernés par la régression démographique s'étendent principalement au sud de l'Union européenne et à l'est de l'Allemagne. Cinquante régions supplémentaires devraient les rejoindre d'ici 2030, notamment toutes les régions italiennes, une large partie de l'Allemagne, certains espaces du Royaume-Uni et de France. Les zones devant échapper à ce phénomène seront de moins en moins nombreuses. Les premières seront touchées par un vieillissement sans précédent, où la part des jeunes et des adolescents sera particulièrement faible. Les autres bénéficieront d'une structure par âge plus équilibrée, mais s'engageront néanmoins dans la même direction. Dans ces conditions, la question migratoire ne se pose plus dans les mêmes termes, car les apports extérieurs de population constitueront l'un des piliers de la croissance démographique européenne. Les contours futurs de l'espace communautaire posent donc assez clairement d'importants enjeux démographiques.

ENVIRONNEMENT, CERTITUDES ET INCERTITUDES SCIENTIFIQUES

« Je me dois en tant que scientifique, de rappeler les incertitudes de notre savoir et je laisserai sans doute deviner mon agacement devant les exagérations et même les contre vérités qui ont cours. Mais dans le même temps, habitant de la planète, je ne puis rester un spectateur impassible devant les évolutions de certains points de vue. Je n'ignore pas que dans le monde politico-économique où l'on se prétend "décideur", on voudrait pouvoir agir en connaissance de cause de ses actes [...]. Cependant, si les scientifiques ont le devoir de répondre aux appels du monde politique, ils ne sauraient laisser passer pour assurer ce qui reste dans l'incertitude. »

Robert Kandel, *Devenir des climats*. Hachette, 1990.

« À la lecture des minutes de certains colloques scientifiques, je suis frappé de rencontrer tant d'incertitudes, de questions qui correspondent à autant de recherches en cours et de preuves à trouver. »[...] Pour autant, les gouvernements peuvent-ils justifier ainsi ou expliquer leur inertie ou leurs hésitations ? [...] Faut-il attendre de savoir, de tout savoir pour agir ? Non certainement pas ! »

Michel Barnier, *Chacun pour tous, le défi écologique*, Stock, 1990.

Présentation des texte et problématique

Ces deux textes posent la question du savoir scientifique, de l'expertise en environnement et des difficultés qu'ont les scientifiques, au moins dans certains domaines, à fournir des données définitives destinées à être traduites en décision politique. Le premier texte émane d'un scientifique, un climatologue, le second d'un politique, Michel Barnier qui a été ministre de l'Environnement.

Il convient en effet de rappeler que toute démarche scientifique se nourrit de questionnements, d'incertitudes voire de tâtonnements. Or, les agents économiques, les décideurs, les politiques qui doivent appliquer des réglementations, des normes impliquant des choix de gestion, sont en grande difficulté quand le scientifique sollicité en tant qu'expert ne fournit pas des certitudes.

La question est posée au travers de la question du changement climatique global. Robert Kandel évoque ses difficultés à conclure sur le changement climatique si souvent évoqué par les médias.

Commentaire des textes

Qu'en est-il du changement climatique global ? J.-P. Vigneau (2001) auquel nous empruntons l'essentiel des lignes qui suivent tente de mettre en balance les faits prouvés et ceux qui restent hypothétiques. Il rappelle que le principal signal d'une mutation climatique résiderait dans les températures, et l'on parle d'une hausse de 0,5°C depuis le XIXe siècle. Cet écart demande discussion, l'établissement d'une moyenne planétaire est délicat en raison de l'inégale répartition des stations météorologiques et, dans bien des cas, de l'insuffisance des données. Il semble, en outre, que la croissance des températures soit irrégulière et que l'évolution ne soit pas homogène ; des espaces semblent connaître des phases de refroidissement quand d'autres paraissent se réchauffer. L'examen des variations des volumes de glace doit être réalisé avec prudence, les masses glaciaires et en particulier les plus vastes présentent une forte inertie et ne sont pas en phase avec l'évolution actuelle.

Pourquoi une telle difficulté à fournir des expertises définitives ? Les modèles utilisés pour simuler le devenir du climat ne se calculent qu'à partir des équations qu'ont leur fournit, le résultat est donc fonction de l'image que le modélisateur se fait du système climatique. Pour de meilleurs résultats, il faut attendre que les composantes du système soit mieux quantifiées par de nombreuses mesures et que les dynamiques des transferts de matière et d'énergie soient plus finement cernées.

La simplification médiatique aidant l'anhydride carbonique (CO^2) est considéré comme le principal responsable du réchauffement possible. Or, l'une des inconnues actuelles réside dans l'importance relative des diverses destinations du CO^2, on discute sur les « puits » qui peuvent l'absorber. Quel est aussi le rôle exact des autres gaz à effet de serre, et notamment du SO_2

Les analyses alarmistes des scientifiques des années 1980 conduisirent l'Organisation météorologique mondiale et le Programme des Nations unies pour l'environnement, à créer le GIEC (Groupe intergouvernemental sur l'évolution des climats). Au cours des années 1990, à côté des grandes réunions internationales, qui reprenaient les points de vue des années précédentes, d'autres voix se firent entendre pour souligner qu'en dépit de l'apparente évolution vers le réchauffement, une extrême hétérogénéité existait à l'échelle de l'aire climatique et du domaine. Les pronostics apparurent de plus en plus en retrait, ampleur moindre, échéances retardées. Un doute se fit jour, qui ne fut pas accepté par tous les scientifiques. Ainsi le physicien spécialiste du trou d'ozone, Gérard Mégie, à la suite de l'article de R. Kandel « Le développement durable, l'atmosphère et le climat » (2000) dans lequel cet auteur fait encore état de certaines questions concernant le réchauffement global, souligne que « la création artificielle de controverses scientifiques n'aide certainement pas à clarifier un débat déjà fort complexe. Elle ne peut que contribuer à alimenter des discussions stériles sur l'incertitude scientifique et à fragiliser ainsi l'image de la science ».

Les démarches des années 1980 n'ont pas toujours été totalement désintéressées, et certains laboratoires ont pu ainsi acquérir des équipements lourds pour envisager cette difficile question du réchauffement gobal. Le passage du scientifique au politique s'est effectué sans heurts, et les médias n'ont pas contribué à faire avancer la discussion en associant notamment réchauffement, effet de serre et manifestations violentes du temps (tempêtes) sans la moindre précaution et explication.

L'environnement ou les difficultés de l'analyse scientifique

L'environnement se résout mal à des données chiffrées et à des seuils précis, Certes, les processus écologiques et géographiques existent mais les interprétations sont socialement construites, l'environnement est vécu et perçu, il fait au moins pour partie fi de la logique et de la science, il est largement de l'ordre du culturel, de la représentation.

Des données scientifiques difficiles à établir en environnement

Les deux auteurs rappellent que dans bien des cas, sur des questions globales du changement climatique comme nous l'avons souligné, mais sur bien d'autres questions comme la nocivité de tel ou tel polluant sur les végétaux, les animaux ou l'homme, les scientifiques sont loin d'apporter des réponses précises et définitives. L'incertitude scientifique qui prévaut en matière d'environnement explique la difficulté de fixer des indicateurs de qualité. C'est que ces seuils n'ont guère de valeurs en soi, ils doivent être interprétés dans un système, en fonction de normes qui expriment elles-mêmes un rapport spécifique et daté à l'environnement, lequel désigne avant tout selon François Ewald « l'espace d'un débat ».

Les connaissances évoluent sans cesse et parfois très rapidement, rendant caducs les pratiques et les expertises passées. Il y a un siècle environ quand on traitait la pollution de l'eau, on traitait la pollution organique classique, aujourd'hui on traite les micro-polluants. La définition de l'eau potable qui, il y a quelques décennies était fondée sur moins de dix paramètres s'appuie aujourd'hui sur un nombre bien supérieur.

La complexité des géosystèmes

Les géosystèmes sont complexes, les interactions qui lient leurs composantes rendent difficile une évaluation précise des transformations affectant telle ou telle de leurs composantes. Les effets induits sont souvent difficilement prévisibles et quand ils se produisent, il est souvent plus difficile encore de les quantifier. Les temps de réponse aux modifications sont différents selon les composants du système. Temporalités et variabilités sont des éléments particulièrement difficiles à intégrer, comme en témoigne la problématique des risques. La complexité fondée sur l'incertitude et la mobilité, les ruptures, qui caractérisent l'environnement sont peu compatibles avec les certitudes scientifiques.

La nécessaire approche pluiridisciplinaire

Les questions environnementales imposent dans bien des cas une approche pluridisciplinaire qui rend plus complexe encore la question de l'expertise et des données scientifiquement approuvées. La chimie seule ne suffit pas pour fixer certains seuils de toxicité d'un produit qui agit différemment selon le milieu qu'il affecte, selon les modalités d'absorption. Le biologiste est donc directement sollicité. Dans d'autre cas la situation est encore plus complexe. Avant de savoir comment tel végétal réagit à tel produit, il faut non seulement bien connaître les propriétés du produit mais aussi ses capacités de diffusion, dans l'eau, dans les sols, puis dans le végétal. Il faut aussi envisager à quelle période, sur quelle durée le végétal a été en contact avec le produit. Il faudra associer pour établir le diagnostic, un chimiste, un biologiste, un géologue, un géographe, un pédologue.

Données scientifiques, experts et politiques

Les scientifiques doivent prendre des postures d'experts pour transmettre des savoirs scientifiques aux décideurs. Les experts doivent fournir de quoi prendre des décisions sans erreurs possibles au moins au moment présent du développement scientifique. Ils doivent donner des données concrètes. En se positionnant comme experts ces scientifiques sont forcés d'établir un diagnostic « formel », sans quoi ils seront disqualifiés en tant que spécialistes.

En tant que citoyens, les scientifiques sont parfois aussi dans la nécessité de développer un rôle critique ; ils sont dans l'obligation de s'opposer à des décisions non fondées ou prises à partir d'analyses trop simplistes ou inexactes.

Il existe sur la plupart des sujets environnementaux des controverses qui traversent la communauté des scientifiques d'un domaine donné. Les exemples sont innombrables, or ces controverses qui pourraient par la confrontation faire avancer l'analyse risquent de la biaiser parce qu'elles s'effectuent devant l'opinion publique, ce qui aboutit dans bien des cas à ce que celle-ci mette en doute le savoir scientifique dans son ensemble.

Pour des raisons idéologiques ou historiquement connotées, l'analyse environnementale est fondée sur un certain nombre de conceptions qui sont souvent reprises depuis des décennies sans véritable critique et les faits qui les fondent ne sont pas toujours scientifiquement irréfutables. Comme le soulignent Ives et Messerli (1989) la question n'est pas quels sont les faits ? Mais, trop souvent, que veut-on que les faits soient ? »

Qui définit les dangers nous menaçant ainsi que le monde dans lequel nous vivons ? Les scientifiques désignés comme experts ? Les politiques ? L'exemple des pluies acides qui ont suscité de nombreuses controverses dans les années 1980, en Allemagne (*cf. La Recherche,* 1988) a porté au grand jour ces interrogations. Les questions que les experts avaient à régler étaient les suivantes :

– les arbres étaient-ils menacés ?

– les pluies acides étaient-elles responsables des menaces, celles-ci étant admises ?

– les usines chimiques de la vallée du Rhin étaient-elles responsables de l'acidité ?

De telles questions concernent un grand nombre d'acteurs, les écologistes, les représentants de la puissance publique, les industriels, les citoyens.

Le travail d'expertise on le conçoit, occupe une position centrale pour répondre aux questions posées mais il ne peut se concevoir hors des acteurs impliqués, et qui tous à des degrés divers et avec plus ou moins de convictions, sont à même de fournir des arguments. Ceux qui généralement s'expriment le plus vivement aboutissent à la constitution de commissions d'examen afin de vérifier leurs analyses, les autres peuvent défendre les intérêts de leur profession de manière aussi vigoureuse. Ainsi chaque acteur ou chaque représentant d'un groupe de pression apte à fournir une argumentation suffisante peut s'imposer et à sa manière devenir « expert ». L'expert officiel, scientifiquement solide vient souvent trop tard. Comme le souligne Ph. Roqueplo, « l'expertise arrive trop tard la politique se fait en temps réel et l'on n'a pas le temps de temporiser, de poser posément le problème ».

Tout désormais en science peut être objet de controverse, et chacun peut y participer parce que la légitimité des recherches est fonction de l'accueil qui leur est réservé par le public. Donc est expert celui qui passe pour tel auprès du public concerné. Les médias deviennent dès lors une instance fondamentale de la légitimation du savant et du spécialiste.

L'environnement notamment au travers de l'expertise devient un rapport de savoir/pouvoir impliquant des conflits d'intérêts que seuls les politiques sont à même de trancher selon des logiques qui varient : l'application du principe de précaution par exemple.

URBANISATION ET RISQUES TECHNOLOGIQUES, L'EXEMPLE DE TOULOUSE

L'urbanisation de Toulouse et la localisation des usines chimiques

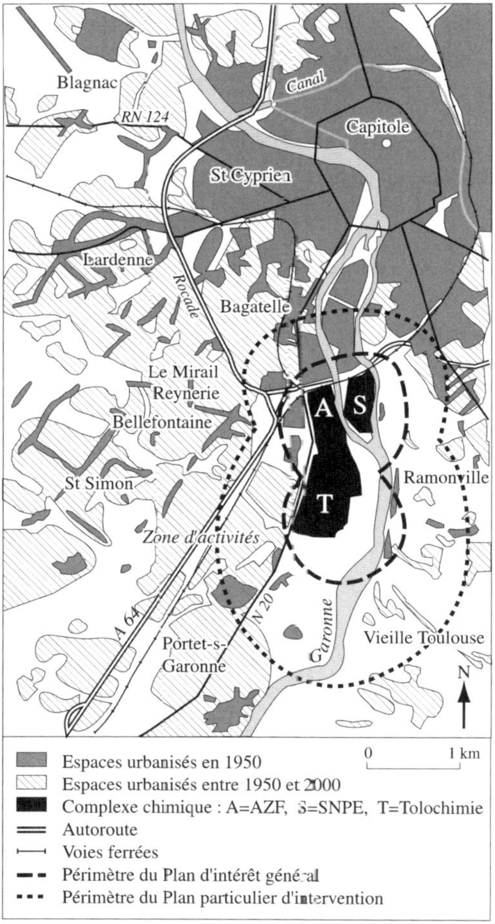

Source : Centre interdisciplinaire d'études urbaines, « L'explosion de l'usine AZF à Toulouse : une catastrophe inscrite dans la ville », *Mappemonde* (65), 2002, n° 1, p. 23-28.

Présentation du document

Cette carte, extraite d'un article de la revue *Mappemonde*, montre le noyau anciennement urbanisé de Toulouse et la localisation des industries chimiques. Elles sont implantées le long de la Garonne, au sud de l'urbanisation antérieure à 1950. Ces trois usines ont été peu à peu gagnées par l'urbanisation. Le document révèle l'ampleur de celle-ci développée à partir des axes de communication qui avaient fixé depuis longtemps un habitat linéaire. De nombreuses citées HLM ont vu le jour à proximité des installations industrielles, puis la ZUP du Mirail a été implantée en 1960. Des équipements accompagnent la progression de l'urbanisation, lycées, université des sciences humaines, EDF, dépôt de bus, parcs d'activités, grands centres commerciaux auxquels il faut ajouter les réseaux dont l'autoroute à proximité immédiate du site.

Ces usines ont vu leur type de production se modifier au fil du temps. La SNPE (Société nationale des poudres et explosifs) est l'héritière d'une poudrerie implantée au milieu du XIXe siècle, devenue SNPE en 1971, elle produit de la chimie fine, dont le phosgène utilisé par l'usine voisine Tolochimie. Tolochimie qui date de 1961 a été absorbée par la SNPE, elle produit des vernis et de la pharmacie. AZF est une usine d'engrais héritière de l'ONIA (Office national industriel de l'azote) qui fournit non seulement des engrais nitratés mais aussi des produits de base pour les peintures et les colles.

Il s'agit donc de réfléchir à la problématique, celle des relations urbanisation, industrialisation et risque.

Les risques d'origine industrielle : définition et ancienneté de la connaissance

De manière générale, les grosses concentrations industrielles et les lieux de stockage d'essence, de produits chimiques, d'engrais font peser des dangers sur les populations installées à proximité. Ces dangers sont de natures diverses : il peut s'agir d'incendie, d'explosion, dont AZF fournit un exemple, de fuite de produits, gaz ou liquide, toxiques pour les populations et l'environnement en général. Il est donc nécessaire de déterminer les impacts possibles afin de proposer des solutions de prévention ou de protection, et de mettre en œuvre des plans de gestion en cas de catastrophe.

Rappelons l'ancienneté de la connaissance et de la prise en compte dans les réglementations des dangers d'origine industrielle, le décret impérial de 1810 relatif aux manufactures et ateliers insalubres, incommodes ou dangereux constitue la première tentative de réglementation générale des conflits entre industriels et population soumises aux nuisances évoquées.

À Toulouse, les scénarios envisagés se sont concentrés sur la possibilité de fuites de produits toxiques, mais n'ont pas considéré l'explosion comme possible, de sorte que la préparation de la gestion de crise ne pouvait être adaptée à la situation.

L'urbanisation et le risque

Les usines chimiques de Toulouse installées au sud de la ville à une relative distance de celle-ci ont été pendant longtemps assez éloignées de l'urbanisation dense. Autrement dit l'urbanisation postérieure à la Seconde Guerre mondiale a progressivement encerclé le pôle chimique sans qu'il soit tenu compte du danger émanant des usines proches. Une telle situation renvoie à l'urbanisation de secteurs pourtant connus comme soumis aux risques naturels (inondation). L'absence jusqu'au milieu du XXe siècle de réglementation destinée à définir les espaces constructibles et ceux où les constructions devaient être évitées ou interdites en raison notamment de l'existence de risque, justifie la situation de densification de l'habitat et des aménagements à partir des années 1950. À Toulouse, le secteur ultérieurement défini à risque attire des implantations industrielles, des entrepôts, des bâtiments ouverts au public (école, université...), tous types d'aménagement à la recherche de terrains les plus proches du centre, les mieux reliés et les moins chers.

La réglementation, une réponse au danger ?

Les usines n'ont été classées établissement à risques que tardivement, suite à l'application en France de la Directive Seveso. C'est en 1989 seulement qu'a été défini un périmètre de sécurité, alors que l'urbanisation avait largement encerclé les usines. Le législateur a en effet prévu un zonage spécial permettant d'isoler les installations classées et d'éviter que des tiers ne s'installent près de ces usines. Le préfet peut en effet délimiter un périmètre spécial rendu nécessaire par l'existence du risque. L'État a donc imposé des servitudes en matière d'urbanisme autour des anciennes usines à risques, en utilisant la procédure d'intérêt général (PIG) répondant au caractère d'utilité de la démarche. Ainsi a été délimité mais bien tard, un périmètre qui devrait demeurer sans construction, or le périmètre mord sur des espaces densément construits au nord des usines. Les servitudes induites par le PIG, qui tiennent compte de la nature du risque, doivent être annexées au plan d'occupation du sol (POS) devenu plan local d'urbanisme (PLU) ajourd'hui.

Pour le cas où surviendrait l'accident, la loi impose de prévoir un plan d'urgence, dans ce cas il s'agit d'un plan particulier d'intervention qui s'applique dans un périmètre plus vaste que le PIG. En fait ce plan a été établi pour faire face à la catastrophe due à la fuite de produits chimiques. Dans ce périmètre, les acteurs de la gestion de crise doivent être préparés pour une intervention rapide et efficace. Or, l'effet de souffle qui s'est produit lors de l'explosion a été ressenti jusqu'à 4 km du point d'explosion.

Faut-il alors envisager de déplacer la population ? Dans le cas particulier de Toulouse, le pôle chimique était au début des années 2000 beaucoup moins important qu'il ne fut précédemment (environ 1 000 employés pour l'ensemble des trois sites) ce qui peut permettre d'envisager sa fermeture sans trop de difficultés sociales et économiques. Mais une question semblable se pose dans d'autres villes françaises, et la réponse est loin d'être évidente.

Par ailleurs, une telle situation renvoie à la fiabilité de la technique, au seuil d'acceptabilité du risque par des populations et à l'existence d'une tradition industrielle plus ou moins forte.

LA MONDIALISATION D'UNE TRANSNATIONALE JAPONAISE : SONY

Présentation des documents

Ce dossier documentaire est composé de trois documents distincts :

- Le document n° 1 est un tableau de synthèse construit à partir des informations statistiques recueillies auprès de la firme Sony. Si chaque entreprise est obligée de par la loi de fournir tous les ans des rapports économiques et financiers sur ses activités dans le monde, ceux-ci sont plus ou moins détaillés.
- Les documents n° 2 et n° 3 sont des cartes réalisées à partir des mêmes sources. La première carte représente en symboles proportionnels la géographie des usines de production à l'échelle mondiale. La seconde est une carte des implantations de Sony en Europe.

Ces trois documents étudiés conjointement permettent de comprendre les stratégies de localisation d'une firme transnationale japonaise intervenant en électronique grand public et dans les biens culturels (cinéma, musique). La firme réalise des arbitrages territoriaux complexes à différentes échelles géographiques qui tiennent compte à la fois de ses propres intérêts économiques, industriels et technologiques, de la localisation des grands marchés et de la stratégie des concurrents.

Le document 1 présente la répartition des ventes, de la production et des emplois de Sony par grands continents à partir de documents publiés en japonais et en anglais. On doit par contre remarquer que les données plus détaillées par pays ne sont pas disponibles car elles sont souvent considérées comme confidentielles par les firmes transnationales. En effet, si depuis quelques années l'information économique a fait beaucoup de progrès, les exigences d'une totale transparence se heurtent à un climat très concurrentiel qui explique la rétention d'informations.

Le document 2 souligne à la fois le poids important de l'archipel nippon dans l'appareil mondial de production, la volonté de s'implanter sur deux marchés développés (Amérique du Nord et l'Europe) et la transformation

Doc. 1 – **Répartition géographique des activités de Sony en 2002**

Région	% ventes	% production	% salariés
Japon	29,7	58	40,9
États-Unis	32,5	17	24,2
Europe	21,2	7	9,8
Autres (dont Asie)	16,6	18	25,1

Doc. 2 – **Le système industriel mondial de Sony en 2002**

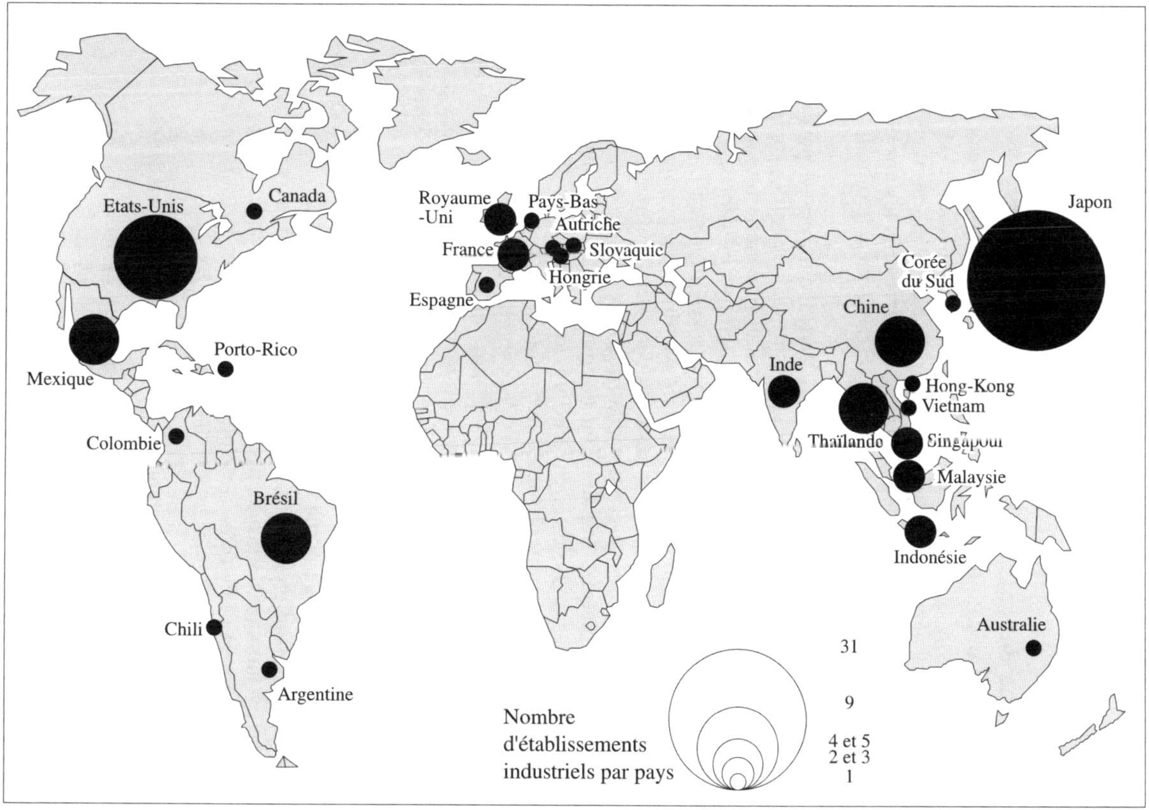

Doc. 3 – **Le système Sony en Europe en 2002**

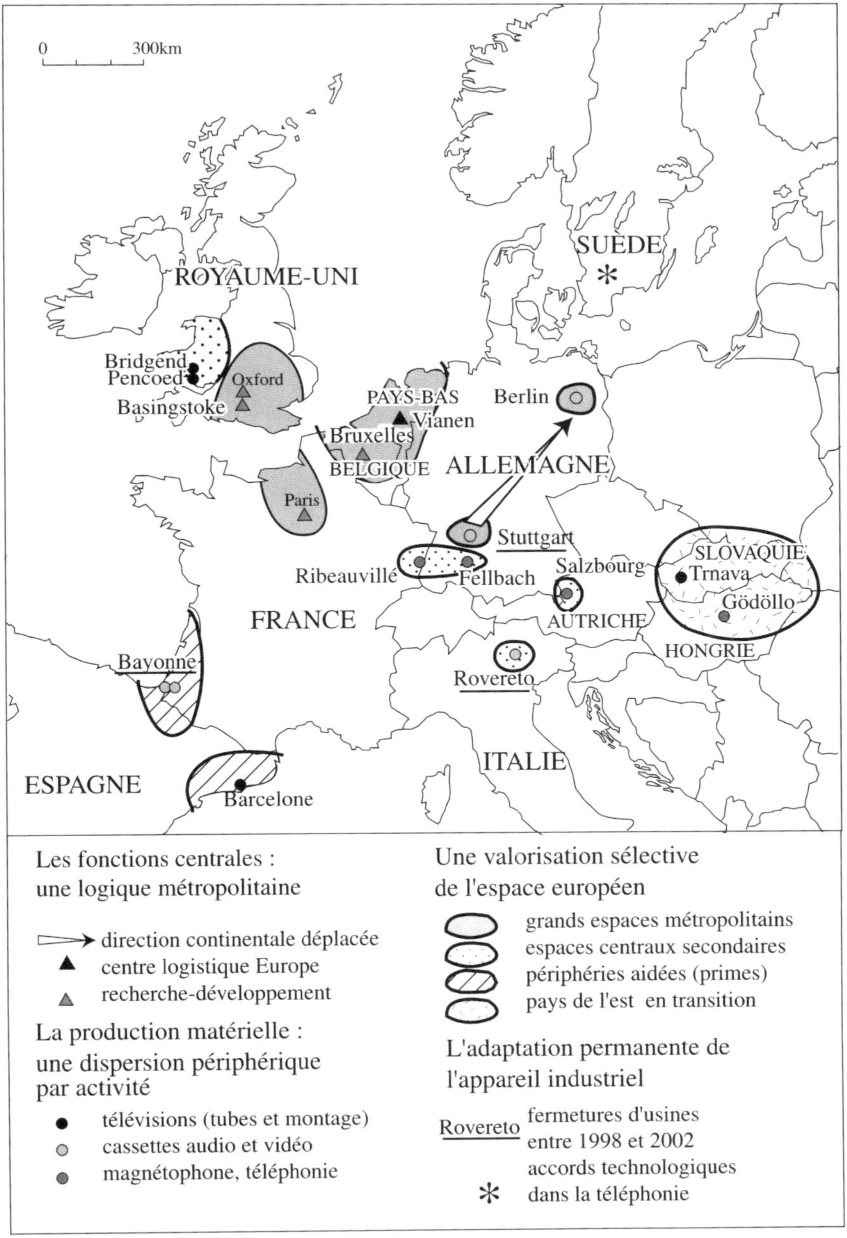

de l'Asie en « atelier de production » pour le marché régional et mondial grâce à de faibles salaires. Par contre, à l'exception du Brésil, la firme est absente des pays en développement d'Afrique et du Proche et Moyen-Orient. On parle alors de « stratégie d'évitement ».

Le document 3 est une carte de synthèse des implantations de Sony en Europe. Moins descriptive que le document 2, elle présente un espace continental fonctionnant comme un système technique et géographique complexe. Grâce à l'élaboration d'une légende classée et hiérarchisée, on présente d'abord les grandes fonctions (siège social, logistique, recherche) et la spécialisation des usines par produit. On cherche ensuite à expliquer ces choix de localisations par la qualité et la diversité des différents espaces européens. Enfin, on introduit une dimension dynamique en signalant les fermetures intervenues depuis cinq ans et les accords technologiques signés avec des firmes européennes.

Commentaire des documents

La continentalisation d'une transnationale japonaise

Avec 65,7 milliards d'euros de chiffre d'affaires et 182 000 salariés dans le monde en 2002, Sony est une des principales transnationales japonaises. Son organisation mondiale repose à la fois sur une organisation verticale par produits (électronique grand public avec 70 % des ventes, médias, jeux vidéos) et sur une organisation horizontale par continent. La mondialisation fonctionne en effet le plus souvent comme un processus de continentalisation. Ainsi, l'essentiel des ventes de Sony se polarise sur la Triade, c'est-à-dire les régions les plus développées que sont le Japon, les États-Unis et l'Europe. De même, son appareil technique mondial, qui représente 90 usines et 185 autres établissements (sièges, recherche, vente, entrepôts...), est organisé par grands continents (Japon, Asie, Chine, Europe, Amérique).

Mais face à une sensible baisse de rentabilité qui mécontente ses actionnaires – les investisseurs internationaux détiennent 40 % de son capital – elle lance entre 2001 et 2003 un vaste programme de restructuration à l'échelle mondiale dans lequel sa branche matériels électroniques passe de 70 à 55 usines dans le monde.

Sony Europe : une adaptation fine

Avec la création du marché unique puis de l'euro, l'Union européenne devient incontournable : les firmes japonaises y contrôlent plus de 800 usines, qui sont multipliées par neuf entre 1983 et 1999. Dans leurs offensives commerciale, technologique et industrielle, elles valorisent les différences intra-européennes en jouant sur la proximité des centres urbains, le coût et la qualité des infrastructures de transports et de la main-d'œuvre plus ou moins qualifiée, les disponibilités techniques et technologiques du tissu industriel, l'importance des aides financières communautaires, nationales et régionales...

Avec 20 000 salariés et 10 usines, contre 14 en 1997, Sony quadrille l'Europe. 80 % de la production est destinée au marché régional. Ses choix territoriaux sont sélectifs. Les fonctions stratégiques sont localisées au sommet de la hiérarchie urbaine continentale : siège à Berlin sur la Potsdamer Platz, base logistique au cœur des Pays-Bas, recherche à Bruxelles, Paris et Oxford. Par contre les 10 usines sont souvent en relative périphérie et ont bénéficié d'aides financières substantielles. Après s'être installée au Pays de Galles et en Catalogne dans les années 1980, Sony choisit la France (Alsace, 1 000 salariés en 2002) dans les années 1990, puis la Slovaquie (850 salariés) et la Hongrie (900 salariés) dans les années 2000 où les activités connaissent depuis une forte croissance face aux fermetures occidentales. Faisant peu appel à la sous-traitance continentale, son système technique est très intégré.

LA RÉPARTITION DE L'INDUSTRIE DANS LE MONDE : UNE DIFFUSION LIMITÉE

Présentation des documents

Ce dossier documentaire est composé de deux documents cartographiques distincts réalisés à partir des données statistiques publiées tous les ans par de grands organismes internationaux, comme l'ONU (Rapport mondial sur le développement humain du PNUD), la Banque mondiale (Rapport sur le développement dans le monde) ou l'OCDE.

Document 1 : La répartition de l'industrie dans le monde

Dans les centaines d'indicateurs démographiques, sociaux, culturels et économiques ainsi disponibles, le PIB (Produit intérieur brut) des États – qui reflète la création de richesses annuelles par pays et est exprimé en dollar américain – a été retenu. Celui-ci est ensuite décomposé en trois grands postes : l'agriculture, l'industrie manufacturière et les services. Malgré son imperfection, liée à certains problèmes conceptuels et méthodologiques, on peut considérer que globalement le PIB de l'industrie manufacturière reflète assez bien la répartition géographique de l'industrie dans le monde.

Document 2 : la géographie mondiale de la recherche

Ce document utilise les dépenses en recherche-développement déclarées tous les ans par les États puis collectées et homogénéisées par les services statistiques des grands organismes indiqués plus haut. Si ces dépenses sont publiées le plus souvent en dollars américains, elles sont ici exprimées en pourcentage du total mondial, ce qui revient au même pour en étudier la répartition mondiale. Par contre, pour des raisons de lisibilité cartographique du fait de l'existence de centaines d'États aux dépenses parfois très faibles voire inexistantes, ces pourcentages sont agglomérés par grandes zones géographiques, sauf bien sûr pour les États les plus puissants.

Commentaire des documents

La répartition très hiérarchisée de l'industrie dans le monde

Issue de la proto-industrie apparue dès la période moderne, l'industrie manufacturière mondiale sous ses formes contemporaines est née avec la première puis la deuxième révolution industrielle dans les pays occidentaux d'Europe à partir du milieu du XIXe siècle. En assurant leur développement économique et social, cette puissante base productive et technologique leurs a ensuite permis de bâtir de vastes empires coloniaux qui vont couvrir les trois quarts du monde avant de s'effondrer à la fin de la Seconde guerre mondiale. À l'Europe occidentale viennent s'ajouter progressivement les anciennes colonies de peuplement européen direct (États-Unis, Canada,

Doc. 1 – **La répartition de l'industrie dans le monde : un ensemble hiérarchisé**

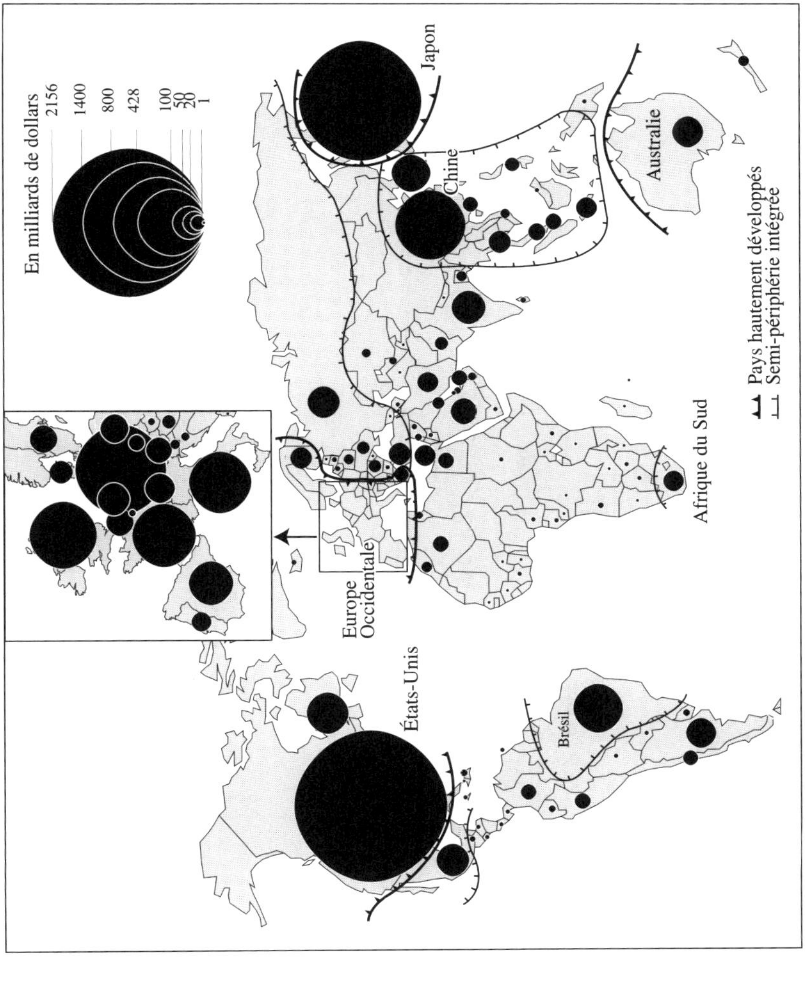

Doc 2 – **La géographie mondiale de la recherche**

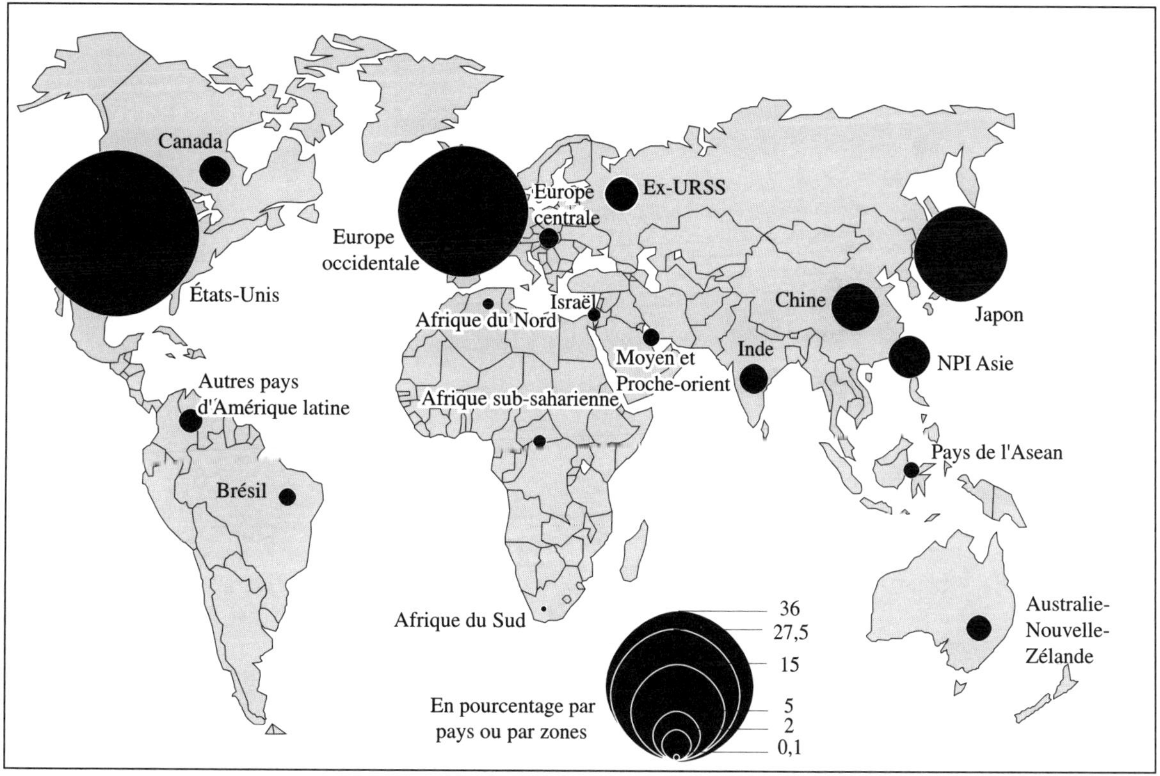

Australie), une partie de l'Europe centrale, la Russie tsariste puis communiste à partir de 1917 et, surtout, le Japon qui copie le modèle occidental lors de la Révolution Meiji à la fin du XIXe siècle. De cet héritage séculaire sortira la coupure entre Pays développés et Pays sous-développés.

Depuis 1945, l'activité industrielle a connu une croissance quantitative et qualitative sans précédent historique du fait, en particulier, de l'accélération des révolutions technologiques. Cette croissance s'accompagne d'une nette diffusion de l'industrie à l'échelle du monde grâce à l'intervention volontariste et massive de certains États et à la rapide internationalisation des transnationales. Ce phénomène est particulièrement net en Amérique latine (Brésil, Argentine, Mexique), en Europe de l'Est et en Chine sous les régimes socialistes et en Asie (Dragons asiatiques puis nouveaux pays émergents).

Mais comme le montre la carte, la répartition de l'industrie dans le monde en ce début du XXIe siècle demeure cependant extrêmement polarisée et d'une efficacité bien inégale. À eux seuls, les pays hautement développés de la Triade (États-Unis, Europe, Japon plus l'Australie) regroupent près de 75 % de l'industrie mondiale. Si on y ajoute les semi-périphéries intégrées, mais commercialement et technologiquement dominées (Brésil, Mexique, Afrique du Sud, Asie Pacifique), on dépasse les 90 %. En effet, face à une Chine en plein développement du fait de ses réformes des années 1980/1990, les anciens pays communistes d'Europe de l'Est sont en « transition », alors que la puissance russe s'effondre ces dernières décennies. De même, alors que l'Amérique latine traverse d'extrêmes difficultés, les pays du Proche et Moyen-Orient et l'Iran demeurent trop dépendants des hydrocarbures (pétrochimie…) alors que l'Afrique sub-saharienne est totalement délaissée et de plus en plus marginalisée.

La géographie mondiale de la recherche

Pour mieux comprendre la dynamique territoriale de cette hiérarchie de l'industrie mondiale, il convient de souligner le rôle essentiel que joue l'innovation depuis les débuts de l'industrialisation dans un cadre ultra concurrentiel entre États et entre firmes. On pourrait pendre comme critères le nombre de chercheurs, de publications scientifiques ou de dépôts de brevets. Mais la localisation des activités de recherche, exprimée ici en pourcentage de la dépense mondiale, est la plus sélective – donc la plus efficace pour notre démonstration – car elle fonde directement les capacités d'innovation technologique.

À elle seule, la Triade réalise 80,5 % de la dépense mondiale suivie de très loin par trois grands États (Chine, Russie, Inde). Ces rapports de forces mondiaux se traduisent par un quasi-monopole de la Triade dans les industries de haute technologie (informatique, aéronautique, armements, spatial, télécommunications, électronique, pharmacie), le contrôle juridique des innovations (brevets), les débats éthiques (OGM dans l'agriculture, par exemple) ou la fuite de centaines de milliers de « cerveaux » des pays pauvres vers les pays riches. Historiquement, jamais les innovations et la recherche n'auront été autant mobilisées par une poignée de pays pour imposer au reste du monde leur hégémonie géopolitique, géoéconomique et culturelle.

STRATÉGIES DE CONCENTRATION ET MONDIALISATION DANS LA DISTRIBUTION

Doc. 1 – **Les principales sociétés de la distribution mondiale**

Rang	Nom de la société	Pays d'origine	Chiffre d'affaires 2000-2001 (en milliards de dollars)
1	Wal-Mart	États-Unis	192
2	Carrefour	France	60
3	Kroger	États-Unis	49
4	Home Depot	États-Unis	46
5	Metro	Allemagne	42
6	Ahold	Pays-Bas	42
7	Kmart	États-Unis	37
8	Albertson's	États-Unis	37
9	Sears	États-Unis	37
10	Target	États-Unis	36
11	Safeway	États-Unis	32
12	JC Penney	États-Unis	32
13	Tesco	Royaume Uni	32
14	Costco	États-Unis	32
15	Rewe	Allemagne	31
16	Intermarché	France	31
17	Auchan	France	29

Source : *LSA*, n° 1755, 14 février 2002, page 23

Présentation des documents

Le tableau est extrait d'un classement des deux cents premiers groupes mondiaux de la distribution, établi par le cabinet d'audit international Deloitte & Touche, reproduit par *Libre-Service-Actualités*, une grande revue de la distribution française moderne, et consultable sur internet. Les graphiques (*doc. 2*) sont extraits du rapport annuel d'activité de Carrefour : première société française et deuxième mondiale de la distribution après l'absorption en 1999 de son concurrent, Promodès. Il indique la répartition du chiffre d'affaires et des investissements par grandes zones géographiques ainsi que la répartition par types de magasins du nouveau groupe.

Commentaire

Dans le domaine de la distribution, la concentration et la mondialisation sont des phénomènes encore récents mais désormais importants. Les 200 premiers groupes mondiaux représentent, selon le cabinet Deloitte & Touche, 2 100 milliards de dollars de chiffre d'affaires, soit environ 30 %

Doc. 2 – **Carrefour : répartition du chiffre d'affaires et des investissements par zones géographiques ; répartition du chiffre d'affaires par types de magasins**

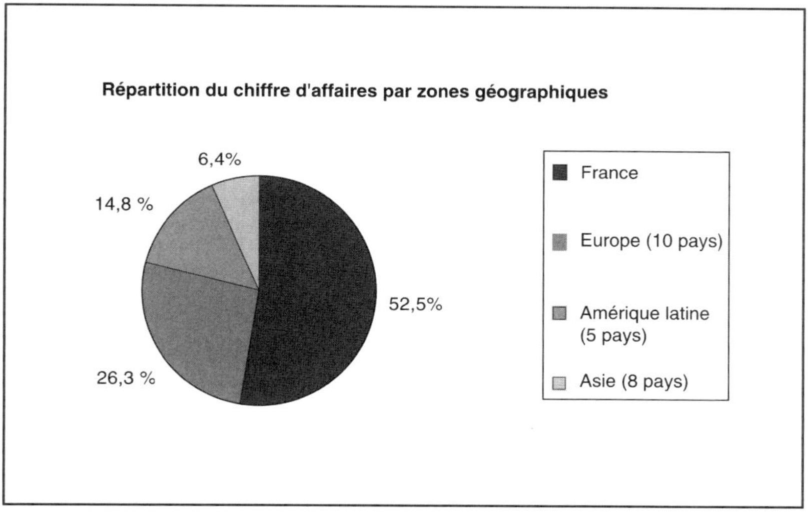

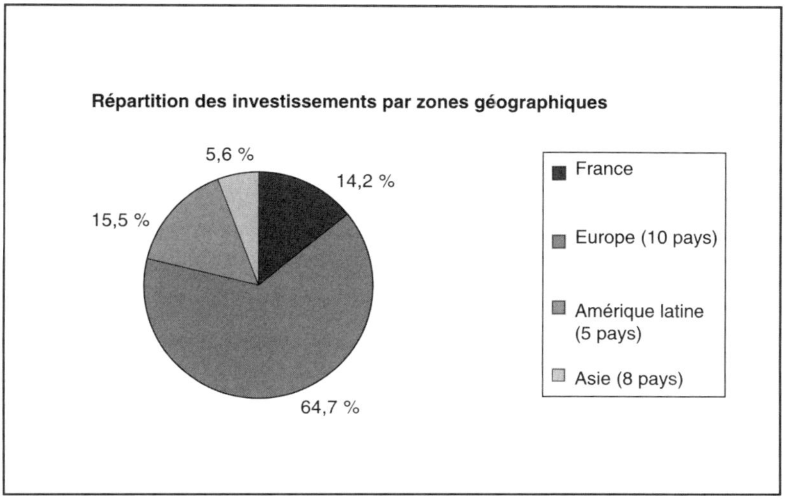

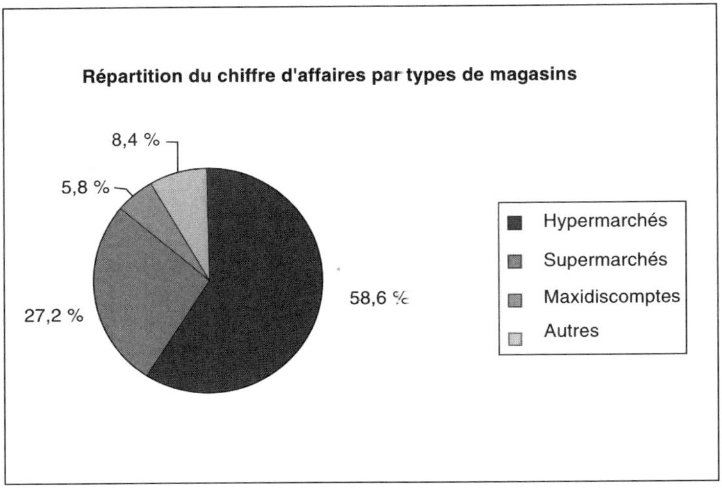

Source : Rapport annuel 2000 de Carrefour, pages 8-9.

du commerce mondial estimé à 7 000 milliards de dollars. Cette concentration est encore loin d'être comparable à celle de l'industrie en raison d'une part, de la jeunesse du processus qui ne date que d'un demi-siècle aux États-Unis, d'un quart de siècle en Europe, d'autre part des difficultés de diffusion dans le domaine des services à des populations pauvres et dispersées sur toute la planète. La mondialisation reste donc provisoirement limitée aux pays riches et aux grandes villes des pays émergents.

Le tableau illustre la prédominance des sociétés américaines dans ce processus avec 10 des 17 premières sociétés du tableau, dont la plus gigantesque : Wal Mart, représente à elle seule, un dixième du chiffre d'affaires des 200 premières sociétés, soit environ 1 % du commerce mondial. Elle est trois fois plus grosse que sa suivante : Carrefour : première société française. Cette prééminence américaine résulte non seulement de l'ancienneté relative du processus de concentration mais aussi de l'immensité du marché américain caractérisé par le nombre et la richesse de ses habitants, l'homogénéité linguistique et culturelle facilitant l'expansion. Il en résulte une extrême compétitivité et sophistication du marché américain, jusqu'à présent quasi inabordable (sauf pour les produits de luxe) par les sociétés européennes mais aussi très sensible à la conjoncture, le moindre frémissement de la consommation des ménages se traduisant par des faillites retentissantes (KMart et Sears, pourtant dans les premières places du palmarès, sont menacées de dépôt de bilan à la suite des attentats du 11 septembre). Cependant, les groupes américains, disposant pourtant d'une énorme capacité d'intervention sur les marchés étrangers, ont été maintes fois échaudés par des incursions sans lendemain sur les marchés européens très spécifiques (Wal Mart entrant en force en Allemagne en

1998 et s'en retirant en 2001) et sont davantage enclins à une concurrence interne sur le riche marché nord ou latino-américain.

Ce sont les sociétés européennes qui se sont le plus résolument lancées dans l'expansion internationale et apparaissent depuis peu à de bonnes places dans le tableau. Une fois passée l'étape de concentration au niveau de chaque pays (en France, absorption des Mammouth, Montlaur, Euromarché, Continent,... en quelques années), l'exiguïté des marchés nationaux vite saturés, la défense par les pouvoirs publics du commerce traditionnel local, la complexité des formes directes ou indirectes de protection nationale des marchés dans les pays voisins, ont conduit les grandes sociétés françaises, allemandes, britanniques et néerlandaises à s'orienter vers les pays émergents où les risques sont grands et les bénéfices de départ limités mais qui représentent un pari sur l'avenir avec des formules à succès bien rodées dans le pays d'origine et bien adaptées aux pays en phase de transition vers la consommation de masse.

Les graphiques montrent que pour Carrefour, la France ne représente plus désormais que la moitié du chiffre d'affaires global pour un effort d'investissement modéré en raison de l'efficacité des équipements existants qu'il suffit de « toiletter », de l'absence de nouveaux enjeux d'importance. L'internationalisation, avec pour objectif, l'ouverture dans trois nouveaux pays par an, se réalise, de façon spectaculaire, par une course à l'implantation dans les très grandes villes du littoral asiatique où le potentiel futur de clientèle dessine un eldorado qu'il faut familiariser avant que la concurrence ne s'installe. Tout doit être anticipé, de l'évolution des modes de déplacements encore en majorité pédestres ou cyclables jusqu'aux processus d'acculturation qui ne touchent aujourd'hui qu'une infime minorité, censée être annonciatrice à plus long terme de la vente de masse, sans compter la mise en situation vis-à-vis des pouvoirs locaux économiques et politiques peu accessibles et a priori hostiles à toute intervention extérieure. En Corée du Sud, de Séoul (12 millions d'habitants) à Pussan (3 millions) puis Taegu (1 million) s'amorce déjà un réseau d'implantation réduit encore dans le difficile Japon à une seule implantation dans Tokyo la capitale.

Le modèle de diffusion a déjà été essayé avec succès en Amérique latine où, malgré les soubressauts économiques, l'installation précoce dés les années 1980, permet aujourd'hui de tenir tête aux compagnies américaines et de dessiner, à partir des capitales et au-delà des opportunités de départ, l'amorce d'un réseau de desserte hiérarchisé. Le principal enjeu actuel de la mondialisation reste finalement l'Europe si proche, si diverse et en évolution si rapide. Elle mobilise la majorité des investissements d'abord vers les pays du sud (Espagne et Portugal conquis dés les années 1980 au pas de charge, plus récemment Italie, Grèce et Turquie) dont le dynamisme actuel suscite un renouveau de la concurrence nationale. De plus en plus, l'avenir se dessine vers les pays de l'est où s'affrontent toutes les compagnies européennes sur ce marché en transition, prometteur à court terme mais où la demande de consommation est encore paralysée par les lacunes de l'organisation économique et du statut juridique. De l'ancienne Allemagne de l'Est à la Pologne, à la Tchéquie, à la Roumanie..., les étapes de diffusion du grand commerce ne font que reproduire les étapes de l'intégration de ces divers pays dans l'Europe élargie.

Le troisième graphique illustre les moyens de l'internationalisation jusqu'à présent réduits pour Carrefour à une seule formule à succès : l'hypermarché, le maxidiscompte (Ed) n'étant pour sa part qu'une réponse à la concurrence vite stoppée des entreprises allemandes sur le territoire français. En revanche, cet exemple montre que l'absorption en 1999 par Carrefour du concurrent Promodès, plus diversifié, avec des réseaux de supermarchés et de petits libre-services permet d'envisager pour le nouveau groupe une pénétration plus multiforme, plus adaptée aux diverses caractéristiques des marchés mondiaux et permettant de mobiliser la clientèle sur diverses échelles spatiales du magasin de proximité à la grande surface. Malgré cela, la diversification reste cependant encore bien faible par rapport aux grands groupes industriels et illustre d'une autre façon cette phase de maturation qui caractérise encore les processus de concentration et de mondialisation dans le secteur des services à la consommation.

CONSTRUIRE UNE CARTE : L'EXEMPLE DE L'ANDALOUSIE

MÉTHODOLOGIE

Certains auteurs préfèrent distinguer les termes de « carte » et de « croquis » afin de souligner des différences d'élaboration technique et de vocation informative ou démonstrative. Nous utiliserons pour notre part le terme de « carte » en lui donnant le sens très large de représentation graphique d'un espace (« une carte est une image, représentation du Monde ou d'un morceau du Monde », Roger Brunet). La carte est un des outils privilégiés du géographe dans la mesure où elle est une image codifiée de la réalité géographique qui localise des phénomènes et met en évidence des formes d'organisation de l'espace.

Une réflexion géographique préliminaire

Construire une carte relative à un aspect géographique particulier implique une réflexion préalable liée à la finalité de la production cartographique.

Localiser

Localiser les éléments caractéristiques du phénomène géographique étudié consiste à faire des choix pour répondre à l'objectif principal du travail, d'où l'importance de la question « que veut-on démontrer ? ». Ainsi, une carte de l'espace industriel japonais doit différencier la localisation de la « ceinture industrielle du Pacifique » et celle d'un espace sous-industrialisé profitant inégalement d'un certain redéploiement industriel. Cette dualité spatiale doit orienter la construction cartographique, quitte à affiner le contraste en représentant les pôles majeurs, les axes organisateurs et les fronts de diffusion.

Expliquer

Une carte d'inventaire se contente de localiser mais la réflexion géographique invite à dépasser la simple description et à rechercher les facteurs explicatifs du phénomène étudié. Cette recherche aboutit à une carte analytique (correspondant à un thème) ou à une carte de synthèse (correspondant à plusieurs phénomènes géographiques ou à plusieurs variables d'un même phénomène géographique). Dans les deux cas, la carte s'interroge sur les raisons des localisations et les conséquences de celles-ci, elle cherche à faire comprendre le « fonctionnement » du système spatial.

La différenciation spatiale

Une carte sélectionne donc des informations, les hiérarchise et met en évidence des relations entre différents phénomènes pour faire ressortir des structures et des dynamiques. La finalité cartographique vise à faire apparaître une hiérarchie entre des espaces : espaces dominants ou périphériques, espaces dynamiques ou en crise, espaces intégrés ou marginalisés...

Les éléments de la carte

Une carte doit comprendre un titre, une échelle, un certain nombre d'informations, une nomenclature et une légende.

Le titre

Général ou précis, neutre ou problématisé, il a une importance capitale puisqu'il détermine l'objet de la carte. Ainsi, deux titres voisins comme « les menaces sur l'espace rural français » et « la nouvelle ruralité française » conduisent à construire deux cartes différentes des campagnes françaises même si plusieurs aspects importants (la périurbanisation, les parcs naturels, la dualité de l'espace agricole, la diversification de l'espace rural...) appartiennent aux deux sujets.

L'échelle

Numérique ou graphique, elle est également indispensable. Apprécier convenablement les distances permet de mieux localiser. Elle peut aussi servir de point de repère si la projection cartographique utilisée diffère des projections courantes.

Les informations de la carte

Toutes n'ont pas la même importance, certaines sont descriptives, d'autres explicatives. Elles résultent d'un choix dépendant de l'intitulé du sujet et de l'échelle de la carte. Ce choix se fait surtout en fonction des inégalités spatiales que l'on veut mettre en valeur.

La nomenclature

C'est l'ensemble des noms figurant sur la carte. Raisonnablement longue, elle ne doit pas surcharger le travail tout en localisant les phénomènes étudiés. En rapport étroit avec le libellé du sujet, elle découle d'un choix réfléchi qui retient les aspects essentiels et écarte les points secondaires. Autrement dit, elle allie la qualité de l'information au souci de lisibilité. Pour ce faire, elle doit respecter quelques règles typographiques simples : écriture scripte (minuscules et/ou majuscules), écriture horizontale presque toujours, jeu sur la taille, la forme et l'épaisseur des lettres...

La légende

Elle permet d'expliciter tous les signes utilisés sur la carte mais en même temps elle reflète le raisonnement de l'auteur. Pour cette dernière raison elle est construite comme une démonstration permettant de répondre à la problématique du sujet. La légende de la carte, conçue comme une démarche logique, s'apparente au plan d'une dissertation.

Le langage cartographique

La carte met en relation un auteur qui réalise un message visuel et un lecteur qui doit comprendre ce message. Elle est une image dont la perception est globale et immédiate. Sa réussite dépend du nombre d'informations (ni trop, ni trop peu), de la hiérarchisation de ces informations et de la qualité graphique de la réalisation.

Les principes cartographiques

□ *La spécificité*

Des faits de même nature sont représentés par des figurés de même nature, des faits voisins par des figurés voisins.

□ *La proportionnalité*

La hiérarchie des figurés (taille des formes, intensité des couleurs) reflète la hiérarchie des faits.

□ *L'universalité*

Les figurés sont valables pour l'ensemble de la carte. De plus, lorsqu'un élément figure dans la légende, il doit être représenté partout où il existe, dans les limites des choix décidés lors de la réflexion préliminaire.

□ *La lisibilité*

Un principe majeur qui passe par un choix restreint de figurés ainsi que par la netteté et la variété du trait de dessin.

Les signes graphiques

Les signes graphiques élémentaires sont le point, la ligne et la surface. Le figuré est construit à partir de ces trois signes selon un certaine implantation graphique. Celle-ci peut être définie comme la façon d'appliquer le figuré sur la carte : elle peut être ponctuelle, linéaire ou zonale.

Quand le figuré montre des phénomènes de nature différente ou des différences quantitatives d'un même phénomène, il faut faire varier les signes graphiques en fonction de la forme, la taille et/ou la couleur.

La forme, la taille, la couleur

La forme est une variable visuelle qui permet de transcrire une information qualitative. Les symboles géométriques (carrés, cercles, triangles...) sont les plus utilisés, ils servent à différencier des implantations ponctuelles.

La taille est une variable visuelle pouvant traduire l'importance d'un phénomène. La variation de taille de figures géométriques simples est facile à réaliser et à percevoir. L'épaisseur variable de flèches peut représenter des flux plus ou moins importants.

La couleur, variable visuelle la plus aisément perceptible, doit souligner l'aspect principal de la carte. De plus, elle permet de distinguer clairement des figurés représentant des faits de nature différente. Il est conseillé de limiter le nombre de couleurs à trois ou quatre et veiller à ce qu'elles soient contrastées. L'utilisation simultanée des couleurs froides (du vert au violet) et des couleurs chaudes (du jaune au rouge) aide à souligner des contrastes, par exemple entre valeurs négatives et positives. La variation du ton d'une couleur constitue une autre possibilité graphique : les tons clairs sont associés aux valeurs faibles tandis que les tons foncés sont liés aux valeurs élevées (la hiérarchie des tons d'une couleur reflète la hiérarchie des phénomènes représentés).

Des couleurs peuvent être remplacées par des hachures ou des pointillés. Il faut alors respecter quelques principes. Pour montrer des faits de nature différente à l'intérieur d'une catégorie, il est possible de varier l'orientation des hachures. Mais pour souligner des différences quantitatives d'un même phénomène, il faut conserver une même orientation des hachures tout en faisant varier la gradation (la densité ou l'épaisseur) de celles-ci.

Ainsi, le langage cartographique utilise fondamentalement des combinaisons de la forme, de la taille et de la couleur pour faire ressortir une impression globale qui met en évidence l'idée maîtresse de la carte.

Quelques figurés pour construire une carte

Informations cartographiques	Figurés	Différencier ou hiérarchiser
Éléments ponctuels : ville, pôle, port, aéroport, station touristique...	Figurés ponctuels 	Distinguer des phénomènes de nature différente : – varier la forme, – varier la couleur. Hiérarchiser des phénomènes de même nature : – varier la taille, – varier l'intensité d'une couleur.
Éléments linéaires : Flux, axe de communication, fleuve navigable...	Figurés linéaires 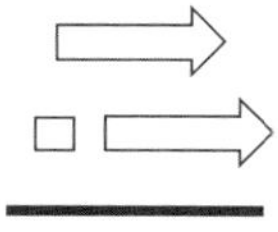	Différencier des flux : – varier la couleur ou la forme des flèches. Hiérarchiser des flux de même nature : – varier l'épaisseur des flèches.
Éléments de surface : espace industriel, zone d'influence urbaine...	Figurés de surface : 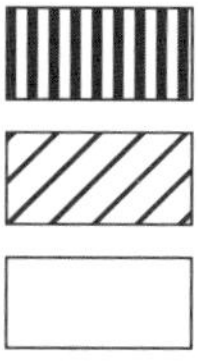	Distinguer des phénomènes de même nature : – varier la couleur, des plages ou l'orientation des hachures. Hiérarchiser des phénomènes de même nature : – varier l'intensité d'une couleur, – varier l'espacement ou l'épaisseur des hachures, – varier la densité des pointillés.

La construction de la carte

L'objectif principal

Construire une carte revient à démontrer une hypothèse qui rend intelligible le thème représenté. Avant toute chose, le titre de la carte doit être analysé : quelles sont les limites géographiques du sujet ? quels sont les mots clés ?... Puis il faut élaborer une problématique qui donnera du sens à la carte. Il faut à tout prix éviter d'empiler des faits, d'énumérer plus ou moins longuement. Une idée maîtresse doit organiser la réflexion en ayant toujours présent à l'esprit l'objectif principal de la géographie, c'est-à-dire la différenciation spatiale qui montre des contrastes et des inégalités.

Le choix des informations

Les informations à cartographier sont sélectionnées en fonction de deux types de critères. Le premier type, de nature technique, renvoie à une nécessité de clarté et de lisibilité de la carte tout en évitant la pauvreté des informations. L'échelle de la carte joue un rôle important dans le degré de précision des phénomènes géographiques retenus. Un deuxième type de critères, de nature intellectuelle, se rapporte à la problématique choisie : quels sont les faits les plus représentatifs permettant d'illustrer cette problématique ?

La construction de la légende

Le classement des informations sélectionnées dans la légende doit correspondre à une logique de démonstration tout en respectant la démarche géographique. Quelques thèmes majeurs s'enchaînent pour démontrer une idée maîtresse. Il est également indispensable de réfléchir aux choix graphiques, en particulier aux contraintes techniques qui vont influencer la construction de la légende.

La réalisation graphique

Un matériel simple est nécessaire : un crayon noir, une gomme, un stylo noir, des crayons de couleur, des feutres de couleur, une règle graduée, une règle normalisée de symboles géométriques.

La carte peut être élaborée d'abord au crayon en commençant par les grandes masses (couleurs, hachures et pointillés). Les figurés ponctuels et linéaires sont ensuite représentés. Les noms sont écrits à l'encre noire de préférence. Avant de mettre au propre le travail, il faut vérifier une dernière fois sa lisibilité sans négliger son aspect esthétique. La carte est un message répondant aux règles de la perception visuelle, elle doit convaincre et même séduire celui à qui elle est montrée.

EXEMPLE : LA CARTE DE SYNTHÈSE DE L'ANDALOUSIE

Présentation

André Humbert, professeur de géographie à l'université Nancy-II, publie en 1992 un petit livre de géographie régionale de l'Espagne aux Éditions Nathan. Dans l'introduction de ce livre, l'auteur précise son objectif qui est de dégager des personnalités régionales, « ce qui signifie que l'accent sera mis sur les traits majeurs de ces personnalités ».

L'Andalousie

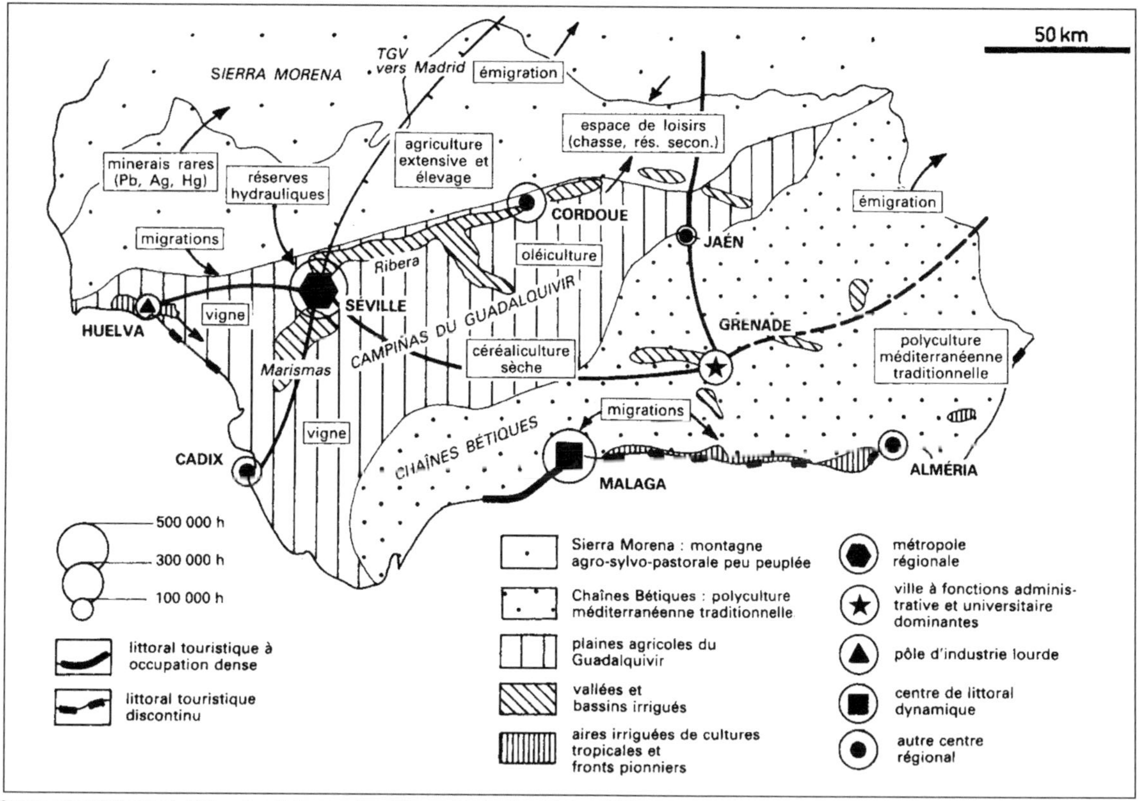

Source : André Humbert, *L'Espagne*, Nathan, coll. « Géographie d'aujourd'hui », 1992, page 108.

Dans le chapitre 4 consacré à l'Andalousie, il propose une carte de synthèse d'une région très diversifiée où, néanmoins, apparaissent les « trois volets d'un triptyque » : le bassin central des plaines du Guadalquivir, les deux ensembles montagneux de la Sierra Morena et des chaînes Bétiques qui encadrent la dépression centrale, le littoral méditerranéen de l'Andalousie.

Commentaire

Le titre

Son caractère lapidaire – L'Andalousie – masque en réalité une grande ambition : représenter les composantes principales d'une vaste région, très variée par ses paysages comme par son économie et ses déséquilibres. Dans son livre, André Humbert souligne la possibilité de plusieurs grilles de lecture et se demande laquelle privilégier. C'est toute la difficulté de construire une carte de synthèse.

Les informations de la carte

Une des difficultés de l'exercice cartographique découle du choix de l'échelle. La carte proposée est une carte à l'échelle régionale qui ne peut rendre compte des contrastes sur de courtes distances. Pourtant, « à quelques dizaines de kilomètres des stations de ski de la Sierra Nevada verdoient les champs de canne à sucre et mûrissent les fruits tropicaux de la Costa del Sol » (A. Humbert, *op. cit.*, p. 85). L'auteur devant concilier justesse des observations et lisibilité de la carte ne peut retenir que le strict essentiel d'un sujet cependant très complexe. Ainsi, la grande diversité des chaînes Bétiques ne peut être véritablement représentée en dehors des principaux espaces irrigués comme la Vega de Grenade.

Une autre difficulté de l'entreprise réside dans l'intérêt de décrire la situation et l'évolution régionales mais aussi d'évoquer quelques facteurs explicatifs. Pour ces derniers, l'auteur prend le parti de se limiter à quelques éléments comme certains flux (les migrations de populations par exemple) et des axes de transport (le TGV vers Madrid par exemple).

La nomenclature

La typographie permet de différencier trois grandes familles de noms : les principales villes, les sous-ensembles régionaux (Sierra Morena, Marismas…), les évolutions démographiques et économiques des composantes régionales (sous forme d'encadrés rectangulaires parfois reliés à des flèches). En dehors de l'objectif traditionnel de localisation, la nomenclature est donc également utilisée pour préciser des situations géographiques représentées par des figurés de surface ou ponctuels.

Au total, la nomenclature apparaît suffisante même si l'auteur a dû omettre quelques noms de localisation (comme le Guadalquivir) afin de garantir la bonne lisibilité de sa carte.

Les choix graphiques

Les contraintes éditoriales empêchent ici l'utilisation des couleurs qui auraient sans aucun doute amélioré la lisibilité du travail cartographique, compte tenu de la diversité de la région étudiée. Les couleurs auraient été d'autant plus utiles que les éléments représentés appartiennent surtout à la catégorie des surfaces (ou aires). Cela dit, l'auteur a affecté à chaque espace une plage de hachures ou de pointillés en évitant toute superposition pour garantir une lisibilité maximale à la carte. Mais les contraintes éditoriales (utilisation exclusive du noir et blanc, petite taille de la carte) expliquent par exemple que les traits noirs du littoral touristique et ceux des axes de communication se distinguent assez mal.

Les difficultés de la construction de la carte

Résumons les composantes de la difficulté à construire une telle carte :

- un processus de différenciation régionale particulièrement complexe dont certains aspects n'apparaissent qu'à grande échelle.
- des facteurs explicatifs très nombreux et parfois difficilement cartographiables qui conduisent à privilégier la dimension descriptive du sujet.
- l'impossibilité d'utiliser des couleurs pour améliorer la lisibilité de la carte de synthèse.

Hachures et pointillés

En dehors des pôles urbains et/ou industriels, la carte met en valeur un contraste majeur entre les montagnes andalouses d'une part, les autres espaces (les plaines du Guadalquivir et les divers espaces irrigués) d'autre part. Deux systèmes de pointillés, représentant les montagnes s'opposent clairement à plusieurs systèmes de hachures affectés aux autres espaces andalous. L'observation rapide de la carte rapproche les deux ensembles montagneux grâce aux pointillés, mais un examen plus attentif distingue la Sierra Morena (pointillés peu denses) et les chaînes Bétiques (pointillés denses). Dans les deux montagnes, les systèmes agricoles ne parviennent pas à faire vivre la population, que ce soit le système agro-sylvo-pastoral de la Sierra Morena ou la polyculture méditerranéenne traditionnelle des chaînes Bétiques. La carte de synthèse choisit de souligner cette situation commune à tout l'espace montagneux andalou.

Le reste de l'Andalousie, mieux relié aux pôles nationaux et internationaux, beaucoup plus densément peuplé, n'est pas engagé dans une logique de déprise. Ce sont des systèmes de hachures qui l'opposent aux montagnes. Deux systèmes de hachures serrées rapprochent les espaces agricoles irrigués : des hachures serrées inclinées pour les « regadios » des plaines (comme la Ribera) et des montagnes (comme la Vega de Grenade), des hachures serrées verticales pour les aires irriguées littorales constituant un front pionnier agricole parmi les plus dynamiques d'Espagne. Un troisième système de hachures, verticales et espacées, représente les plaines agricoles du Guadalquivir qui, elles, appartiennent au domaine du « secano ».

Ainsi, une logique de différenciation spatiale sous-tend le choix des hachures et des pointillés. Une même logique pourrait être pratiquée avec une construction de plages de couleur.

Axes et pôles

L'observateur attentif repère sur la carte quelques grands axes de communication mettant en rapport les différents pôles régionaux avec le reste de l'Espagne et au-delà avec l'international. Ces axes constituent un facteur explicatif important des dynamiques régionales. Séville, au centre d'un carrefour régional, assoit sa prééminence aux dépens des autres grandes villes andalouses grâce à la liaison TGV Madrid-Séville.

Des cercles représentent les différents pôles de la région : leur taille différente donne une idée sommaire de la hiérarchie urbaine dominée par Séville et Malaga. A l'intérieur de chaque cercle, un figuré géométrique (cercle, carré, triangle, hexagone, étoile) cherche à caractériser la fonction dominante et l'influence régionale du pôle urbain. C'est ainsi que Grenade s'inscrit à un niveau intermédiaire de la hiérarchie urbaine (cercle de taille moyenne) grâce à ses fonctions administratives et universitaires (étoile à l'intérieur du cercle).

Les flux

Quelques flèches (une dizaine) soulignent des dynamiques spatiales se déployant à plusieurs échelles géographiques. Les migrations de population, reliées à plusieurs flèches, mettent en valeur la déprise des montagnes et l'attractivité d'autres espaces (métropoles régionales, fronts pionniers dynamiques). La distinction migrations/émigration introduit la différenciation entre les mouvements de population à l'échelle régionale, voire locale, et ceux qui existent à l'échelle nationale ou même internationale. C'est ainsi que des migrants issus des chaînes Bétiques se dirigent vers Malaga et la Costa del Sol (entre Malaga et Almeria) tandis que d'autres populations issues des mêmes montagnes émigrent vers les régions industrielles et urbaines du nord de l'Espagne.

Les flux ne se résument pas aux migrations définitives de population. Au nord de la carte, dans la Sierra Morena, trois flèches désignent d'autres types de flux : minerais rares, réserves hydrauliques, touristes. Minerais et eau sont exportés, prouvant ainsi que la Sierra Morena met ses richesses naturelles à la disposition des espaces périphériques ou plus lointains. Dans l'autre sens (flèches en sens inverse), la « transhumance » saisonnière des citadins participe à la transformation de la Sierra Morena qui devient de plus en plus un espace de loisirs.

Une autre légende possible

Sans modifier la carte et sans alourdir le contenu de la légende, il est possible de hiérarchiser autrement cette légende. Un plan clairement régional peut mettre en valeur l'objectif essentiel, c'est-à-dire les trois volets du triptyque andalou. La difficulté liée à un tel choix concerne les relations interrégionales ainsi que les relations entre l'Andalousie et le reste de l'Espagne. Nous faisons la proposition suivante :

Les montagnes andalouses : un espace en déprise

- Sierra Morena : montagne agro-sylvo-pastorale peu peuplée
- Chaînes Bétiques : polyculture méditerranéenne traditionnelle
- espaces irrigués des montagnes
- Migrations — flux de dispersion
- Espace de loisirs — flux d'attraction
- centre régional attractif

Les plaines du Guadalquivir : un espace central dominé par Séville

- plaines agricoles du Guadalquivir
- espaces irrigués des plaines
- métropole régionale
- centre régional

Un littoral inégalement dynamique

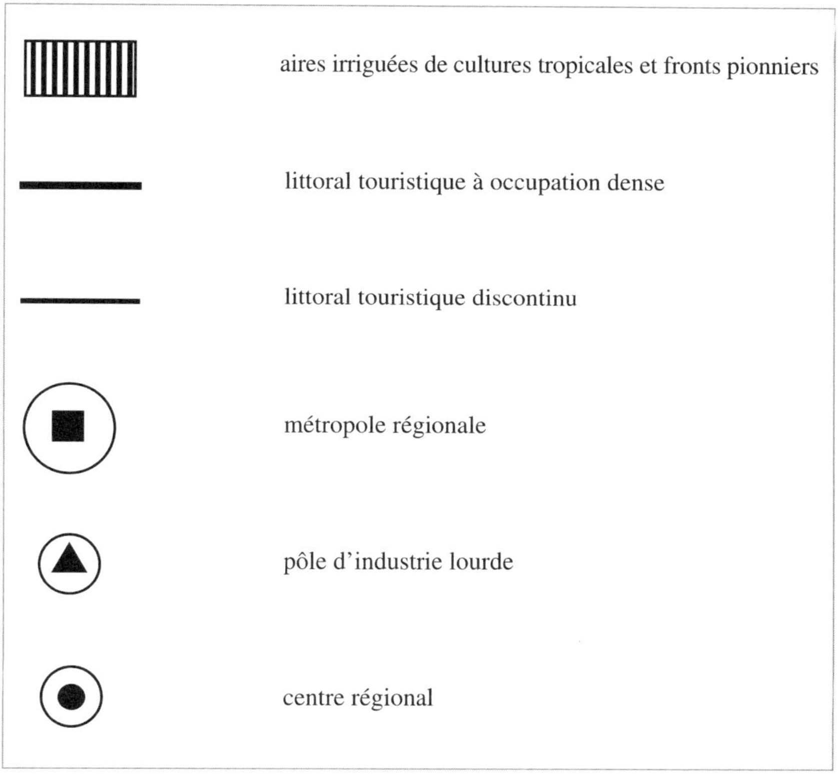

NB : Les cercles proportionnels représentant les villes selon leur taille doivent aussi apparaître dans un coin de la légende comme André Humbert les a représentés. À côté de ces cercles, on peut également faire figurer les axes de communication. Ces éléments sont notés à part puisqu'il est difficile de les intégrer dans l'une des trois parties de la légende proposée ci-dessus.

REPÈRES
ET
OUTILS

LEXIQUE

Agrosystème : écosystème artificialisé par l'agriculture à la fois dans ses composants biotiques (animaux, végétaux) et dans ses composants abiotiques, c'est-à-dire inertes (sol, air, énergie solaire).

Capitalisation boursière : valeur financière de l'ensemble des actions des entreprises cotées sur une bourse à un moment donné.

Carte mentale : représentation spatiale mobilisant l'ensemble des savoirs et savoir-faire à partir desquels un individu ou un groupe conçoit l'espace, l'ordonne, le pratique et lui donne un sens.

Centralité : concentration des fonctions de commandement et de services dans des quartiers centraux dans le centre d'une ville.

***City* :** terme anglo-saxon désignant un centre ville vidé de ses habitants en dehors des heures de bureau. L'expression fait référence à la City de Londres, c'est-à-dire à son quartier d'affaires.

Densité (de population) : nombre d'habitants par unité de surface.

Densité agricole : nombre de personnes appartenant à un ménage agricole par hectare de terre arable.

Dépeuplement : diminution de la population résultant d'un solde migratoire négatif.

Dépopulation : diminution de la population due à un solde naturel négatif.

Division spatiale du travail : initialement spécialisation des différents établissements d'une même entreprise sur une fonction productive et sur un type de main d'œuvre dans un espace géographique plus ou moins large (centre ville/banlieue ; métropole/province ; pays d'origine/pays étrangers). Par extension, définit aussi la spécialisation hiérarchique des économies nationales intégrées à la mondialisation.

Dragons asiatiques : quatre pays d'Asie (Corée du Sud, Taïwan, Hong-Kong et Singapour) ayant connu à partir des années 1950/1960 une forte croissance économique en s'intégrant à la mondialisation grâce à un modèle économique spécifique.

***Edge-city* :** terme anglo-saxon désignant des centres périphériques où se pratiquent des activités tertiaires et qui sont installés à proximité des banlieues-dortoirs. Ce concept apparaît dès 1945 dans les travaux de géographes américains Harris et Ullman, puis est repris par un journaliste du *Washington Post*, Garreau, en 1991.

Émigration : mouvement caractérisant un ensemble de personnes quittant un territoire donné pour s'établir dans un autre.

Entreprise : entité juridique, économique et technique de petite ou grande taille (petite et moyenne entreprise/groupe) fournissant un bien ou un service à travers ses établissements répartis dans l'espace géographique.

Environnement : ce terme définit le milieu physique aménagé qui s'analyse en terme de ressources, de contraintes et de risques.

Établissement : unité technique et spatiale de base d'une entreprise. Il est plus ou moins important et spécialisé (siège social, centre de recherche, usine, entrepôts).

État-nation : l'État est un ensemble ou système d'organisations de caractère politique et administratif, détenteur du pouvoir sur une société donnée. Si celle-ci est constituée par des individus se réclamant d'une histoire et d'une culture commune, elle forme une nation et s'inscrit en général dans un territoire. L'ensemble est alors appelé État-nation territorial.

Immigration : mouvement caractérisant un ensemble de personnes entrant sur un territoire donné pour s'y établir.

Fonctions productives : ensemble des différents stades successifs qui décrivent le processus de production. On distingue les fonctions concrètes (fabrication, logistique) et les fonctions abstraites (administration, gestion, conception, commerce). À chaque stade répond souvent un type d'établissement, de qualification et de main d'œuvre.

Front pionnier : conquête de terres dans des espaces neufs peu occupés permettant d'en augmenter le peuplement.

Frontière : limite du territoire d'un État. Par extension, ligne ou zone séparant deux espaces, deux régions, ou entités plus ou moins abstraites (on parle, par exemple, de frontière culturelle ou religieuse). Dans la terminologie anglo-saxonne *fronter* constitue à la fois une limite territoriale et une base de progression, voire de conquête.

Industrie : activité économique produisant un bien matériel plus ou moins complexe. Selon la qualification de ses salariés, on distingue les industries techniciennes ou de haute technologie, les industries qualifiées (emplois d'ouvriers et techniciens qualifiés) et les industries spécialisées (emplois peu qualifiés).

Interaction spatiale : ensemble des effets produits par les échanges matériels ou immatériels entre entités localisées, occupe une position centrale. L'interaction spatiale est à la fois une expression majeure de l'emprise sociale sur l'étendue terrestre et un des objets clefs de tout projet associé au territoire.

Lieu : point de la surface terrestre repéré par des coordonnées en latitude et en longitude ; composante élémentaire de l'espace géographique. C'est aussi un agencement particulier de cet espace doté d'un nom, d'une fonction, d'un sens, d'une limite et d'une étendue variable.

Mégalopole : ensemble urbain polynucléaire de plusieurs dizaines de millions d'habitants s'étendant en ruban quasi continu sur plusieurs centaines de kilomètres.

Mégapole : ville géante comptant plusieurs millions d'habitants.

Métropole : « ville mère » ayant un fort pouvoir de commandement suite à une concentration exceptionnelle de fonctions stratégiques.

Métropolisation : processus de concentration des fonctions stratégiques dans une grande ville.

Migration : changement de lieu d'un ou de plusieurs individus, mouvement caractérisant les déplacements de personne d'un territoire à un autre.

Mondialisation : processus historique d'extension progressif à la surface du globe de l'économie capitaliste qui en est aujourd'hui au troisième stade. Il débouche sur une organisation spatiale du monde hiérarchisée et inégale entre pays dominants, périphéries intégrées et marges exclues.

Mortalité : ensemble des décès d'une population.

Natalité : ensemble des naissances d'une population.

Œcoumène : partie de la terre occupée par l'humanité.

Pays développés : pays à l'économie efficace, puissante et moderne et dont les sociétés bénéficient d'un haut niveau de vie.

Pays émergents : ensemble des pays en voie de développement qui ont connu ces dernières décennies une forte croissance économique (Chine, Brésil, Indonésie, Viêtnam...).

Pays en voie de développement : pays aux économies déséquilibrées et en difficultés, à forte croissance démographique, à la reproduction sociale déficiente (santé, éducation) et aux États souvent fragiles.

Paysage : portion de la surface terrrestre qui s'offre à la vue d'un observateur.

Peuplement : répartition de la population à la surface de la terre ; le processus d'occupation de l'espace correspondant.

Pression démographique : pression exercée sur un milieu (ex. : épuisement des ressources...) ou un espace (ex. : raréfaction des terres disponibles) du fait d'un accroissement de population.

Produit intérieur brut (PIB) : ensemble de la richesse produite par l'activité économique d'un pays durant une année.

Régionalisation : régionaliser consiste à regrouper en un même ensemble géographique, en une même région, soit les unités spatiales contiguës qui se ressemblent plus entre elles qu'elles ne ressemblent à toute autre unité de zone étudiée (délimitation d'une région homogène), soit celles qui ont plus de liens entre elles qu'elles n'en ont avec toute autre (délimitation d'une région intégrée souvent polarisée autour d'un pôle).

Réseaux logistiques : ensemble des moyens de transports des informations, des hommes et des marchandises à travers l'espace géographique.

Ressources : éléments fournis par la nature (eau, sol, bois, ressources minières, énergies fossiles...) et nécessaires à l'homme et à ses activités. On distingue habituellement des ressources renouvelables et d'autres non renouvelables.

Risques : potentialité d'un danger affectant un groupe social. Le danger est lié à un aléa naturel (cyclone, tempête, inondation.) ou à l'existence d'activités dangereuses (industries, nucléaire, transport, stockage...).

Situation géographique : définit la localisation d'un lieu relativement aux positions d'autres lieux, semblables ou complémentaires, dont les propriétés physiques ou humaines sont de nature à influencer ses propres caractéristiques.

Socio-système agricole : cadre politique, économique et socioculturel dans lequel s'inscrit l'activité agricole

Solde migratoire : variable de la croissance démographique, diffférence arithmétique entre l'immigration et l'émigration.

Solde naturel : variable de la croissance démographique, différence arithmétique entre les naissances et les décès.

Sous-peuplement : situation où les effectifs sont trop faibles pour permettre la mise en valeur des ressources d'une région qui pourraient satisfaire une population plus abondante sans dommage pour leur niveau de vie.

Surpeuplement ou surpopulation : situation d'excédent de population par rapport aux ressources disponibles et à la préservation d'un niveau de vie considéré comme minimum.

Système productif : concept définissant l'état d'une économie et d'une société en dépassant la coupure traditionnelle entre les secteurs primaire, secondaire et tertiaire. On distingue la production (agriculture, industrie), les activités périproductives (banques, assurances, transports, services aux entreprises) et les fonctions de reproduction sociale (administrations publiques, logement, santé, éducation, sécurité...).

Système de production agricole : combinaison, dans un territoire donné, des moyens (terre, capital, travail) qui y sont disponibles pour obtenir des productions végétales et/ou animales.

Territoire : portion d'espace contrôlée et appropriée, y compris symboliquement, par une société donnée. Le territoire national est ainsi l'étendue contrôlée par le pouvoir de l'État correspondant.

Territorialisation : processus complexe par lequel un groupe, investit un espace en y multipliant les lieux et les réseaux sur un mode à la fois concret et symbolique.

Territorialité : Ce mot comporte en fait trois sens géographiques : 1/ C'est ce qui appartient au territoire en tant qu'espace de légitimité politique ; c'est ce qui relève de son ressort. 2/ Il s'agit du rapport collectif d'une société à son territoire. 3/ On la conçoit de plus en plus comme le rapport personnel, vécu et affectif, à un ou à plusieurs territoires, voire à un ensemble (système) de lieux.

Taux d'urbanisation : pourcentage de la population urbaine par rapport à la population totale.

Taux de croissance urbaine : pourcentage d'accroissement annuel de la population urbaine par rapport à la population totale.

Transition démographique : processus par lequel une population passe d'un taux de croissance élevé à un taux faible.

Transnationale : entreprise de grande taille (ventes, salariés, filiales) organisant ses activités dans plusieurs pays.

Triade : les trois grands pôles organisant et dominant l'économie mondiale que sont l'Europe occidentale, l'Amérique du Nord (États-Unis, Canada) et le Japon.

INDEX

TABLE DES FIGURES

N° d'éditeur 10092632 - NC - Dépôt légal : février 2003
Imprimé en France par EUROPE MEDIA DUPLICATION S.A.
53110 Lassay-les-Châteaux
N° dossier : 10303